U0161127

智能水计量仪表
运营管理

深圳市水务(集团)有限公司　组织编写

冀滨弘　蒋惠忠　戴少艾　主编

化学工业出版社

·北京·

内 容 简 介

本书共八章，分为三个部分。第一部分为第一章至第三章，主要涉及流量测量的原理及相关计量知识，以及当前主流的水计量流量计和智能水表相关知识。第二部分为第四章至第七章，主要介绍水计量仪表的应用管理，涉及法制管理的相关知识和准确评估流量计、水表的计量性能的各种测试方法，水计量仪表的评测，流量计、水表运行维护的相关工作要求。第三部分为第八章，是深圳水务表务管理经验的总结与提炼，主要介绍建立系统化、智能化计量体系的理念和做法。

本书适合供水企业从事水表、流量计的采购、运营管理的技术人员和管理人员，以及水表生产企业从事产品设计、研发及销售的技术和管理人员阅读，也可供高等院校和职业技术学校相关专业的师生参考。

图书在版编目（CIP）数据

智能水计量仪表运营管理／深圳市水务（集团）有限
公司组织编写；冀滨弘，蒋惠忠，戴少艾主编 . —北京：
化学工业出版社，2023.4
    ISBN 978-7-122-42813-4

    Ⅰ.①智… Ⅱ.①深… ②冀… ③蒋… ④戴… Ⅲ.
①智能技术-应用-水表-计量-运营管理 Ⅳ.
①TH814

    中国国家版本馆 CIP 数据核字（2023）第 016348 号

责任编辑：左晨燕
责任校对：赵懿桐   装帧设计：韩　飞

出版发行：化学工业出版社（北京市东城区青年湖南街 13 号　邮政编码 100011）
印　　装：涿州市般润文化传播有限公司
787mm×1092mm　1/16　印张 14　彩插 1　字数 325 千字　　2023 年 6 月北京第 1 版第 1 次印刷

购书咨询：010-64518888　　　　　　　　　　　售后服务：010-64518899
网　　址：http://www.cip.com.cn
凡购买本书，如有缺损质量问题，本社销售中心负责调换。

定　　价：68.00 元　　　　　　　　　　　　　　　　版权所有　违者必究
京化广临字 2023-02

本书编写组

主　　编： 冀滨弘　蒋惠忠　戴少艾

编写人员： 冀滨弘　蒋惠忠　戴少艾

　　　　　　赵红艳　姜世博　吴福海

　　　　　　付晓辉　罗佳伟　接　婷

　　　　　　张小晨　戴剑明　翁达标

　　　　　　黄伟鑫　蔡英战　马绮琪

审　　核： 赵建亮　王慧敏

前　言

　　标准、计量、检验检测和认证认可共同构成了国家质量基础设施（NQI）。在全球数字经济高速发展的背景下，水务企业数字化转型是产业发展的必由之路，贯穿于生产、经营和服务的每一个环节。用户、数据和资源是数字化转型的三大核心要素。水务企业作为公共服务部门恰好拥有这三大核心要素，具备数字化转型的先天优势。同时，水务企业按照国民经济行业分类隶属工业企业，大量基础数据的生产、传输、处理、应用都必须依赖精准的计量结果。因此计量仪表的选型、计量数据的运维、计量漏损的测量控制、计量体系的建立是水务企业的一项基础性工作，通过计量管理贯穿于生产经营活动的全过程。在水务企业的构架体系中，计量职能部门是支撑营收体系、提升经营效益的重要单元。因而夯实计量技术基础、提高计量管理水平、提升经济和管理效益是水务企业的一项重要任务。

　　早在16世纪，随着流体力学理论的发展，差压原理的流量测量技术开始应用于水流量的测量。17世纪开始出现机械传感水表，1825年英国人萨米娄·克洛斯发明了真正具有仪表特征的平衡罐式水表，并应用于自来水计量。19世纪以来机械传感水表得到了长足的发展和应用。20世纪50年代以来，随着电子技术和集成电路的发展，超声波流量计和电磁流量计的性能和技术日趋成熟，70年代起凭借性能和效率优势开始替代差压式流量计，90年代起已成为水计量领域的主流仪表。90年代末机电一体化的水表产品开始出现，进入21世纪，尤其是近十几年来，随着电子和信息技术的高速发展，机电一体化、电子传感、无线通信、物联网和大数据等技术与水表相结合，水表的品种和型式多样化，电子化和智能化成了新的发展趋势，为水务企业实施智慧水务管理乃至数字化转型提供了技术和物质保障基础。

　　与此同时，国家层面大力发展数字经济，推动智慧城市建设。智慧水务是智慧城市的重要组成部分，也是一项庞大的系统工程，需要大量的专业人才从事相关工作，而计量专业人才更是不可或缺。编写组正是从水务行业的需求出发，以培养提升水计量相关专业和管理人员技术业务水平为目标，将从业多年的工作经验进行总结归纳编辑成书，供有意从事水务行业的职业技术学院学生及同行参考。

　　本书内容共分为三部分。第一部分为第一章至第三章，主要介绍水计量相关的基础知识，包括流量测量的基础理论、计量学的基本概念、智能流量计和水表的技术原理及其特征特性。

第二部分为第四章至第七章，主要介绍水计量相关的技术应用和管理，包括计量法制管理相关要求、水计量仪表性能评测方法、智能水计量仪表的应用和维护以及水务数据的运用与分析。该部分内容侧重于实践指导，目的在于帮助从业人员提高法制意识，强化生产经营的合规性管理，科学认识和评估水计量仪表的性能特征，为经济合理地选择水计量仪表提供决策依据。同时，通过采取有效的运维措施来达到延长水计量仪表使用寿命、提高计量结果有效性的目标，通过大数据的分析应用来进一步提高管理的精准度和服务的满意度。

第三部分为第八章，主要是介绍建立系统化智能化计量体系的理念和方法，以深圳水务集团探索经验和案例为蓝本，说明计量体系信息化建设的必要性，以及在建设过程中要注意流程闭环设计的重要性，确保数据的质量。

本书在编写过程中得到了国内流量计量领域专家浙江省计量科学研究院赵建亮的大力指导和帮助，在此表示衷心的感谢；同时对引导、关心、推进计量体系建立以及水计量仪表运行管理规范化、标准化、教材化的领导、专家和同事表示衷心的感谢。由于编者能力和时间有限，书中难免有错误和不妥之处，望广大读者批评指正。

编者

2023 年 1 月

目 录

第一章

流量测量的基础理论

思维导图

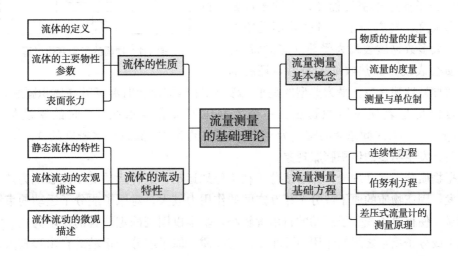

第一节　流体的性质

一、流体的定义

流体，顾名思义，是指能够流动的物体。生活中常见物质的形态有三种：固态、液态和气态，其中固态物质一般具有一定的形状，称为固体。液态和气态物质则不具有固定的形状，与固态物质相比具有显著的易流动性特点。我们把液态物质称为**液体**，气态物质称为**气体**，两者统称为流体。

沙子等粉末状的物质虽然也具有一定的流动性，但仍然界定为固体。这就意味着需要对流体作出更为明确的定义。

进一步地对流体作如下定义：流体是一种受任何微小剪切力的作用都会发生连续变形的物体。这一定义从流体的性质角度来看是完备的，但理解起来仍然不够直观。

我们用静止状态的流体来分析这一定义所要揭示的流体流动性的特点。首先，无论多小的作用力作用在流体上，都会使流体发生变形；第二，只要作用力不消失，流体变形就会持续发生；第三，流体的变形即流动；第四，当作用力消失后，流体会恢复原有形态。

显然，粉末状物质具有上述前三个特点，但不具有第四个特点。因此，粉末状物质本质仍然是一种固体，但具有流体的部分特点。

物质的形态并不总是一成不变的，在一定条件下物质可以从一种形态变成另一种形态。以水为例，液态的水表面总是存在蒸发，形成气态的水蒸气；当温度降到 0℃ 以下时，凝结成了固态的冰。同一种物质的三种形态变化过程如图 1-1 所示。

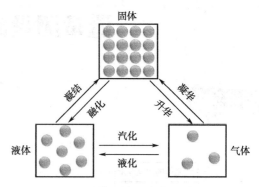

图 1-1 物质的形态变化过程

大多数情况下，在一个固定的体积内固态物质的分子或原子密集程度，也即密度最大，液态次之，气态最小。但这并不是绝对正确的，大多数物质表现为受热膨胀的特性，少数物质会表现为受热收缩的特性，还有的物质这两种特性都具备。最为典型的是水，液态水在 4℃ 以上时温度升高体积膨胀，4℃ 以下时温度降低也表现为体积膨胀。一个大气压下液态纯水在 4℃ 时的密度最大，为 999.98kg/m³，0℃ 时固态冰的密度为 917kg/m³，约为 4℃ 液态纯水密度的 92%，表明水结成冰后会发生明显的体积膨胀现象。

根据物质分子运动理论，原子或分子在不停地运动，这种运动的动能表现为热。由此观点出发，固态物质的原子或分子相互之间的作用力较大，对原子或分子运动的束缚效应最为明显，使得原子或分子运动的自由程较小，基本以围绕固定位置的振动为主。液态物质的原子或分子相互之间的作用力要小于固态物质，原子或分子运动的自由程较大，可以与邻近位置的质点发生位置交换。气态物质的原子或分子相互之间的作用力要小于液态物质，原子或分子运动的自由程最大，很容易与邻近位置的质点发生位置交换。因此在没有外力作用下，固体是极难发生内部原子或分子群的宏观迁移的，而液体则较为容易，气体则更为容易。我们可以用流动性来描述原子或分子群的宏观迁移特性。

更进一步地，我们可以将物质的液态和气态归为同一个物质态，即流体态。在基础的物理学研究领域，通常认为液态是气态的压缩态。然而在日常生活和工程实践中，液态和气态虽然具有一些共同的特征表现，但同时也具有可观察的显著的不同特征。比如液体很难被压缩，而气体则很容易被压缩；液体在重力束缚下不能自发地向上运动，除非汽化成气体，而气体则能克服重力束缚自发地向上运动。这些不同的特征表现使得我们在收集、加工、制备、储存、运输、利用、处置等环节中需要加以区别对待，因而研究和认识流体的性质成为一件非常重要的事情。

二、流体的主要物性参数

流体的主要物理性质包括压缩性、膨胀性、黏滞性和易流性等，这些性质主要通过一些宏观的物理特性参数来表征。

1. 密度

密度是描述物质特性最为基础的物理参数，其定义为单位体积内物质的质量。如式（1-1）所示，密度将物质的质量与物质所占空间的大小联系在了一起。

$$\rho = \frac{m}{V} \tag{1-1}$$

式中，ρ 为密度，m 为质量，V 为体积。

在国际单位制单位（SI）中，质量的单位为千克，符号为 kg，体积的单位为立方米，符号为 m^3，因此密度的单位为千克每立方米，符号为 kg/m^3。

根据式（1-1），当物质的密度已知时，物质的质量便可以用体积来表征。这为日常生活和工程实践带来了很大的方便，因为直接测量物体的质量非常不方便，尤其当物体的质量非常大时，直接测量质量便成为不可能。物体体积的测量非常方便，可以通过测量物体的几何尺寸，按照形状模型计算便得到体积。即使对于没有固定形状的流体来说，也可以用规则形状的容器来盛装，通过测量容器的体积来间接得到流体的体积。成分固定或性状稳定的物质，其密度通常可以通过采集物质样本，在实验室里进行精密测量得到，使用时只要查找相关的文献或手册即可。

自然界中绝大多数的物质形态复杂，无法做到成分固定或性状稳定，因此需要对不同成分、不同状态的物质的密度开展研究，得到普遍适用的规律，以方便在工程实践中应用。

流体是一种性状极不稳定的物质形态。研究表明，流体的膨胀特性和压缩特性与流体的温度和压力有关。当流体的质量不变时，膨胀和压缩引起体积变化，根据式（1-1）可推断流体的密度是关于流体温度和压力的函数。

迄今为止尚不能找到用于描述液体密度的通用函数或方程，文献发布的数学模型基本是以实验为基础的经验公式。例如国际水和水蒸气性质协会（IAPWS）在其发布的文献 IAPWS-95 中指出，温度为 0～80℃、绝对压力为 101.325kPa 纯水的密度公式见式（1-2）。

$$\rho_{dw}(\theta) = a_0 \left(\frac{1 + a_1\vartheta + a_2\vartheta^2 + a_3\vartheta^3}{1 + a_4\vartheta + a_5\vartheta^2} \right) \tag{1-2}$$

式中，$\rho_{dw}(\theta)$ 为纯水在温度为 θ（℃）时的密度，kg/m^3；ϑ 为标准化温度，$\vartheta = \theta/100$；a_i 为系数，见表 1-1。

表 1-1 系数 a_i

a_0	a_1	a_2	a_3	a_4	a_5
999.84382	1.4639386	−0.0155050	−0.0309777	1.4572099	0.0648931

当水的压力高于大气压时，密度的压力修正公式见式（1-3）。

$$\rho_w(\theta) = \rho_{dw}(\theta)(1 + Bp) \tag{1-3}$$

式中，$\rho_w(\theta)$ 为纯水在温度为 θ（℃）、表压力为 p（Pa）时的密度；p 为表压力，即高于大气压的压力；B 为压力修正因子，按式（1-4）计算。

$$B = b_0 \left(\frac{1 + b_1\vartheta + b_2\vartheta^2 + b_3\vartheta^3}{1 + b_4\vartheta} \right) \tag{1-4}$$

式中，b_i 为系数，见表 1-2。

表 1-2 系数 b_i

b_0	b_1	b_2	b_3	b_4
5.08821×10^{-10}	1.2639418	0.2660269	0.3734838	2.0205242

压力对液体起压缩作用。由式（1-3）可知，纯水密度的变化与压力的变化成正比，但影响很小。以 $\theta = 20℃$，表压力 $p = 1\mathrm{MPa}$ 为例，引起纯水密度的相对变化为 0.046%，故在压力不高的场合中这种影响可以忽略。

以热力学理论为基础开展的气体密度研究已经取得了非常完备的理论成果。在理想气体状态方程的基础上，对实际气体引入压缩因子加以修正，形成了式（1-5）所示的密度公式。

$$\rho_{\mathrm{g}} = \frac{pM}{ZRT} \tag{1-5}$$

式中，ρ_{g} 为气体密度，$\mathrm{kg/m^3}$；p 为气体绝对压力，Pa；M 为气体摩尔质量，$\mathrm{kg/mol}$；Z 为压缩因子，无量纲数；R 为通用气体常数，取 8.314472J／（mol·K）；T 为热力学温度，K。

已知 1mol 的所有物质中，任何原子或分子等基本元素微粒的数量均为阿伏伽德罗常数，表示为 $N_{\mathrm{A}} = 6.02214076 \times 10^{23} \mathrm{mol^{-1}}$。mol 是物质的量的计量单位摩尔的符号。每种基本元素的摩尔质量均已测定，因此对于混合气体，只要成分已知，便可按照式（1-6）计算出混合气体的摩尔质量。

$$M = \sum_{i=1}^{n} x_i M_i \tag{1-6}$$

式中，x_i 为第 i 种纯净气体的摩尔分数，M_i 为第 i 种纯净气体的摩尔质量。

在工程实践领域，当气体压力不高，在 10 倍大气压以内时，压缩因子 Z 通常可以取 1。重要的测量或者当气体压力较高时，可以采用维里方程计算压缩因子。

当流体的密度处处相等时，这种流体称为均质流体。均质流体是一种理想流体，工程实践中只有近似存在。对于静止或流动非常缓慢的流体，如果温度不均匀，或者是混合流体，就会形成密度的梯度分布。密度大的流体下沉，密度小的流体上浮，产生分层效应。此时流体的密度是高度的函数，同一高度的平面上密度处处相等。超过一定流动速度的流体，由于混合效应，经过一定时间后密度分布会趋向于越来越均匀。因此如果需要对流体进行抽样时，则应关注流体的分层效应对抽样结果有效性的影响。

2. 黏度

黏度是与流体流动特性密切相关的物理参数，不同的流体，黏度特性有显著的区别。

当流体受到剪切力作用的时候会发生变形，同时把力的作用效果传递到周边流体，使得周边流体也随之发生变形。根据牛顿第三定律，变形流体会产生反作用力反向传递到周边流体。这种反作用力表现为阻止变形的阻力，本质上是一种流体内部的摩擦力，也称之为黏滞力。因此黏滞力的方向与流体相对运动或相对运动趋势的方向相反，也即与流体相对运动面相切，故将其定义为剪切应力，量纲与压强（通常也叫压力）相同，表示单位面积所受的力。

黏滞力在数学表达式上采用的是牛顿的研究成果，如式（1-7）所示。

$$\tau = \mu \cdot \frac{\mathrm{d}u}{\mathrm{d}y} \tag{1-7}$$

式中，τ 为黏滞力，Pa；μ 为黏性系数，Pa·s 或 kg/(m·s)，也经常采用 g/(cm·s)，中文名称为泊，1g/(cm·s)=0.1Pa·s；u 为流体的流速，m/s，$\frac{\mathrm{d}u}{\mathrm{d}y}$ 为流速在 y 方向的梯度，如图 1-2 所示。

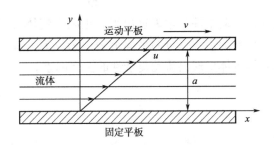

图 1-2　平行平板间的剪切流

如图 1-2，流体在 y 方向的速度分布满足式（1-8）。

$$u = \frac{y}{a} \cdot v \tag{1-8}$$

式中，a 为两块平行平板之间的距离，v 为平板的运动速度。显然当平板以固定的速度运动时，$\frac{\mathrm{d}u}{\mathrm{d}y} = \frac{v}{a}$ ，为常数。符合这种流动特征的流体，其黏性系数也为常数，我们把这类流体称之为牛顿流体。

另一类流体的流速分布并不符合式（1-8），其黏性系数不为常数，我们把这类流体称之为非牛顿流体。流体的黏性越大，流体越趋向于表现为非牛顿流体。

我们将式（1-7）中的黏性系数 μ 称为动力黏性系数，在工程计算中有时还会用到运动黏性系数 υ，两者的关系如式（1-9）所示。

$$\upsilon = \frac{\mu}{\rho} \tag{1-9}$$

运动黏性系数 υ 的计量单位为 $\mathrm{m^2/s}$。式中动力黏性系数 μ 代表了黏滞力的作用效果，密度 ρ 代表了惯性力的作用效果，两者之比得到运动学量纲，故称为运动黏性系数。

动力黏性系数 μ 是一种绝对黏性系数，可以直接用于不同介质之间黏性大小的比较。运动黏性系数 υ 是相对黏性系数，只适用于同种介质在不同状态下的黏性大小比较，不能用于不同介质之间黏性大小的比较。

与温度相比，压力对流体黏度的影响非常小，一般不加以考虑。能够直观地感受到，液体的黏度随着温度升高而降低。主导液体黏度的主要因素是分子间的引力，当温度升高时，液体分子间的间距增大，使得分子间的吸引力减小，内摩擦力减小，表现为液体的黏度降低。工程实践中，温度对黏度影响描述主要依赖于实验基础上的经验公式，如水的黏度与温度之间的关系如式（1-10）所示。

$$\mu = \frac{1.779 \times 10^{-3}}{1 + 0.3368t + 0.000210t^2} \tag{1-10}$$

式中，μ 为动力黏度，mPa·s；t 为温度，℃。

温度对气体黏度的影响正好与液体相反，温度越高，黏度越大。主导气体黏度的主要因素是分子间的碰撞，当温度升高时，分子热运动变得更加剧烈，分子间的动量交换增大，碰撞更为频繁，表现为气体的黏度随温度升高而增大。在 0～400℃ 范围内空气的黏度可以用式（1-11）计算。

$$\mu = \left(0.3785t + 180.5 - \frac{8.5 \times |t - 200|}{200}\right) \times 10^{-7} \tag{1-11}$$

流体的黏度特性只有在流动条件下才表现出来。正因为流体具有黏性，使得在流动轴线方向表现为压力降低，与流动轴线垂直的平面上表现为压力的梯度分布，进而表现为流动速度的梯度分布。黏度是流体呈现出流动复杂性的主要因素。

三、表面张力

液体具有内聚性和吸附性，这两者都是分子引力的表现形式。内聚性使液体能抵抗拉伸应力，而吸附性则使液体可以黏附在其他物体上面。

液体在与气体、固体和其他不相掺混的液体接触时，其自由表面或接触表面会呈现收缩趋势而形成最小表面的现象，这种现象称为毛细现象，我们把这种保持表面平衡的力称为表面张力。

不同的液体与不同的介质接触时，毛细现象呈现的形态也不同，有的表现出明显的内聚性特征，而有的则表现出明显的吸附性特征。图 1-3 中，（a）是水滴在石蜡表面的形态，呈现出明显的内聚性特征，（b）是玻璃管浸入水槽中的形态，呈现出明显的吸附性特征。

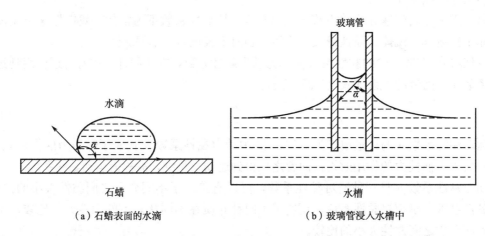

（a）石蜡表面的水滴　　　　　　　（b）玻璃管浸入水槽中

图 1-3　水与不同介质接触的毛细现象

表面张力是自由表面或接触表面的液体受到的向内的拉力，在稳定状态下与表面内外部的压力差形成平衡关系。

将单位长度所受的表面张力定义为表面张力系数，如式（1-12）的微分式表示。

$$\sigma = \frac{dF}{dl} \qquad (1\text{-}12)$$

式中，σ 为表面张力系数，也称为毛细作用系数，N/m；F 为力，N；l 为长度，m。

如图 1-4 所示，先在液体的接触表面上取一个微小的曲面作分析。假定微小曲面正交的两个方向的半径分别为 R_1 和 R_2，半径形成的微小夹角分别为 $d\alpha$ 和 $d\beta$，微小曲面的边长分别为 ds_1 和 ds_2，液内和液外压强分别为 p_1 和 p_2。

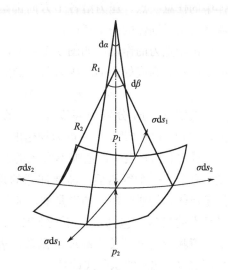

微小曲面在内外压强差和两个边长方向的表面张力共同作用下形成受力平衡，可导出如式（1-13）所示的压强差与曲面几何形状之间的关系。

$$p_1 - p_2 = \sigma\left(\frac{1}{R_1} + \frac{1}{R_2}\right) \qquad (1\text{-}13)$$

图 1-4 弯曲液表面上的表面张力和压强

该公式为法国数学家拉普拉斯所发现，也称为拉普拉斯公式。

如图 1-3 所示，液体在固、液、气三相交界处因毛细现象作用，会形成自固液界面经过液体内部到气液界面之间的夹角，该角称为接触角，又称浸润角。当浸润角为 180° 时为彻底的不浸润，这时平面上的液滴为球状；当浸润角为 0° 时为彻底的浸润，这时平面上的液滴沿平面摊开而无限延展。通常将形成浸润角为 0°～90° 的固体归为易浸润物体，将形成浸润角为 90°～180° 的固体归为难浸润物体。

同一种液体，对某一种固体来说可能是浸润的，但对另一种固体来说可能是不浸润的。比如，水能浸润玻璃，但不能浸润石蜡。水银不能浸润玻璃，但能浸润锌。

第二节   流体的流动特性

一、静态流体的特性

静态流体是指流体质点之间没有宏观的相对位移的流体。静态条件下的流体处于一种平衡态，此时主要分析流体内部的应力状态。

静态流体内部的应力称为压强，表示单位面积所受的力，工程实践中通常称为压力（后文中统一称之为压力）。用式（1-14）表示。

$$p = \frac{dF}{dA} \qquad (1\text{-}14)$$

式中，p 为压力，Pa，当压力较大时通常采用 kPa 或 MPa（千帕或兆帕）；$\frac{dF}{dA}$ 为单位面积所受的力，其中力 F 的计量单位为 N，面积 A 的计量单位为 m^2。

式（1-14）表明，压力总是与所作用的面垂直。流体中的任意一点，压力沿各个方向都是相等的，这也是流体有别于固体的一个特性。

由于重力的作用，如图 1-5 所示，流体在沿重力方向上的不同高度处会形成压力差，如式（1-15）所示。

$$p_2 - p_1 = \rho g \Delta h \qquad (1\text{-}15)$$

式中 p_1、p_2 分别为高度差 Δh 的两个等高面的压力，ρ 为流体的密度，g 为重力加速度。

式（1-15）表明，范围不太大的静态流体在同一高度上会形成一个等压面。需要注意的是，式（1-15）是假定流体是均质流体，如果是非均质流体，或者高度范围很大的气体，包括成分不均匀或温度不均匀的情况下，意味着密度是关于高度的函数，表示为 $\rho(h)$，应采用式（1-16）的积分式计算。

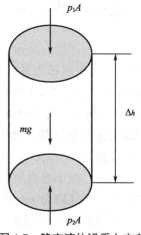

图 1-5　静态流体沿重力方向
的平衡力

$$p_2 - p_1 = \int_{h_0}^{h_1} \rho(h) \cdot g \, dh \qquad (1\text{-}16)$$

液体的密度要远大于气体，因此重力引起的压力差是非常明显的。气体的密度很小，需要在很大的高度差下才能显著表现出压力差。

对于大气，温度随高度的分布不同，密度不仅是高度的函数，还是温度的函数，则假设从一已知大气压为 p_0 点至大气压为 p 处的高度差为 Δh，采用式（1-17）的积分式计算。

$$\Delta h = \int_p^{p_0} \frac{1}{\rho g} \cdot dp \qquad (1\text{-}17)$$

在等温条件下，密度与压力成正比，如式（1-18）所示。

$$\rho = \rho_0 \cdot \frac{p}{p_0} \qquad (1\text{-}18)$$

将式（1-18）代入式（1-17），得到式（1-19）。

$$\Delta h = \frac{p_0}{\rho_0 g} \ln\left(\frac{p_0}{p}\right) \qquad (1\text{-}19)$$

令 $h_0 = \frac{p_0}{\rho_0 g}$，则大气压力的高度公式如式（1-20）所示。

$$p = p_0 e^{-(\Delta h / h_0)} \qquad (1\text{-}20)$$

地球大气层中存在一个中等湿度的近似均质大气层，高度约为 8000m。在该高度范围内的大气压力可按式（1-20）近似计算。

由于地球大气并不是严格静止的，故大气压也不是固定不变的。为了比较大气压的大小，1954 年第十届国际计量大会上规定了一个标准大气压：在纬度 45° 的海平面上，当温度为 0℃ 时，760 毫米高汞柱（mmHg）产生的压强叫做标准大气压，用国际单位制计量单位表示即为 101325Pa。

在工程测量中，通常采用扣除了标准大气压影响的仪表读数压力，即表压力作为测量结果。绝对压力 p、大气压力 p_0 和表压力 p_g 之间的关系如式（1-21）所示。

$$p = p_0 + p_g \qquad (1\text{-}21)$$

二、流体流动的宏观描述

英国科学家奥斯本·雷诺首次利用示踪法揭示了流体宏观流动的特征表现，其实验原理如图 1-6 所示。

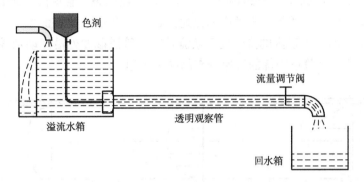

图 1-6　雷诺实验装置原理图

通过雷诺实验可以观察到，如图 1-7（a）所示，当管内流体流动很缓慢时，色剂在管内的流动保持为一条直线；如图 1-7（b）所示，当管内流体流动速度逐渐增大时，色剂在管内的流动开始弯曲，而且流动速度越大，弯曲程度越严重；如图 1-7（c）所示，当管内流体流动速度增大至某一临界值以后，色剂与水立即发生掺混。

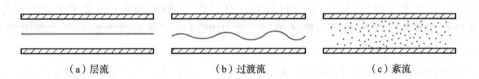

（a）层流　　　　　　　（b）过渡流　　　　　　　（c）紊流

图 1-7　透明观察管内的流动状态

实验表明，当管内流体的流速较小时，流体是分层流动的，我们把这种流动称为层流；当流速较大时，分层流动完全消失，表明流体不仅朝主流动方向流动，还朝四周方向流动，我们把这种流动称为紊流，或者湍流；介于层流与紊流之间的流动称为过渡流。

发生流动掺混的主要原因是流体的黏性效应。雷诺进一步定义了雷诺数，如式（1-22）所示，用来定量描述流动状态。

$$Re = \frac{\rho v l}{\mu} \tag{1-22}$$

式中，Re 为雷诺数，无量纲；v 为流体的特征流速，m/s，对于管道流，v 为管道平均流速；l 为特征尺寸，m，对于管道流为管道内直径；μ 为流体的动力黏性系数。

雷诺数的定义为流体惯性力与黏滞力之比，式（1-22）中的分子表示流体的惯性力作用效果，分母表示流体的黏滞力作用效果。雷诺数较小时，黏滞力在流动中起主导作用，流动过程的扰动会因黏滞力而衰减，流体流动较为稳定，表现为层流；反之，雷诺数较大时，惯性力在流动中起主导作用，流体流动较为不稳定，微小的流动扰动容易发展、增强，形成不规则的紊流流动。

可以用雷诺数 Re 的大小来表征流动状态。对于圆形管道流，雷诺数与流动状态的关系如下。

当 $Re < 2300$ 时，管道内的流动处于层流状态，管道截面处沿流动轴线方向的流速分布如图 1-8（a）所示，呈抛物线状分布。

当 $2300 \leqslant Re \leqslant 4000$ 时，管道内的流动处于过渡流状态，管道截面处沿流动轴线方向的流速分布如图 1-8（b）所示，管道中部流速的速度梯度差进一步减小。

当 $Re > 4000$ 时，管道内的流动处于紊流状态，管道截面处沿流动轴线方向的流速分布如图 1-8（c）所示，管道中部的流速分布趋向于平坦。

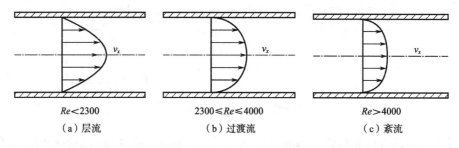

图 1-8　不同雷诺数下管道截面沿流动轴线方向的流速分布

图 1-8 所示的圆形管道截面流速分布形态是一种基于充分发展的理想的流速分布形态，为轴对称分布，中心流速最大，沿管道壁面方向梯度分布，管道壁面处的流速为零。形成流速梯度分布的根本原因是流体的黏性效应，并且由于流体与静止的管道壁面之间存在摩擦，使得在两者的接触处形成一层边界层。该边界层的厚度与雷诺数有关，雷诺数越大，边界层厚度越薄。

边界层理论由德国著名物理学家普朗特于 1904 年提出。普朗特认为流体的黏性影响主要表现在壁面附近的薄层里，壁面远处的流体可视为理想流体，黏性影响可忽略不计，这将使得对流体流动特性的分析可以简化。

当平直管道的长度不足时，上游来流的流速往往是非对称分布的，即最大流速并不处于中心位置。如图 1-9 所示是平直管道上游有一个阻挡物时的流速分布形态，这种分布形态也称为流速的畸变分布形态。

在封闭管道中，弯头、未全开的阀门、截面积突变的管道和阻流件下游等均不同程度地存在流速的畸变分布形态。流体在紊流条件下流动时，流速的畸变分布必然导致二次流的发生，形成漩涡。

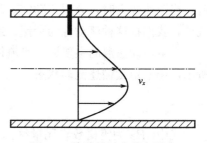

图 1-9　流速的畸变分布形态

三、流体流动的微观描述

为进一步揭示流体流动的一般规律，将流体假设为连续介质模型，即在微观上可以无限分割成具有均布质量的微元体，在此基础上采用场论的数学方法来描述与流动有关的参数，如速度、温度、压力、密度等参数在空间中的分布状态及其运动和变化形式。因此通常也把流体的流动形态称为流场，其中速度分布称为速度场，压力分布称为压力场，温度分布称为温度场。微元体有时也称为流体质点。

采用流场方法来描述流体的运动规律，其关注点为通过观察在流动空间中的每一个空间点上运动要素随时间的变化，把足够多的空间点综合起来而得出整个流体的运动情况。这种方法由 16 世纪瑞士数学家莱昂哈德·欧拉所创立，称为欧拉法。

设 v 表示空间某位置流体质点的速度向量，在空间直角坐标系上可分解为 x、y 和 z 方向的速度分量，分别表示为 v_x、v_y 和 v_z，则可以将每个方向的速度分量表示成关于空间位置 x、y、z 和时间 t 的标量函数，如式（1-23）所示。

$$\begin{cases} v_x = f_1(x,\ y,\ z,\ t) \\ v_y = f_2(x,\ y,\ z,\ t) \\ v_z = f_3(x,\ y,\ z,\ t) \end{cases} \tag{1-23}$$

当空间位置在某一时间的流速已知时，即可用流线刻画出流体当前的流动状态。流线是指在流场中每一点上都与速度向量相切的曲线。流线是同一时刻不同流体质点所组成的曲线，它给出了该时刻不同流体质点的速度方向。

对于同一个流体质点，可以用迹线来描述质点的运动轨迹。迹线是流体质点在空间运动时所描绘出来的曲线，它的切线给出了同一流体质点在不同时刻的速度方向。

当流体稳定流动时，即定常流下流线与迹线重合。

应用式（1-23），通过对流线、迹线相互关系的研究，并借助于染色线，可以进一步揭示流场的结构特征。图 1-10 所示为流体绕平板流动的流场结构，在平板下游形成周期性地分离漩涡的回流区。

如图 1-11 所示，从流场的流体中取一个微元体作为分析对象。

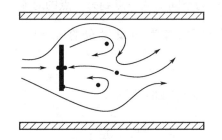

图 1-10　绕平板流动的流场结构

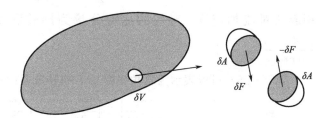

图 1-11　流场的微元体模型
δV —微元体体积；δA —微元体截面面积；δF，$-\delta F$ —
作用于微元体截面的一对法向力，大小相等，方向相反

流场中的流体受到两种力的作用，一种是在力场作用下的体积力，该力与质量成正比；另一种是与周围流体或物体之间的接触力，这种力分布在微元体的表面，也称表面力。表面力包括压力和黏滞力，通常描述为应力，压力也称为法向应力，黏滞力称为切向应力。

根据流体性质可知，流体在受力后要发生连续变形。根据牛顿第二定律，可以导出牛顿流体的运动方程如式（1-24）所示。

$$\rho \cdot \frac{\mathrm{d}\boldsymbol{v}}{\mathrm{d}t} = \rho \cdot \boldsymbol{f} - \nabla \boldsymbol{p} - \nabla\left(\frac{2}{3}\mu \cdot \nabla \cdot \boldsymbol{U}\right) + \nabla \cdot (2\mu \cdot \boldsymbol{S}) \tag{1-24}$$

式中，$\frac{\mathrm{d}\boldsymbol{v}}{\mathrm{d}t}$ 为微元体的运动加速度；$\boldsymbol{f}$ 为作用在单位质量微元体上的体积力；$-\nabla \boldsymbol{p}$ 为作用在单位质量微元体上的压强合力；$-\nabla\left(\frac{2}{3}\mu \cdot \nabla \cdot \boldsymbol{U}\right)$ 为作用在单位质量微元体上的黏性体积膨胀力；$\nabla \cdot (2\mu \cdot \boldsymbol{S})$ 为作用在单位质量微元体上的黏性偏应力张量的合力，$\boldsymbol{S}$ 为偏应力张量。

式（1-24）称为纳维-斯托克斯方程（Navier-Stokes equation），由法国科学家 C. L. M. H. 纳维于 1821 年和英国物理学家 G. G. 斯托克斯于 1845 年分别建立，其物理意义为黏性可压缩流体的总动量变化率等于作用于其上的体积力和表面力的总和。

由于黏性力的存在，微元体的流动形态极为复杂。根据柯西-亥姆霍兹流体速度分解定理，流场中任意一个微元体的速度向量 $\boldsymbol{v}$ 在 t 时刻的运动可分解为平动、转动和变形速度之和。平动速度分量指的是微元体在空间内沿直线方向运动的速度，转动速度分量指的是微元体在空间内由于受到反对称应力张量的作用发生旋转运动的速度，变形速度分量是指微元体在空间内由于受到对称应力张量的作用发生体积膨胀或收缩运动的速度。对于不可压缩流体，变形速度分量可忽略不计。

对流体在空间的运动加速度 $\frac{\mathrm{d}\boldsymbol{v}}{\mathrm{d}t}$ 进行展开，表示为式（1-25）。

$$\frac{\mathrm{d}\boldsymbol{v}}{\mathrm{d}t} = \frac{\partial \boldsymbol{v}}{\partial t} + v_x \cdot \frac{\partial \boldsymbol{v}}{\partial x} + v_y \cdot \frac{\partial \boldsymbol{v}}{\partial y} + v_z \cdot \frac{\partial \boldsymbol{v}}{\partial z} = \frac{\partial \boldsymbol{v}}{\partial t} + (\boldsymbol{v} \cdot \nabla)\boldsymbol{v} \tag{1-25}$$

式（1-25）中，流场的运动加速度由两部分组成，$\frac{\partial \boldsymbol{v}}{\partial t}$ 为给定空间点上的当地加速度，对应的速度分量为平动分量，$v_x \cdot \frac{\partial \boldsymbol{v}}{\partial x} + v_y \cdot \frac{\partial \boldsymbol{v}}{\partial y} + v_z \cdot \frac{\partial \boldsymbol{v}}{\partial z}$ 为空间上从一点到另一点的对流引起的对流加速度，对应的速度分量为旋转和变形分量。∇ 为向量微分算子，$\nabla = \left(\frac{\partial}{\partial x}, \frac{\partial}{\partial y}, \frac{\partial}{\partial z}\right)$。

式（1-25）可以表示为直角坐标系下的分量表达式，如式（1-26）所示。

$$\boldsymbol{a} = \frac{\mathrm{d}\boldsymbol{v}}{\mathrm{d}t} = \begin{pmatrix} a_x \\ a_y \\ a_z \end{pmatrix} = \begin{pmatrix} \frac{\mathrm{d}v_x}{\mathrm{d}t} \\ \frac{\mathrm{d}v_y}{\mathrm{d}t} \\ \frac{\mathrm{d}v_z}{\mathrm{d}t} \end{pmatrix} = \begin{pmatrix} \frac{\partial v_x}{\partial t} + v_x \cdot \frac{\partial v_x}{\partial x} + v_y \cdot \frac{\partial v_x}{\partial y} + v_z \cdot \frac{\partial v_x}{\partial z} \\ \frac{\partial v_y}{\partial t} + v_x \cdot \frac{\partial v_y}{\partial x} + v_y \cdot \frac{\partial v_y}{\partial y} + v_z \cdot \frac{\partial v_y}{\partial z} \\ \frac{\partial v_z}{\partial t} + v_x \cdot \frac{\partial v_z}{\partial x} + v_y \cdot \frac{\partial v_z}{\partial y} + v_z \cdot \frac{\partial v_z}{\partial z} \end{pmatrix} \tag{1-26}$$

加速度是关于速度变化规律的描述，用相同的方法可以描述流场中流体压力、温度和密度的变化规律。根据流场中速度、压力、温度、密度等流动参数是否随时间变化，将流动分为定常流和非定常流两种。

定常流，也称恒定流，是指流场中任一点的流动参数，如速度、压强、温度、密度等不随时间改变的流动。非定常流则是指流场中任一点的流动参数随时间改变的流动。

根据定常流的定义，在定常流条件下，式（1-26）中速度关于时间偏导数的分量均为零，即 $\frac{\partial v_x}{\partial t}=0$、$\frac{\partial v_y}{\partial t}=0$ 和 $\frac{\partial v_z}{\partial t}=0$。同理，压强、温度和密度关于时间偏导数的分量也均为零，其中一个或以上不为零时即为非定常流。

纳维-斯托克斯方程简称 N-S 方程，反映了黏性流体（又称真实流体）流动的基本力学规律，在流体力学中有十分重要的意义。它是一个非线性偏微分方程，求解非常困难和复杂，在求解思路或技术没有进一步发展和突破前只有在某些十分简单的特例流动问题上才能求得其精确解；但在部分情况下，可以通过设定条件简化方程而得到近似解。

近 20 年来，随着计算机和计算方法的飞速发展，数值计算数学和计算机科学结合形成的计算流体动力学（computational fluid dynamics，简称 CFD），已广泛应用于不同场景下的 N-S 方程求解，逐渐与实验流体力学一起成为解决流体力学问题的强大工具。

CFD 软件在航空航天、军事工程、车辆制造、船舶航运、化学工程、水利水力、流体输送、空调暖通、建筑设计、气象研究等领域均有广泛的应用。在给定的初始条件下，可以利用 CFD 软件进行仿真模拟，为解决工程实践问题提供解决方案或优化设计思路。

第三节　流量测量基本概念

一、物质的量的度量

意大利化学家阿莫迪欧·阿伏伽德罗（Amedeo·Avogadro）在 1811 年率先提出，在相同的物理条件下，具有相同体积的气体含有相同数目的分子，与该气体的性质无关。这一观点的提出开启了物质的量的度量研究。

为了把一定数目的微观粒子与可度量的宏观物质的量联系起来，人们将物质的量定义为一个基本物理量，并将其与阿伏伽德罗联系在了一起。

物质的量表示含有一定数目粒子的集体，用符号 n 表示，计量单位为摩尔，简称摩，符号为 mol。

1971 年第十四届国际计量大会正式将摩尔列为国际单位制（SI）计量单位的第七个基本单位，并对摩尔的定义作了进一步的规定：摩尔是一系统的物质的量，该系统中所包含的基本单元数与 0.012kg 碳-12 的原子数目相等；在使用摩尔时应指明基本单元，它可以是原子、分子、离子、电子及其他粒子，或是这些粒子的特定组合。1mol 0.012kg 碳-12 对应的原子数目即为阿伏伽德罗常数。

根据物质的量的定义，科学界经过大量的研究和实验，精确测定了阿伏伽德罗常数。2018 年 11 月 16 日国际计量大会通过决议，将 1mol 定义为精确包含 6.02214076×10^{23} 个原子或分子等基本单元的系统的物质的量。

阿伏伽德罗常数的符号为 N_A，其值为 6.02214076×10^{23} mol^{-1}。阿伏伽德罗常数是一个有计量单位的量值，而不是一个特定的数。

原子或分子等基本单元的总数 N、阿伏伽德罗常数 N_A 与物质的摩尔数 n 之间的关系如式（1-27）所示。

$$n = \frac{N}{N_A} \tag{1-27}$$

将单位物质的量，即1mol物质所具有的质量定义为摩尔质量，用符号 M 表示，计量单位为千克每摩尔，符号为 kg/mol，常用计量单位还有克每摩尔，符号为 g/mol。当摩尔质量以 g/mol 为单位时，数值上等于该物质的相对原子质量或相对分子质量。需要注意的是日常使用的原子量或分子量是相对原子质量或相对分子质量的近似值，并不是一个精确值。

摩尔数为 n 的物质所具有的质量 m 如式（1-28）所示。

$$m = nM \tag{1-28}$$

当物质为混合物时，单一物质的摩尔数与物质的总摩尔数之比定义为摩尔分数，按式（1-29）计算。

$$x_i = \frac{n_i}{\sum_{j=1}^{m} n_j} \tag{1-29}$$

式中，x_i 为第 i 种混合物的摩尔分数，n_i 为第 i 种混合物的摩尔数，$\sum_{j=1}^{m} n_j$ 为 m 种物质混合的总摩尔数。

混合物中所有单一物质的摩尔分数之和为 1。当混合物的成分和摩尔分数已知时，混合物的摩尔质量 M_c 按式（1-30）计算。

$$M_c = \sum_{j=1}^{m} x_j M_j \tag{1-30}$$

式中，x_j 为混合物中第 j 种物质的摩尔分数，M_j 为第 j 种物质的摩尔质量。

由此，式（1-28）同样适用于混合物的质量计算。

对于气体，将单位物质的量的气体所占的体积定义为气体摩尔体积，符号为 V_m，计量单位为摩尔每升，符号为 L/mol，按式（1-31）计算。

$$V_m = \frac{V}{n} \tag{1-31}$$

式中，V 为摩尔数为 n 的气体所占的体积。

根据式（1-27）、式（1-28）和式（1-31），可得到关于物质的摩尔数，如式（1-32）所示的结论。

$$n = \frac{N}{N_A} = \frac{m}{M} = \frac{V_m}{V} \tag{1-32}$$

在宏观度量上，物质的质量 m 和所占的空间体积 V 可以分别通过测量的方法逐一精确得到，因此无论通过对物质质量的测量，还是通过对物质所占空间体积的测量，均可以准确得到物质的量。

物质的质量 m 和所占空间的体积 V 之间的关系如式（1-33）所示。

$$\rho = \frac{m}{V} \tag{1-33}$$

式中，ρ 为密度，表示单位体积内物质的质量，kg/m^3。

由此可知，物质的量的宏观度量和微观度量具有等价性。

二、流量的度量

顾名思义，流量即指流体的量。因此，流量在微观上可以用物质的量来度量，宏观上可以用质量或体积来度量。在实验室的化学分析领域，流体的量通常采用物质的量来度量，而在工程领域，通常采用质量或体积来度量。

在工程领域，流量的定义为单位时间内流经封闭管道或明渠有效截面的流体量。该定义包含了时间的瞬时要素，故也称为瞬时流量。当流体量采用质量度量时，瞬时流量称为瞬时质量流量，简称质量流量；当流体量采用体积度量时，瞬时流量称为瞬时体积流量，简称体积流量。瞬时流量一般采用符号 q 表示，有时也采用 Q 表示。质量流量和体积流量通过符号的下标加以区别，q_m 表示质量流量，下标 m 来自 mass；q_V 表示体积流量，下标 V 来自 volume。

质量流量 q_m 的计量单位是质量单位除以时间单位，常用的质量单位为千克，符号为 kg，有时也用吨，符号为 t；常用的时间单位有秒、分钟和小时，符号分别为 s、min 和 h。因此质量流量的计量单位为两者的组合。质量流量的国际单位制计量单位为千克每秒，符号为 kg/s；工程实践中常用的计量单位为千克每小时，符号为 kg/h。

体积流量 q_V 的计量单位是体积单位除以时间单位，常用的体积单位有立方米、升以及与十进倍数或分数的组合，如立方分米、毫升。立方米的符号为 m^3，升的符号为 L，当与数字联用时，要注意与阿拉伯数字 1 的区分。不致混淆时也可以用小写字母 l 表示。立方分米的符号为 dm^3，毫升的符号为 mL 或 ml。体积流量的计量单位不同行业表示不同量值大小时有不同的使用习惯，国际单位制计量单位为立方米每秒，符号为 m^3/s，在水利行业中测量江河的流量时通常采用该计量单位。在工业测量场合，量值较大时经常采用立方米每小时，符号为 m^3/h；在量值不太大时常采用升每小时，符号为 L/h，气体流量则经常采用立方分米每小时，符号为 dm^3/h；量值较小时采用毫升每小时或毫升每分钟，符号分别为 mL/h、mL/min。

流体的易流性为实现流体的高效输送提供了便利，而流量测量是实现流体输送量统计和控制、输送效率管理的基础。

根据瞬时流量的定义，瞬时流量可用式（1-34）表示。

$$\begin{cases} q_m = \dfrac{m}{t} \\ q_V = \dfrac{V}{t} \end{cases} \tag{1-34}$$

式（1-34）所表征的瞬时流量是一种平均流量的表示方法，在工程实践中通常采用式（1-35）的微分式，表示瞬时流量是关于时间 t 的函数。

$$\begin{cases} q_m = \dfrac{\mathrm{d}m}{\mathrm{d}t} \\ q_V = \dfrac{\mathrm{d}V}{\mathrm{d}t} \end{cases} \tag{1-35}$$

两种不同的表示方法适用于不同的应用场景，式（1-34）适合于统计平均的测量场合，比如在实验室条件下利用流量标准装置对流量测量仪表进行检定校准时经常采用，而式

（1-35）则更多应用于需要即时测量和控制的场合。

对式（1-35）进行积分，可得到式（1-36）。

$$\begin{cases} m = \int_{t_0}^{t_1} q_m \, \mathrm{d}t \\ V = \int_{t_0}^{t_1} q_V \, \mathrm{d}t \end{cases} \tag{1-36}$$

由式（1-36）可知，当瞬时流量 q_m 和 q_V 为常数时，式（1-35）即退化到了式（1-34）。

通常将瞬时流量关于时间积分得到的量值称为累积流量，当采用质量度量时，累积流量即为质量，当采用体积度量时，累积流量即为体积。

如图 1-12 所示，在明渠或封闭管道的某一参考截面上截取一段流动的流体进行分析。

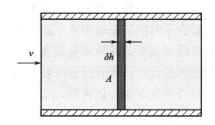

图 1-12　明渠或封闭管道截面的流体

设该截面的有效面积为 A ，截取的流体厚度为 δh ，则该截面流体团的体积 $\delta V = A \cdot \delta h$ 。对于确定的明渠或封闭管道，A 为常数。假设该流体团在 δt 的时间内流过参考截面，根据式（1-35），可推得式（1-37）。

$$q_V = \lim_{\delta t \to 0} \frac{\delta V}{\delta t} = \lim_{\delta t \to 0} \frac{A \cdot \delta h}{\delta t} = Av \tag{1-37}$$

式中，v 为流体流过参考截面的平均流速。

式（1-37）是速度-面积法测量流量的基本公式，是实现流量测量的重要思想之一。在已知有效面积的流通截面处，放置与流体流速有确切函数关系的测量传感器，将测得的流速按式（1-37）计算得到流过流通截面的流体体积流量，按式（1-36）对时间积分，即可得到一定时间内的流体体积。当流体的密度已知，或通过测量得到流体的密度，体积流量即可换算为质量流量。

三、测量与单位制

测量是指通过实验获得并可合理赋予某量一个或多个量值的过程。广义的测量可以理解为所有的实验活动，包括简单的实体物质的计数。狭义的测量指的是具有明确预期目标的实验过程，应包括以下几方面的要素。

① 被测量，即有关测量活动相对应的被测对象及其量的描述。

② 测量程序，即测量所需要经历的步骤，包括所需要明确或控制的测量条件。

③ 测量仪器、测量设备或测量系统，即完成测量所需要的资料。

测量需要依据有关测量原理进行。测量原理是指用作测量基础的现象，包括物理现象、化学现象、生物现象等。在现象的基础上，基于定义、定理、定律以及相关联的效应，建立测量模型。这种模型通常以数学表达式表示，也即建立测量过程中的输入信息与输出信息之间的函数关系，使得在相同的输入信息下具有相同的输出信息，确保测量的结果具有一致性。

在测量原理的基础上进一步细化，形成可操作的步骤，即为测量方法。好的测量方法应该具有严密的逻辑过程，使得测量的操作过程具有一致性，进而保证测量结果具有良好的一致性。

在实际测量中，由于测量原理、测量方法、测量程序和测量仪器并不完美，测量过程中总会受到测量所处的各种各样的环境条件的影响，这些影响有的是系统性的作用，有的是随机性的作用，使得测量结果总是存在系统误差和随机误差。

我们把这些对测量有影响的因素称为影响量，通常也称为干扰源。为得到更加准确的测量结果，必须对影响量的影响方式加以识别，并加以克服。克服影响量影响的方法主要有两种，一种是抵抗影响量的影响，通过测量方法、测量程序和测量仪器的合理设计来实现；另一种是抑制影响量的影响，通过人为方式将影响量的作用控制在尽可能小的状态下，比如对实验室的环境条件进行严格的控制。

量值由测量得到，用于表征量的大小。在计量学上，量被定义为现象、物体或物质的特性，其大小可以用一个数和一个参照对象表示。比如，物体或空气的温度即为一种现象的特性，流体的流量即为一种物体的特性，电磁波的频率即为一种物质的特性。这些特性用定量的方式表示，即为量值。

对量的理解上还要区分一般概念上的量和特定量。一般概念上的量是指对抽象概念上的特性描述，比如温度、压力、流量、电压、长度、热量、浓度等，没有指出具体的对象、物体或物质，根据这些量的特征还可以进一步归类为物理量、化学量、生物量等。当指明了具体的对象、物体或物质时，则对应的量为特定量，比如空气的温度、水的压力、电源的电压、酒精的浓度等，因此测量活动中所面对的都是特定量。

量分为序量和标量两类。序量指定序测量的量，由约定的测量程序定义，只能写入经验关系式，没有计量单位，没有量纲，可按大小（序量值标尺）排序，但相互之间的差值或比值没有物理意义，即同一量不能通过代数运算形成新的量，比如里氏标尺地震强度、疼痛级别 0~5 级等。标量指定义的量值既有大小，又有计量单位和量纲，同一量或不同的量之间能通过确切的运算关系形成新的量，比如长度的平方得到面积，面积与长度相乘得到体积。

量的表示方法如式（1-38）所示。

$$A = \{A\} \cdot [A] \tag{1-38}$$

式中，A 为量；$\{A\}$ 为量的数值；$[A]$ 为参照对象。

同类量可以相加减，数值为代数和，参照对象不变。不同类量不能相加减。

同类量或不同类量可以相乘除，如式（1-39）所示，数值和参照对象各相乘除。

$$\begin{cases} A \cdot B = \{A\} \cdot \{B\} \cdot [A][B] \\ \dfrac{A}{B} = \dfrac{\{A\}}{\{B\}} \cdot \dfrac{[A]}{[B]} \end{cases} \tag{1-39}$$

同类量或不同类量还可以按照公式运算，如动能公式 $E_k = \dfrac{1}{2}mv^2$，数值和参照对象均按公式给定的关系运算。

量值由一个数和一个参照对象一起表示。参照对象包括计量单位、测量程序、标准物质或其组合。比如砝码的质量为 1kg，计量单位 kg 即为参照对象；比如钡火石玻璃的折射率为 1.62590，数值后面没有具体表示的参照对象，但根据折射率所定义的测量程序，参照对象为光在真空中的传播速度与光在该介质中的传播速度之比；血浆中钠离子的含量为 135mmol/L，参照对象即为标准物质。

同一个量值通常可以采用不同的数和参照对象来表示。比如，1USgal（美制加仑）＝ 0.0037854m^3 ＝ 3.7854L，1UKgal（英制加仑）＝ 0.0045461m^3 ＝ 4.5461L，1USgal ＝ 0.83267UKgal。虽然不同的参照对象之间可以相互转换，但毕竟在日常使用中极为不便。因此建立统一的计量单位制，尤其是建立在给定的量制中每个导出量的计量单位均为一贯导出单位的计量单位制，形成统一的单位制体系，会对科学研究、日常生活、工程应用、国际交流等方面都带来方便。

统一计量单位制，首先需要统一量制。量制是指彼此间由非矛盾方程联系起来的一组量，这里的量指的是一般概念上的量。在给定量制中约定选取的一组不能用其他量表示的量称为基本量，能由基本量定义的量称为导出量。不同量制的单位制取决于基本单位的选择，与行业应用习惯有关系。比如力学领域有以下三种不同的量制。

① 取 "米·千克·秒" 制，称为 MKS 制。

② 取 "厘米·克·秒" 制，称为 CGS 制。

③ 取 "米·千克力·秒" 制，称为 MKGFS 制。

17～18 世纪，欧洲的科学技术和经济快速发展，但是存在计量单位制较为混乱的情况，对经济发展和国际贸易产生了不利影响。1791 年法国国民代表大会通过了以长度单位米为基本单位的决议，首先确定了以长度单位米为基本单位的计量单位制度，将 1m 定义为地球子午线长的四千万分之一，将 1dm^3 的 4℃水的质量定义为 1kg。

法国的计量单位制改革取得了成功，并制作了米和千克原器，于 1872 年 8 月在巴黎召开 "国际米制委员会" 会议，向各国分发复制品，用于量值的统一。

1875 年 5 月 20 日 17 个米制成员国在法国巴黎签署了《米制公约》，从而为米制的传播和发展奠定了基础。米制公约组织的宗旨是为了保证在国际范围内计量单位和物理量测量的统一，建立并保存国际原器进行各国基准的比对和技术协调，建立国际单位制并负责改进工作，从事基础性的计量学研究工作。

1889 年米制公约缔约国召开第一届国际计量大会（CGPM），确立国际计量委员会（CIPM）是米制公约组织的领导机构，国际计量局（BIPM）是米制公约组织的常设机构，设置在法国的巴黎，是计量科学研究工作的国际中心。

国际计量大会的任务是：①讨论和采取保证国际单位制推广和发展的必要措施；②批准新的基本的测试结果，通过具有国际意义的科学技术决议；③通过有关国际计量局的组织和发展的重要决议。

国际计量委员会的任务是：①负责起草和执行国际计量大会的决议；②指导和直接监督国际计量局的工作。

国际计量局的任务是：①建立主要物理基准，保存国际原器；②进行国际间国家基准比对；③组织交流计量技术；④进行并协调有关基本物理常数的测定工作。

1948 年第 9 届国际计量大会根据决议，责成国际计量委员会 "研究并制定一整套计量单位规则"，力图建立一种科学实用的计量单位制。

1954 年第 10 届国际计量大会决议，决定采用长度、质量、时间、电流、热力学温度和发光强度 6 个量作为实用计量单位制的基本量。

1960 年第 11 届国际计量大会通过决议，把这种实用计量单位制定名为国际单位制，以 SI 作为国际单位制通用的缩写符号，制定用于构成倍数和分数单位的词头（称为 SI 词头）、SI 导出单位和 SI 辅助单位的规则以及组合规则，形成一整套计量单位规则。

1971 年第 14 届国际计量大会决议，决定在前面 6 个基本量的基础上，增加"物质的量"作为国际单位制的第 7 个基本量，并通过了以 7 个基本量相应单位作为国际单位制的基本单位。

1976 年 12 月，经国务院批准我国参加米制公约组织。1977 年 5 月 10 日我国致函法国政府，宣布加入米制公约组织。1977 年 6 月 16 日法国政府复照确认。至此，我国正式建立了以国际单位制为主导的计量单位制。

国际单位制单位的 7 个基本量及相应的基本单位如表 1-3 所示。

表 1-3 国际单位制基本单位

量的名称	单位名称	单位符号	中文符号
长度	米	m	米
质量	千克（公斤）	kg	千克（公斤）
时间	秒	s	秒
电流	安培	A	安［培］
热力学温度	开尔文	K	开［尔文］
物质的量	摩尔	mol	摩［尔］
发光强度	坎德拉	cd	坎［德拉］

国际单位制单位还规定了 2 个辅助单位，见表 1-4。

表 1-4 国际单位制的辅助单位

量的名称	单位名称	单位符号
平面角	弧度	rad
立体角	球面度	sr

国际量制（ISQ）是以选定国际单位制基本单位建立的一种量制。在国际量制中，7 个基本量的量纲符号如表 1-5 所示。

表 1-5 国际单位制基本单位的量纲符号

量的名称	量纲符号	量的名称	量纲符号
长度	L	热力学温度	Θ
质量	M	物质的量	N
时间	T	发光强度	J
电流	I		

　　由此，某量 Q 的量纲表示为 $\dim Q = L^a M^b T^c I^d \Theta^e N^f J^g$ ，其中 dim 是 dimension 的缩写，表示量纲，指数 a、b、c、d、e、f、g 称为量纲指数，可以为正数、负数或零。

　　例，体积流量为体积除以时间，体积为长度的 3 次方，故体积流量 q_v 的量纲表示为 $\dim q_v = L^3 T^{-1}$ 。

　　对某量进行量纲导出时不需考虑该量的标量、向量或张量特性。在给定量制中，同类量具有相同的量纲，但量纲相同并不一定是同类量，当量纲不相同时则通常不是同类量。例如功 $W = FS$ ，量纲表示为 $\dim W = ML^2 T^{-2}$ ，力矩 $T = FL$ ，量纲也表示为 $\dim T = ML^2 T^{-2}$ ，但功与力矩不是同类量。

　　根据一贯单位制的原则，在国际单位制单位基本单位基础上按照约定的方程可以导出各种不同的量，该方程必须遵循非矛盾原则。导出单位的数量理论上不受限制，但为了方便表达和使用，国际单位制单位定义了 19 个具有专门名称的导出单位，见表 1-6。

表 1-6　国际单位制单位中具有专门名称的导出单位

量的名称	单位名称	单位符号	其他表示实例
频率	赫兹	Hz	s^{-1}
力；重力	牛顿	N	$kg \cdot m/s^2$
压力，压强；应力	帕斯卡	Pa	N/m^2
能量；功；热量	焦耳	J	$N \cdot m$
功率；辐射通量	瓦特	W	J/s
电荷量	库仑	C	$A \cdot s$
电位；电压；电动势	伏特	V	W/A
电容	法拉	F	C/V
电阻	欧姆	Ω	V/A
电导	西门子	S	A/V
磁通量	韦伯	Wb	$V \cdot s$
磁通量密度；磁感应强度	特斯拉	T	Wb/m^2
电感	亨利	H	Wb/A
摄氏温度	摄氏度	℃	
光通量	流明	lm	$cd \cdot sr$
光照度	勒克斯	lx	lm/m^2
放射性活度	贝可勒尔	Bq	s^{-1}
吸收剂量	戈瑞	Gy	J/kg
剂量当量	希沃特	Sv	J/kg

　　国际单位制的基本单位、辅助单位和导出单位的符号表示有一个显著特点，凡是以人

名命名的计量单位首个字母用大写表示，这种表示方法具有重要的纪念意义。

为了更方便地表示量值的大小，国际单位制单位还采用了用于构成十进倍数和分数单位的词头，与计量单位组合使用，如表 1-7 所示。

表 1-7　用于构成十进倍数和分数单位的词头

所表示的因数	词头名称	词头符号
10^{18}	艾［可萨］	E
10^{15}	拍［它］	P
10^{12}	太［拉］	T
10^{9}	吉［咖］	G
10^{6}	兆	M
10^{3}	千	k
10^{2}	百	h
10	十	da
10^{-1}	分	d
10^{-2}	厘	c
10^{-3}	毫	m
10^{-6}	微	μ
10^{-9}	纳［诺］	n
10^{-12}	皮［可］	p
10^{-15}	飞［母托］	f
10^{-18}	阿［托］	a

词头符号的大小写与所表示的因数之间具有严格的对应关系，比如大写的 M 表示兆，所表示的因数为 10^{6}，而小写的 m 表示毫，所表示的因数为 10^{-3}，两者之比为 10^{9} 倍。

不同的国家还会结合自身历史习惯采用一些辅助的计量单位，我国《计量法》规定国家采用法定计量单位，法定计量单位由国际单位制计量单位和国家选定的其他计量单位组成。我国以国际单位制计量单位为基础，参照国际量制的有关规定选用了 10 个非国际单位制单位补充作为法定计量单位，如表 1-8 所示。

表 1-8　国家选定的非国际单位制单位

量的名称	单位名称	单位符号	换算关系和说明
时间	分	min	1min＝60s
	［小］时	h	1h＝60min＝3600s
	天（日）	d	1d＝24h＝86400s

续表

量的名称	单位名称	单位符号	换算关系和说明
平面角	［角］秒 ［角］分 度	(″) (′) (°)	$1''=(\pi/648000)$ rad （π 为圆周率） $1'=60''=(\pi/10800)$ rad $1°=60'=(\pi/180)$ rad
旋转速度	转每分	r/min	$1r/min=(1/60)\ s^{-1}$
长度	海里	n mile	1n mile=1852m（只用于航程）
速度	节	kn	1kn＝1n mile/h ＝(1852/3600) m/s（只用于航程）
质量	吨 原子质量单位	t u	1t=1000kg $1u\approx1.6605655\times10^{-27}$kg
体积	升	L (l)	$1L=1dm=10^{-3}m^3$
能	电子伏	eV	$1eV\approx1.6021892\times10^{-19}$J
级差	分贝	dB	
线密度	特［克斯］	tex	1tex=1g/km

国际单位制单位和国家选定的非国际单位制单位之间有明确的换算关系，与十进倍数和分数单位词头一起可以组合使用。

量、量纲和计量单位虽然都用符号表示，但使用方法有区别。量的符号原则上由使用者自行定义并加以说明，但良好的使用习惯应是结合行业习惯，方便相互之间的交流。量纲和计量单位的符号有明确的规定，应严格按照规定使用。书写习惯上，量的符号应采用斜体表示，而量纲和计量单位的符号则应用正体表示。量的符号可以带下标使用，一般情况下下标采用正体书写，但下标表示量或使用 i、j 等序数符号时，应用斜体书写，而量纲和计量单位的符号没有下标。

第四节　流量测量基础方程

一、连续性方程

对于一个流体流动的封闭系统，或者流体流动可以等价为一个封闭系统时，在一段时间内如果流体是连续流动的，流过第一个截面的流体最终全部流过第二个截面，那么称这种流动满足连续性方程。

如图 1-13 所示，在一个流体流动的封闭系统中任意选取两个截面。

设截面 A1 处的有效截面积为 A_1，流体的平均流速为 v_1，流体的平均密度为 ρ_1；设截

面 A2 处的有效截面积为 A_2，流体的平均流速为
v_2，流体的平均密度为 ρ_2。当流过第一个截面
的流体最终全部流过第二个截面时，得到式
(1-40)。

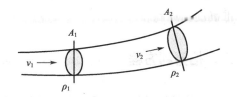

图 1-13 封闭流体系统中的任意两个截面

$$\rho_1 A_1 v_1 = \rho_2 A_2 v_2 \qquad (1\text{-}40)$$

式 (1-40) 称为连续性方程，本质上是质量
守恒定律在流体力学中的具体表述形式。

当流体在流动过程中平均密度保持不变时，
即 $\rho_1 = \rho_2$，式 (1-40) 可以简化为式 (1-41)。

$$A_1 v_1 = A_2 v_2 \qquad (1\text{-}41)$$

式 (1-41) 只在一些特定的场合下适用，比如介质温度与环境温度基本相等，或者输
送管道采取了良好的绝热措施，使得介质与环境之间的热交换可以忽略不计；对于气体，
还应保证没有明显的体积膨胀。因此式 (1-41) 通常只适用于常温条件下密度相对温度变
化不明显的液体介质，而气体介质以及高温和低温液体介质只有在较短的流动距离或较短
的流动时间内适用，长距离或长时间的流动过程中会因密度的明显变化而引入显著的误
差。在工程实践中，设计流体输送管道以及设置流量测量仪表时，应充分考虑流体的性
质，并根据流体性质采取相适应的措施。

式 (1-41) 揭示了流体在封闭系统中流动时流速的变化规律，流速与所在截面的有效
流通面积成反比，面积越大、流速越小，反之，面积越小、流速越大。

流体流动更一般的封闭系统是如图 1-14 所示的拓扑结构。

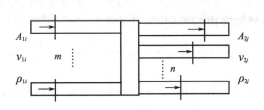

图 1-14 连续流动的一般情形

假设流体从 m 个截面流入，n 个截面流出，流入截面的有效面积为 A_{1i}，平均流速为
v_{1i}，平均密度为 ρ_{1i}；流出截面的有效面积为 A_{2j}，平均流速为 v_{2j}，平均密度为 ρ_{2j}，则
连续性方程可写为式 (1-42)。

$$\sum_{i=1}^{m}(\rho_{1i} A_{1i} v_{1i}) = \sum_{j=1}^{n}(\rho_{2i} A_{2i} v_{2i}) \qquad (1\text{-}42)$$

连续性方程是流体输送系统设计、流量测量和输送控制的基本理论依据。理想条件
下，流体在输送系统中的进出满足平衡关系，以输送系统的拓扑结构为依据建立数学模
型，合理设置流量测量节点，可以实现全域和区域的流体输送量统计，并在测量和统计结
果的基础上提升流体输送系统的管理水平。

连续性方程也是设计流量标准装置、开展流量计量仪表量值检定校准的基本理论依
据。当流量标准装置的流体流动满足连续性方程时，在装置流体流经路径的合理位置上分
别安装被测的流量计量仪表和能够准确提供测量结果的标准计量装置，使得两者同时对同

一被测对象的同一被测量进行测量，比较两者的测量结果，即可确定被测流量计量仪表的准确度。

二、伯努利方程

在流体流动的封闭系统中，存在三种形态的机械能：动能、压力势能和位能，如图 1-15 所示。

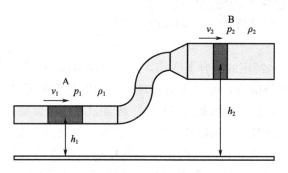

图 1-15　流体封闭流动系统中的机械能

图 1-15 中，在 A 处取一质量为 m 的流体，该处流体的平均流速为 v_1，静压力为 p_1，密度为 ρ_1，离参考平面的高度为 h_1。当该质量的流体流动到 B 处时，平均流速为 v_2，静压力为 p_2，密度为 ρ_2，离参考平面的高度为 h_2。

在流体流动满足连续性方程的前提下，忽略流体流动的黏性摩擦影响，质量为 m 的流体从 A 处流动到 B 处机械能守恒，得到式（1-43）。

$$\frac{1}{2}mv_1^2 + p_1 \cdot \frac{m}{\rho_1} + mgh_1 = \frac{1}{2}mv_2^2 + p_2 \cdot \frac{m}{\rho_2} + mgh_2 \tag{1-43}$$

式（1-43）中，$\frac{1}{2}mv^2$ 为流体动能，$p \cdot \frac{m}{\rho} = pV$ 为压力势能，mgh 为位能。方程两边同时消去质量 m，并同时除以重力加速度 g，得到单位质量的流体机械能守恒式（1-44）。

$$\frac{v_1^2}{2g} + \frac{p_1}{\rho_1 g} + h_1 = \frac{v_2^2}{2g} + \frac{p_2}{\rho_2 g} + h_2 \tag{1-44}$$

由机械能守恒定律可知，单位质量的流体总能保持不变，但动能、压力势能和位能之间可以相互转化。通常将式（1-44）表示为式（1-45），此式即为伯努利方程。

$$\frac{1}{2}\rho v^2 + p + \rho gh = C \tag{1-45}$$

伯努利方程是流体机械、流量测量仪表、流体输送系统等设计的重要理论依据。利用伯努利方程还可以分析解释许多物理现象，比如水锤效应。当管道阀门瞬间打开时，阀门上游流体的压力势能瞬间转化为动能，形成冲击流量，产生正水锤效应；当管道阀门瞬间关闭时，阀门上游流体的动能瞬间转化为压力势能，形成冲击压力，产生负水锤效应。水锤效应具有强大的破坏力，需要加以防范，避免阀门的急开急关操作。

需要注意的是伯努利方程建立在忽略流体黏性影响的前提下，而黏性是实际流体最基本的特性。因此伯努利方程是一个近似方程，在黏性影响不可忽略的场合下需要加以完善。流体在封闭系统中流动时，由于黏性的存在，引起流体间的内摩擦以及与壁面之间的摩擦。摩擦做功转化成热能，当流体长距离流动时累计的摩擦做功便不可忽略。现考虑摩擦做功为 W_f，则式（1-43）修正为式（1-46）。

$$\frac{1}{2}mv_1^2 + p_1 \cdot \frac{m}{\rho_1} + mgh_1 = \frac{1}{2}mv_2^2 + p_2 \cdot \frac{m}{\rho_2} + mgh_2 + W_f \tag{1-46}$$

方程两边同时除以 mg，并令 $h_w = \dfrac{W_f}{m \cdot g}$，得到式（1-47）。

$$\frac{v_1^2}{2g} + \frac{p_1}{\rho_1 g} + h_1 = \frac{v_2^2}{2g} + \frac{p_2}{\rho_2 g} + h_2 + h_w \tag{1-47}$$

h_w 称为水头损失或者阻力损失，是将单位质量流体的机械能损耗折算成位能。

根据 N-S 方程，由于黏性的存在，流体在正向流动过程中沿着流动轴线方向总是存在压力差，因此实际流体在流动过程中相同截面的上游压力总是大于下游压力。

水头损失包括两类，一类为沿程阻力损失，表示为 h_f，另一类为局部阻力损失，表示为 h_ζ，$h_w = \sum h_f + \sum h_\zeta$。

沿程阻力损失是流体在保持流速不变的流动条件下因克服黏性力和壁面摩擦力作用而造成的能量损失，这种损失的大小与流体的流动状态和壁面的粗糙度有着密切的关系。

对于圆形的管道流，在层流条件下，根据 N-S 方程可以导出管道体积流量与上下游压力差之间的关系，如式（1-48）所示。

$$q_V = \frac{\pi r^4 (p_1 - p_2)}{8\mu L} \tag{1-48}$$

式中，r 为管道流通截面的半径，μ 为流体的动力黏性系数，L 为管道长度。

进一步还可以导出层流的平均流速，如式（1-49）所示。

$$v = \frac{1}{8\mu}\left(\frac{p_1 - p_2}{L}\right)r^2 \tag{1-49}$$

管道内的最大流速，也即中心流速为平均流速的 2 倍。

当管道流量已知，则沿程阻力损失 h_f 便可按式（1-50）计算得到。

$$h_f = \frac{p_1 - p_2}{\rho g} = \frac{8\mu L q_V}{\pi r^4 \rho g} \tag{1-50}$$

进而定义圆管层流的沿程阻力系数 λ，如式（1-51）所示。

$$\lambda = \frac{p_1 - p_2}{\rho v/2} \cdot \frac{d}{L} = \frac{64\mu}{\rho v d} = \frac{64}{Re} \tag{1-51}$$

式中，d 为管道内直径，Re 为圆管内流动的雷诺数，$Re = \dfrac{\rho v d}{\mu}$。

圆管流在层流条件下，沿程阻力损失取决于流体黏性和流量大小，与壁面条件无关，但在紊流条件下还与管壁的粗糙度有关，很难完全用解析的方法导出计算公式，一般采用基于经验的达西公式计算，如式（1-52）所示。

$$h_f = \lambda \cdot \frac{L}{d} \cdot \frac{v^2}{2g} \tag{1-52}$$

式中，λ 为沿程阻力系数，与管道的粗糙度有关，通过实验测定。

层流条件下沿程阻力损失与平均流速成正比，而紊流条件下则与平均流速的平方成正比。这是由于流体在两种流态下内摩擦形式有着根本不同。层流流动时，流动阻力来源于流层间的内摩擦力。紊流流动时，流动阻力来源于两个方面：一个是壁面层流的内摩擦力，另一个是紊流核心区内流体质点掺混、碰撞等动量交换发生的附加阻力。因此两种流态能量损失的大小也就不相同，在计算沿程阻力损失时，首先要正确判断管道中流体的流动形态。

局部阻力损失是由于流体在通过管路中的弯头、阀门、变径管等节流管件时，因存在变面积、变流向等局部障碍，导致边界层分离形成漩涡，流体质点间产生剧烈的碰撞而造成的能量损失。局部阻力损失 h_ζ 按式（1-53）计算。

$$h_\zeta = \zeta \cdot \frac{v^2}{2g} \tag{1-53}$$

式中，ζ 为局部阻力系数，由实验测定。

在流体输送管道系统设计的时候，应进行系统的水头损失计算。单位时间内管道系统输送的流体量，也即流量越大，输送效率也越高，但与此同时输送的阻力损失也越大，所需要提供的输送能量也越大。因此输送效率与能量损耗之间的平衡是管道系统设计必须要考虑的一个因素，通常应追求效益最大化。

三、差压式流量计的测量原理

差压式流量计是一种利用流体流经节流装置时所产生的压力差与流量之间存在函数关系，通过测量压力差来实现流量测量的流量计量仪表。差压式流量计由一次装置和二次装置组成，一次装置也称节流装置，包括节流件和取压装置，二次装置包括差压测量仪表和流量计算仪表。节流件是一种差压发生元件，包括孔板、喷嘴、文丘里管等，均有收缩有效流通截面的共性结构，使得在节流件的两侧产生压力差。理论上只要当流体流经时能够在其上下游产生足够大的压力差，则这种形式的结构即可用于设计节流件。

当流体流动满足连续性方程时，如图 1-16 所示，在一段平直的管道中安装一块孔板（中心开有圆孔的薄板），使得在孔板上下游产生压力差。由于流体流经薄板的距离很短，可以忽略流体黏性的影响，基于伯努利方程导出差压式流量计的测量模型。

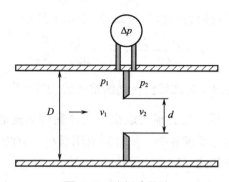

图 1-16　孔板流量计

根据图 1-16 所示，孔板上下游处于同一参考高度，故认为式（1-44）中 $h_1 = h_2$，同时认为流体流经孔板时密度不发生变化，即 $\rho_1 = \rho_2 = \rho$，消去式（1-44）中的 h_1、h_2 后，等

式两边约去 g ，移项，得到式（1-54）。

$$\frac{p_1}{\rho} \frac{p_2}{\rho} = \frac{1}{2}(v_2^2 - v_1^2) \tag{1-54}$$

根据连续性方程（1-41），设管道的内直径为 D ，孔板的流通直径为 d ，得到式（1-55）。

$$v_1 = \left(\frac{d}{D}\right)^2 v_2 \tag{1-55}$$

将式（1-55）代入式（1-54），令 $\beta = \dfrac{d}{D}$ ，$\Delta p = p_1 - p_2$，整理得到式（1-56）。

$$q_m = \frac{\pi d^2}{4} \cdot \rho v_2 = \frac{\pi d^2}{4} \sqrt{\frac{2\Delta p \rho}{(1-\beta^4)}} \tag{1-56}$$

式（1-56）是基于理想假设下推导得到，在工程实际应用中仍需考虑流体的体积膨胀影响，并且引入工程修正系数，将式（1-56）修正为式（1-57）。

$$q_m = \frac{C}{\sqrt{1-\beta^4}} \cdot \varepsilon \cdot \frac{\pi}{4} \cdot d^2 \sqrt{2\Delta p \rho} \tag{1-57}$$

式中，C 为流出系数，无量纲；ε 为流体的可膨胀性系数，Δp 为压力差，也称差压，本质上是一种压力损失。

式（1-57）适用于所有差压式原理的流量计，包括标准化设计的标准孔板流量计、标准喷嘴、标准文丘里喷嘴和文丘里管流量计，以及非标准化设计的楔形流量计、弯管流量计和非标准化设计的孔板流量计。国家标准《用安装在圆形截面管道中的差压装置测量满管流体流量》（GB/T 2624）（等同采用国际标准 ISO 5167）规定了标准化差压式流量计的设计和加工要求，其流出系数 C 和可膨胀性系数 ε 按照标准相关规定计算得到。标准化的差压式流量计只要按标准要求设计、加工和安装即可使用，无需经过实流标定。非标准化设计的差压式流量计，其流出系数 C 必须在流量标准装置上经过实流标定方可得到，可膨胀性系数 ε 需要通过实验方法测定。

差压式流量计是一种经典的流量计量仪表，其优点是流体流经的测量元件没有可动部件，工作可靠性好，且理论依据充分，测量技术成熟，仍被大量应用于测量可靠性要求高的场合，比如蒸汽流量的测量。然而差压式流量计存在压力损失较大的缺点，意味着管道系统在流量计处的能量消耗较大，运行的经济性指标不高。随着电磁流量计、超声波流量计、涡轮流量计等低压力损失流量计的发展，在常温流体介质的测量领域逐渐代替了差压式流量计。

根据差压式流量计的测量原理，可以进一步得到以下推论：

① 可以将整个流体输送系统看成一个节流件，当流量达到一定值后，其入口端和出口端的压力差与流量的平方成正比。

② 流体输送系统中的阀门、弯头、变径管、流量计等也是节流件，流体流动过程中会产生局部阻力损失，当流量达到一定值后，节流件入口端和出口端的压力差与流量的平方成正比。因此，流体输送系统设计过程中除了要关注满足输送功能要求的拓扑结构以外，还需要进一步关注整体和局部的物理结构，通过合理降低流体输送系统的阻力损失，达到提高系统运行经济性的效果。

第二章
智能流量计

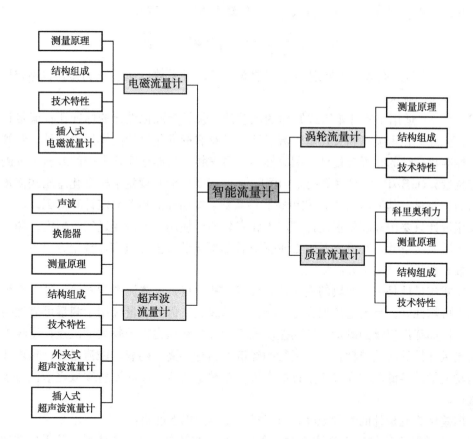

第一节　电磁流量计

一、测量原理

　　电磁流量计是一种基于法拉第电磁感应定律的速度式流量计，适用于测量导电液体的体积流量。

英国科学家迈克尔·法拉第于 19 世纪 30 年代首次发现了电磁感应现象，为建立经典电磁学理论奠定了一定的基础。电磁感应定律通常表述为闭合电路的一部分导体在磁场里做切割磁感线的运动时，导体中就会产生电流，产生的电流称为感应电流，运动导体两端的电动势（电压）称为感应电动势。感应电动势的大小与穿过闭合电路的磁通变化率成正比，如式（2-1）所示。

$$e(t) = -\frac{\mathrm{d}\Phi}{\mathrm{d}t} \tag{2-1}$$

式中，$e(t)$ 为感应电动势；Φ 为磁通量；t 为时间。

感应电动势的方向可以通过楞次定律或右手定则来确定。楞次定律表述为：感应电流的磁场要阻碍原磁通的变化。右手定则是楞次定律的形象化表述：伸平右手使拇指与四指垂直，手心向着磁场的 N 极，拇指的方向与导体运动的方向一致，四指所指的方向即为导体中感应电流，也即感应电动势的方向，如图 2-1 所示。

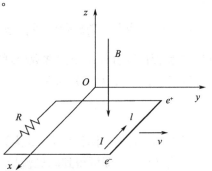

图 2-1　右手定则

磁通量为磁感应强度与垂直通过的表面积之积，如式（2-2）所示。

$$\Phi = BS\sin\theta \tag{2-2}$$

式中，B 为磁感应强度；S 为磁场穿过的表面积；θ 为磁场与所穿过的表面之间的夹角。

假定导体的长度为 l，切割磁力线的运动速度为 v，则在 $\mathrm{d}t$ 时间内运动的距离为 $v\mathrm{d}t$，扫过的面积 $\mathrm{d}S = lv\mathrm{d}t$。假定在 $\mathrm{d}t$ 时间内磁通量变化为 $\mathrm{d}\Phi$，则可导出式（2-3）。

$$\mathrm{d}\Phi = B\sin\theta \cdot \mathrm{d}S = Blv\sin\theta \cdot \mathrm{d}t \tag{2-3}$$

将式（2-3）代入式（2-1）得到式（2-4）。

$$e(t) = -Blv\sin\theta \tag{2-4}$$

由式（2-4）可知，感应电动势 $e(t)$ 与磁感应强度 B、导体长度 l 和导体运动速度 v 成正比。由于 $-1 \leqslant \sin\theta \leqslant 1$，所以当 $\theta = \frac{\pi}{2}$ 或 $\theta = -\frac{\pi}{2}$，即磁场与所穿过的表面垂直时感应电动势有极大值 $e(t) = -Blv$ 或 $e(t) = Blv$，或者说在这种状态下得到感应电动势的效率最高。

电磁流量计是法拉第电磁感应定律在流量测量中的应用，以管道式电磁流量计（下文中未加特别说明时电磁流量计均指管道式电磁流量计）为例，如图 2-2 所示，取电磁流量计的测量截面为正视方向，导电液体为正视方向流入。

现将式（2-4）所述的法拉第电磁感应定律与电磁流量计的测量模型建立起一一对应关系。

电磁流量计的测量对象是导电液体，测量参数是导电液体的流量。根据式（1-37），流量与流速成正比，式（2-4）中的导体运动速度 v 即导电液体的流速。

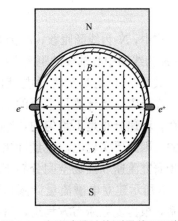

图 2-2　电磁流量计的测量截面示意

由于导电液是在约束的管道内流动，与流动方向相垂直的管道尺寸，即通常为管道的内直径 d，与式（2-4）中对应的参数为导体长度 l。

穿过导电液体的磁感应强度 B 由外部施加。为使得到感应电动势的效率最大化，如图 2-1 所示，磁场方向应与导电液体流动方向和感应电动势方向构成的平面垂直。

为便于感应电动势的测量，在测量期间使磁感应强度 B 为恒定值是最理想的，由此可构建流速与感应电动势之间的一元线性函数，如式（2-5）所示。

$$v = \frac{e}{Bd} \tag{2-5}$$

在工程实践中，理想化的垂直是不存在的，角度 θ 只能最大限度地趋近于 $\frac{\pi}{2}$，磁感应强度 B 和管道内直径 d 作为常数处理时也并不是无误差的精确值，因此需要对式（2-5）进行工程修正，如式（2-6）所示。

$$v = \frac{e}{KBd} \tag{2-6}$$

式中，K 为工程修正系数；v 为管道截面导电液体的平均流速。

由式（1-37）即可得到电磁流量计的体积流量公式。

式（2-6）描述了电磁流量计的基本测量原理，表明感应电动势与流速之间有良好的线性关系。

需要注意的是，电磁流量计设计时并不会真正采用恒定磁场。这是由于液体中的带电粒子在恒定磁场中运动时，受洛伦兹力的作用，正负电荷分别向相反方向偏转，进而发生电荷聚集，形成极化效应。电磁流量计的感应电动势由与导电液体接触的一对电极测量，当电极发生极化效应时，极化电动势远大于感应电动势，电磁流量计即失去了测量功能。因此电磁流量计内真正的磁场是由励磁线圈产生的矩形交变磁场，以克服恒定磁场带来的极化效应，在测量的这一时刻线圈电流保持不变，进而使磁场保持不变。

在有限空间内，励磁线圈并不能产生真正意义上的均匀磁场。根据毕奥－萨伐尔定律，恒定电流所产生的磁场在空间的分布是关于空间位置的函数，可推导得到线圈中心轴线上的磁感应强度分布如式（2-7）所示。

$$B(x) = \frac{N\mu_0 I R^2}{2(x^2 + R^2)^{3/2}} \tag{2-7}$$

式中，N 为线圈匝数；μ_0 为真空磁导率，$4\pi \times 10^{-7}$ N/A^2；I 为线圈电流；R 为线圈半径；x 为线圈中心轴线的距离坐标。

式（2-6）是基于将导电液体近似为一维导体的假设，在电磁流量计测量平面的二维空间上，由于黏性的存在，流速分布是不均匀的，空间的磁场分布也是不均匀的。因此要实现电磁流量计更加准确的测量，需要进一步研究流速和磁场空间分布下的感应电动势函数。如图 2-3 所示建立电磁流量计圆形管道测量平面的直角坐标系，根据麦克斯韦方程组，可推导得到感应电动势函数如式（2-8）所示。

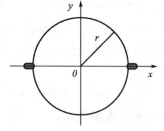

图 2-3　圆形测量截面的直角标系

$$e = \frac{2}{\pi r} \iint_S v(x, y) B(x, y) W(x, y) \, dx \, dy \tag{2-8}$$

式中，r 为圆形管道测量平面的半径；$v(x, y)$ 为导电液体的流速分布函数；$B(x, y)$ 为磁感应强度的空间分布函数；$W(x, y)$ 为权重函数。

权重函数如式（2-9）所示。

$$W(x, y) = \frac{r^4 + r^2(x^2 - y^2)}{r^4 + 2r^2(x^2 - y^2) + (x^2 + y^2)} \tag{2-9}$$

权重函数的本质是用来描述由于空间不同位置的流速和磁感应强度不同，取任意微小导电液体切割磁力线产生的感应电动势对总电动势的贡献不同。

式（2-8）进一步揭示了如下现象：即使在流过电磁流量计测量平面的平均流速保持不变的情况下，当流速的空间分布不同时，输出的感应电动势仍有可能不同。换而言之，电磁流量计的测量结果会受到流动扰动的影响。

二、结构组成

电磁流量计从外形结构上看，主要由两部分组成，即流量传感器（简称传感器）和转换器，转换器通常还包含了显示装置。根据传感器和转换器的连接方式，分为一体式和分体式两种结构，如图 2-4 所示。传感器和转换器组装成整体的结构称为一体式结构，两者之间的信号通过内置的线缆连接。传感器和转换器分离，两者通过外置线缆连接的结构称为分体式结构。

（a）一体式　　　　　　　　　　（b）分体式

图 2-4　电磁流量计的两种结构形式

一体式结构的优点是测量信号传输距离短，信号衰减小，干扰屏蔽效果好，缺点是对安装环境的要求较高，不适合水淹、雨淋的场合。分体式结构正好相反，优点是传感器和转换器可安装在不同位置，对安装环境的适应性强，缺点是测量信号的传输距离长，信号容易衰减，对干扰屏蔽的效果不如一体式结构。

1. 传感器

传感器是电磁流量计中导电液体流经的部件，通过电磁感应原理将导电液体的流动速度转换成感应电动势，传送给转换器进行信号处理、流量积算和结果显示。传感器输出的感应电动势代表流量信号，其幅值一般在微伏（μV）至毫伏（mV）数量级范围内。由于感应电动势信号微弱，容易受到外部电磁信号的干扰，不适合远距离传输，与转换器之间的连接线缆长度不宜过长，且应采取可靠的屏蔽措施。

为实现将导电液体的机械运动信号转换成电信号，传感器需要构建测量环境来实现测量功能，其结构组成如图 2-5 所示，主要由测量管、线圈、磁轭、电极和外壳等组成。

传感器首先要有适合导电液体流过的管道，该管道通常称为测量管。大多数测量管采用圆形截面的管道，也有的采用矩形截面的管道。管道的材料可以采用金属材料，也可以采用非金属材料。当采用金属时，由于金属材料是良导体，不利于感应电动势的测量，内壁必须涂覆或衬覆绝缘材料。金属材料以及内壁的涂覆或衬覆材料还必须是非导磁材料，磁导率一般要求不大于 1.15 倍的真空磁导率 μ_0，以满足磁场能够高效穿透的要求。非金属材料基本能够满足不导电和不导磁的要求。相对来说，金属材料比大多数非金属材料具有更高的力学强度

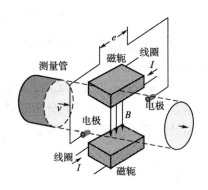

图 2-5 电磁流量传感器的结构组成

和更小的体积膨胀系数，更有利于保证电磁流量计性能的稳定性，因而成为应用的主流。金属测量管的主要材料是不锈钢，既能满足非导磁要求，又具有良好的耐腐蚀性，也有极少数采用铝合金，有利于减轻重量，且可以采用铸造工艺加工。非金属测量管的材料以性能优异的工程塑料为主，工程塑料具有重量轻、注塑成型工艺效率高等优点，但尺寸稳定性和工艺一致性相对金属材料要差，适合应用于测量要求不高的场合。金属测量管的内壁衬覆层通常也称为衬里，主要材料及其特性如表 2-1 所示。

表 2-1 衬里材料及其特性

材料名称		特性	
		优点	缺点
氟塑料	聚四氟乙烯 （PTEF 或 F-4）	1. 表面光滑度高、低摩擦系数、低表面张力，不易附着沉积物 2. 耐腐蚀性能优越，不溶于强酸、强碱和有机溶剂 3. 适应的温度范围宽，－40～140℃均能保持较好的力学性能 4. 化学性能稳定，耐老化性能好 5. 优异的电绝缘性 6. 无毒性	1. 耐磨性能较差 2. 与金属的黏结性较差
	可溶性聚四氟乙烯 （PFA）	1. 熔融黏结性优于聚四氟乙烯 2. 适应的温度范在－40～150℃ 3. 其他性能与聚四氟乙烯相近	耐磨性能较差
	聚全氟乙丙烯 （FET 或 F-46）	1. 熔融黏结性优于聚四氟乙烯 2. 适应的温度范在－40～120℃ 3. 其他性能与聚四氟乙烯相近	耐磨性能较差

材料名称		特性	
		优点	缺点
氟塑料	乙烯-四氟乙烯共聚物（ETEF 或 F-40）	1. 熔融黏结性优于聚四氟乙烯，与金属有较强的黏结性 2. 适应的温度范在−40～120℃ 3. 线膨胀系数小，接近碳钢 4. 其他性能与聚四氟乙烯相近	耐磨性能较差
橡胶	聚氨酯橡胶	1. 有良好的耐磨性能，是天然橡胶的 10 倍 2. 黏结性良好 3. 硬度高，强度好，永久变形小 4. 低温可达−40℃	1. 高温高湿下易水解 2. 耐热温度低于 80℃ 3. 不耐酸碱腐蚀
	氯丁橡胶	1. 耐无机酸、碱腐蚀性良好 2. 黏结性良好	1. 耐低温和耐贮存性稳定性较差 2. 耐热温度低于 80℃ 3. 易溶于有机溶剂和有机酸碱
氧化铝陶瓷		1. 耐磨性好，是聚氨酯橡胶的 10 倍以上 2. 耐高温高压 3. 表面光滑度好，不易附着沉积物 4. 绝缘性能好 5. 膨胀系数小	1. 耐热冲击性能差 2. 抗机械冲击性能差 3. 不耐强酸强碱腐蚀
环氧树脂（热固性树脂）		1. 均匀性和尺寸一致性好 2. 表面光滑度高 3. 耐酸碱腐蚀能力强 4. 绝缘性好 5. 低温可达−30℃	1. 涂层较薄，耐磨性较差 2. 耐热温度低于 80℃ 3. 耐机械冲击和耐热冲击性能差

　　电磁流量计应根据不同的应用场合选择相适应的衬里材料。由于电磁流量计的衬里材料大多采用氟塑料和橡胶，加工工艺的一致性保证相对较难，也即批量生产的相同规格测量管的内直径或截面积有差异，使得相互之间的计量性能也存在差异，需要借助流量标准装置进行量值校正。对于计量性能要求高的流量计，衬里的表面光滑度也会对计量性能产生影响。表面越光滑，流动噪声也越小，越有利于提高流量计的计量性能。

　　传感器的磁场一般由导电的励磁线圈产生。励磁线圈通常为一对，沿直径方向对称布置在测量管的外侧，通电后产生磁场。线圈材料一般应采用铜芯漆包线，使得励磁线圈有较低的电阻率，以利于减小发热量，提高励磁电流的磁场转换效率。为使磁场分布更加均匀，线圈内部布置磁轭。磁轭采用高导磁的软磁材料制作，以纯铁或电磁铁材料为常见。

　　根据安培环路定律，可导出圆形线圈圆心处的磁感应强度，如式（2-10）所示。

$$B = \frac{\mu_0 NI}{2R} \qquad (2\text{-}10)$$

式中，B 为磁感应强度；μ_0 为真空磁导率；N 为线圈匝数；I 为线圈励磁电流；R 为线圈半径。

式（2-10）可作为线圈和励磁电流设计的参考，线圈的实际形状有多种形式，有的采用圆形螺线管式，有的绕制成矩形再弯曲成马鞍形贴合在测量管上。不同形状的线圈，严格的磁感应强度分布应按式（2-7）计算。磁感应强度与线圈匝数和励磁电流成正比，相同的磁感应强度下增加线圈匝数时可减小励磁电流。磁感应强度与励磁线圈半径成反比，通常线圈半径与传感器测量管的直径正相关。直径越大线圈半径也越大，意味着励磁电流越大或线圈匝数越多。

布置在测量管外周的线圈和磁轭通过外壳进行封闭。封闭外壳的作用主要有两个，一是防止线圈受潮，二是屏蔽保护。线圈一旦受潮，电路分布参数即发生变化，有效励磁电流减小，导致磁感应强度偏离了设计值，影响电磁流量计的准确度。屏蔽保护有两重作用，一是屏蔽线圈产生的内部磁场，减小磁场外漏，二是屏蔽外部电磁场对电极和内部磁场的干扰。由此可见，外壳对流量计的性能起着非常重要的作用，屏蔽层必须采用高导磁材料制作。

导电液体流经测量管，切割磁力线后产生感应电动势，感应电动势由电极感测。电极通常为一对，布置在与磁场方向垂直的测量管直径两端，与导电液体接触。由于测量管内壁衬有绝缘材料，感应电动势便传递到电极上，经由导线传送到转换器。电极与导电液体接触的表面通常加工成抛物面状，并具有很高的光滑度，一般要求达到镜面光泽度水平，以利于降低流体的摩擦噪声，并可减轻表面积垢。电极材料应有很好的耐腐蚀性，常用的材料及其特点如表 2-2 所示。

表 2-2　电极常用材料及其特点

材料名称	特点
不锈钢 （1Cr18Ni9Ti、0Cr18Ni12MoTi）	耐受稀酸稀碱腐蚀、耐受碱性盐液腐蚀
哈氏合金 （Hb）	耐受弱酸、弱碱腐蚀，耐受海水、盐液腐蚀，不耐受氧化性的酸和碱溶液，不耐受沸点以上的盐酸、硫酸、磷酸
哈氏合金 （Hc）	耐受硫酸、硝酸等氧化性的稀溶液，耐受强酸的亚酸溶液和海水等腐蚀性较强的液体
钛 （Ti）	对氧化物、次氯酸盐、海水等有良好的耐腐蚀性，对常温硝酸等氧化性酸有耐腐蚀性，不耐受盐酸、硫酸等还原性酸
钽 （Ta）	具有极高的耐酸腐蚀性能，除氢氟酸、发烟硫酸等少数酸外，能耐受其他绝大多数酸腐蚀，不能耐受碱性溶液腐蚀
铂铱合金 （PtIr10、PtIr20、PtIr30）	除不耐受王水、铵盐等少数介质腐蚀外，耐受其他绝大多数酸碱溶液腐蚀
碳化钨 （WC）	耐腐蚀性差，专用于浆液、电解质液测量场合，可降低浆液、电解质液的噪声
导电橡胶	低噪声电极材料，可抗浆液噪声
导电氟塑料	低噪声电极材料，可抗浆液噪声，耐化学腐蚀性能好

电极材料的选取除了考虑常规的耐腐蚀性以外，还应考虑导电液体与电极材料接触后发生的钝化和电化学极化效应。有的电极材料能够耐受导电液体的腐蚀，但有可能会因表面发生化学反应而形成绝缘氧化膜，产生钝化效应。比如钽合金具有极高的耐酸腐蚀性能，但能够与水发生化学反应，表面会形成绝缘氧化膜。有的电极材料与存在电场分布的导电液体接触时，由于电化学反应进行的迟缓性造成电极带电程度与可逆情况时不同，从而导致电极电势偏离，形成极化效应。这种情况常见于浓度不均匀或含固体颗粒物的浆液、阴阳离子分离分布的电解质液中。针对电化学极化现象，应选择针对性的有利低噪声的电极材料，并且在转换器上加强噪声抑制处理。

电极的结构和安装工艺也非常重要。测量管在电极安装位置穿有内外通孔，是测量管密封薄弱位置。电极安装既要保证有效密封，又要与测量管保持有效的绝缘，并与液体充分接触。测量管内两个电极的端面距离代表了测量截面的有效长度，提高电极安装精度有利于电磁流量计的测量参数更加接近于理论值。

当电极与导电液体在接触状态下无法解决化学反应或电化学极化现象带来的问题时，还可以采用隐藏式电极结构，即将电极隐藏在绝缘衬里内部，与导电液体隔离。这种结构的电极本质是利用了电容充放电原理，称为电容式电极，电磁流量计也因此被称为电容式电磁流量计。由于电极不与测量介质接触，可以从根本上解决电极污染、腐蚀、氧化、极化等问题，还可以避免接触式干扰。通过设计成平板电极增大电极面积，可以提高电极的灵敏度，能够应用于低电导率液体的流量测量。接触式电极通常要求导电液体的电导率不低于 $20\mu S/cm$，在降低上限测量流速的条件下电导率可以降低到 $5\mu S/cm$ 甚至 $2.5\mu S/cm$。对于电容式电极，只要感应面积足够大，导电液体的电导率甚至可以低至 $0.01\mu S/cm$。

2. 转换器

在电磁流量计发展的早期，由于发光二极管、液晶等仪表显示器件尚未出现，电磁流量计的测量结果主要采用指针式仪表指示，转换器仅仅是一种产生励磁电流、接收感应电动势信号并进行处理和转换的功能电路。随着电子技术尤其是数字化测量技术的发展，转换器逐渐成为多功能的电路集成，并具备了智能化的特征。

转换器的主要功能有：产生励磁电流、接收和处理电极信号、流量积算、零点校正、结果显示、人机交互、双向测量、空管检测、信号输出、远程通信、数据存储、故障诊断、事件报警、密码保护、断电保护等，其中产生励磁电流、接收和处理电极信号、流量积算、零点校正、结果显示是转换器的基本功能，其电路原理如图 2-6 所示。

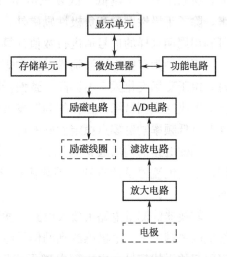

图 2-6 转换器的电路原理框图

励磁电路产生的励磁电流主要有 4 种，如图 2-7 所示。第一种为直流恒流励磁，主要应用于不会产生极化效应的导电液体测量，如常温下的汞和高温下的液态钾、钠、锂等。第二种为交流励磁，在电磁流量计发展的早期为克服极化效应所采用的励磁方法。早期由于电子技术不够发达，励磁电流通过电源降压得到，频率与电源频率相同，很容易受到同频信号的干扰，使得流量计的重复性、线性度和零点稳定性等指标均不够理想，基本已经淘汰。不过，交流励磁由于励磁频率高，在测量固液两相浆液流时受浆液流动产生的噪声影响小，取得了较好的应用效果。

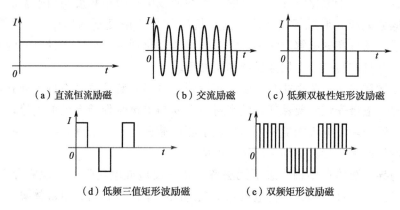

(a) 直流恒流励磁　　　(b) 交流励磁　　　(c) 低频双极性矩形波励磁

(d) 低频三值矩形波励磁　　　(e) 双频矩形波励磁

图 2-7　主要的励磁方式

第三种为低频矩形波励磁。低频矩形波励磁得益于电子技术的发展，兼具直流恒流励磁和交流励磁的优点，很好克服了前两种励磁方式存在的缺陷，并且具有零点稳定性好、功耗低的优点，成为当前的主流应用。低频矩形波励磁主要有低频双极性矩形波励磁和低频三值矩形波励磁两种，励磁频率通常在（1/4～1/32）×50Hz范围内，流量计的管径越大，所采用的频率越低。低频三值矩形波励磁是在低频双极性矩形波励磁基础上发展而来，除了正极性励磁和负极性励磁外，中间增加了零值励磁，用于动态检测零点信号，并可利用周期采样的信号值进行数值计算，消除极化电势的影响。

第四种为双频矩形波励磁。低频矩形波励磁应用于固液混合浆液和低电导率液体测量时，由于磁场变化频率不够高，致使低频率的噪声和干扰无法消除。双频矩形波励磁主要针对解决这类测量场合存在的问题发展而来，对低频矩形波进行高频调制，使得励磁效果既兼具低频率励磁零点稳定性好的优点，又发挥高频励磁能够有效抑制低频干扰的优点。

励磁电路的输出通常采用恒流源设计，这是考虑到励磁线圈在不同温度下的阻抗不同，采用恒流源设计有利于消除阻抗变化的不利影响，保证线圈产生的磁感应强度保持不变。

转换器的测量电路由放大电路、滤波电路和A/D转换电路等组成，是决定电磁流量计性能的关键之一。电极感测到的信号除了代表流速大小的感应电动势外，还耦合有流体噪声引起的干扰信号、内外部电磁干扰信号和电路热噪声信号。这些信号有的是共模干扰，有的是串模干扰，而且信号幅值往往比正常的感应电动势大。由于感应电动势信号微弱，需要经过放大以后才能进行处理，放大电路在放大感应电动势信号的同时，耦合的噪声信号也将被一起放大。对于共模干扰信号，放大电路的前置级需要采取高输入阻抗、多级差模放大等措施来抑制。对于串模干扰信号，首先要从结构设计上采取抑制措施，包括屏蔽、信号导线的扭绞等；电路设计上，需要通过滤波电路来进行抑制。事实上，采取这些抗干扰措施之后并不能完全抑制干扰信号，而采用数字化测量技术的优点便在于还可以在测量信号经 A/D 转换后采取数字滤波技术对信号进行进一步处理。一般认为干扰是一种随机信号，其数值特征是在平均值附近呈正态分布。数字滤波技术的本质是利用统计方法来识别并剔除异常值，通过平均值方法来减少干扰信号对测量结果的影响。

测量电路的关键指标除了抑制干扰信号的性能以外，还有一个至关重要的指标是放大倍数和相关联的非线性失真。放大倍数越大，仪表的鉴别域越小，信号检出能力越强，与此同时干扰信号也可能被一并检出，意味着抗干扰能力弱化，这是一对矛盾。非线性失真越小，信号保真度越高，越有利于保证仪表的通用性，然而放大倍数越大，电路设计的难度也越高。因此，电磁流量计理论上测量的上限流速越大，信号强度也越大，越有利于保证性能，但在实践中受电路线性放大倍数的制约，需要在一定的测量上下限范围内进行取舍。

电磁流量计在测量很小的流量时，当感应电动势的幅值过小，与噪声信号之间的比例，即信噪比小到一定程度，测量电路便无法有效抑制干扰信号，此时电磁流量计通常表现为瞬时流量或流速异常变化。当出现这种情况时，表明已经超出了测量电路的有效处理能力范围，通常的做法是进行小信号切除，即在一定流量以下均按照零流量进行处理。

在测量电路中，A/D 转换电路的功能是将放大的电极信号数字化，输入微处理器。A/D 转换的采样步调由微处理器控制，与磁场变化，也即励磁电流的频率相协调。A/D 转换电路的分辨力、转换速率、量化误差、偏移误差、满刻度误差、线性度等指标与流量计的指标密切相关，是测量电路设计的关键之一。

电极信号经放大、滤波、A/D 转换后，微处理器便得到了数字化的流速信号，或称为流速值。对一系列的流速值进行数字化滤波，便可计算得到瞬时体积流量值和累积体积流量值。

瞬时流量按式（2-11）计算。

$$q_V = Av \tag{2-11}$$

式中，q_V 为体积流量；A 为测量管截面积，对于圆形截面，$A = \frac{\pi}{4}d^2$。

累积流量通过离散积分得到，如式（2-12）所示。

$$Q_V = \sum q_V \Delta t \tag{2-12}$$

式中，Q_V 为累积体积流量；Δt 为离散积分时间。

由式（2-4）可知，电磁流量计理论上能够双向测量。微处理器可以根据励磁电流方向和感应电动势极性之间的对应关系方便地判断流向，并加以区分显示，同时还可以对累积流量按不同流向积算，计算正向流与反向流的累积流量之差。

为了方便电磁流量计在流量标准装置上进行量值校准，转换器的功能电路通常设计有频率信号输出电路，将瞬时流量转换成频率输出，以便流量标准装置在校准过程中进行同步测量。

瞬时流量按式（2-13）转换成输出频率。

$$f = \frac{q}{q_{max}} \cdot f_{max} \tag{2-13}$$

式中，q 为电磁流量计当前测得的流量；f 为流量 q 对应的输出频率；q_{max} 为电磁流量计的上限流量；f_{max} 为上限流量 q_{max} 对应的输出频率。

需要注意的是在数值转换过程中存在量化误差，对数值进行截尾处理时应考虑量化误差的影响，将多次量化误差进行累计，适当的时候对输出频率进行修正，使得累计的量化误差可忽略不计。

有的转换器还设计有脉冲输出电路，或者脉冲输出电路和频率输出电路共用同一个端口，通过内部参数设置来控制输出信号形式。

虽然脉冲信号和频率信号在电信号特征上相同，但两者的信号转换机制不同。脉冲信号是由累积体积流量按固定的增加量转换而来，累积量每增加 ΔV 的体积便相应地输出一个脉冲，这种脉冲也称为当量脉冲，表示一个脉冲代表一个固定的体积。由此可见，脉冲信号与频率信号的不同之处在于前者不是按等时间间隔输出，也即信号是不均匀的，而后者是按照等时间间隔输出，也即信号是均匀的。因此脉冲信号通常用于累积流量的远程接收，而频率信号则主要用于量值校准。

在工业测量和控制领域，通常需要将测量信号转化成 4～20mA 的标准电流或 1～10V 的标准电压信号，转换器的功能电路一般包括电流输出电路或电压输出电路。

瞬时流量与标准电流信号之间的转换按式（2-14）进行。

$$I = 4 + \frac{16q}{q_{max}} \tag{2-14}$$

式中，I 为流量 q 对应的输出电流。

转换器的供电电源有三种基本形式：外部交流电源、外部直流电源和内置电池。随着开关电源的广泛应用，外部交流电源通常设计成 100～240V 的宽电压输入。外部直流电源一般设计成 12～36V 的宽电压输入，符合安全特低电压的范围要求。内置电池通常设计成可更换，或可充电，也可作为外部交流电源或外部直流电源的备份电源。

三、技术特性

电磁流量计的技术特性主要从计量特性、电气特性和应用特性三个方面进行评价。

1. 计量特性

电磁流量计的计量特性主要包括：测量范围、测量误差、重复性、零点稳定性和线性度。

(1) 测量范围

测量范围是指测量误差符合规定要求的流量范围或流速范围，即由下限流量或流速至上限流量或流速构成的闭区间。由式（2-11）可知，流速根据电磁感应定律测量得到，流通截面积为假定的常数，流速为流量的唯一变量，故流量范围和流速范围是等价的。根据式（2-11）还可知，电磁流量计的理论测量下限趋近于零，没有理论测量上限。工程实践中受技术水平的限制，存在测量上限和测量下限。

一般在描述电磁流量计的测量范围时，通常用归一化指标，即上限流量与下限流量的比值，也称为量程比来表征。测量范围应与准确度联系在一起，当准确度要求较高时，比如±0.2%，量程比通常在（10∶1）～（20∶1）范围内；当准确度要求较低时，比如为±2%乃至±2.5%，量程比通常在（50∶1）～（100∶1）范围内；当采用内部电池供电并采用低功耗测量电路时，量程比通常能达到（500：1）～（800：1）；准确度要求在±0.5%、±1.5%范围内时，量程比通常在（30：1）、（150：1）范围内。

(2) 测量误差和重复性

电磁流量计的测量误差习惯上采用相对误差表示，可以通过测量瞬时流量得到，也可以通过测量一段时间内的累积流量得到。

瞬时流量的测量误差如式（2-15）所示。

$$E = \frac{q - q_s}{q_s} \times 100\% \tag{2-15}$$

式中，q 为电磁流量计指示的瞬时流量；q_s 为流过电磁流量计的导电液体的实际流量，一般将具有更高准确度水平的流量标准装置测得的量值作为实际流量的约定量值（或约定真值）。

累积流量的测量误差如式（2-16）所示。

$$E = \frac{Q - Q_s}{Q_s} \times 100\% \tag{2-16}$$

式中，Q 为约定时间内电磁流量计指示的累积流量（增加量）；Q_s 为约定时间内流过电磁流量计的导电液体的实际累积流量，一般将具有更高准确度水平的流量标准装置测得的量值作为实际累积流量的约定量值。

由式（2-12）可知，在恒定的流量条件下，式（2-15）和式（2-16）是等价的；在非恒定的流量条件下式（2-15）中的 q 和 q_s 通常约定为一段时间内的平均流量，则两者也是等价的。事实上，在同一时刻得到 q 和 q_s 的值理论上几乎是不可能的，实际测量过程中两者的值均为一段时间内的平均流量。

衡量测量误差是否符合规定要求的指标用最大允许测量误差（简称最大允许误差）来表征。最大允许误差是人为规定的测量误差允许的上下极限值界定的闭区间，用来描述计量仪表的准确程度。在计量法制管理领域，为了标准化表达计量仪表的最大允许误差，通过采用等级化的指标来表征，即准确度等级。我国的国家计量检定规程按测量误差需要满足的最大允许误差将电磁流量计划分成 7 个等级，如表 2-3 所示。

表 2-3　电磁流量计的准确度等级和最大允许误差

准确度等级	0.2	(0.25)	(0.3)	0.5	1.0	1.5	2.5
最大允许误差	±0.2%	(±0.25%)	(±0.3%)	±0.5%	±1.0%	±1.5%	±2.5%

注：优先采用不带括号的等级。

根据测量理论，测量误差由系统误差和随机误差两部分组成。由于随机误差的存在，使得测量误差不是唯一的，而是有无数个可能。将这些无数个可能的测量误差进行统计分析，发现测量误差的概率密度服从正态分布，测量误差落在以平均值为中心的 2 倍标准偏差范围内的概率是 95%，3 倍标准偏差范围内的概率是 99%。实践中只能进行有限次测量，得到有限个测量误差，按式（2-17）计算得到实验标准偏差，作为标准偏差的估计值。

$$s(E_i) = \sqrt{\frac{\sum_{i=1}^{n} (E_i - \bar{E})^2}{n - 1}} \tag{2-17}$$

式中，E_i 为第 i 次测量得到的测量误差；n 为测量次数；$\overline{E}$ 为 n 个测量误差的算术平均值；$s(E_i)$ 为单次测量的实验标准偏差。

单次测量的实验标准偏差是用于表征计量仪表计量特性随机效应的指标，通常也称为重复性，或者短期稳定性。显然，重复性越小，计量仪表在短期内的稳定性表现越好。电磁流量计的重复性指标一般要求不超过最大允许误差绝对值的 1/3。

电磁流量计的最大允许误差绝对值越小，表明准确程度越高，即相应的准确度等级越高。然而并不能据此简单地认为计量性能一定越好，因为电磁流量计的计量性能是一个综合指标，不仅要看最大允许误差，还要看重复性和测量范围。图 2-8 描述了一种电磁流量计最大允许误差（MPE）随流速（v）变化的典型规律。

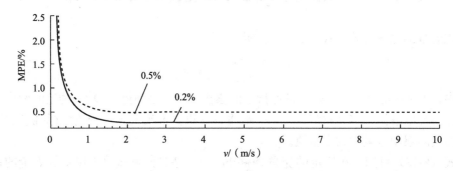

图 2-8　最大允许误差随流速的变化关系

例如，要使电磁流量计的测量误差长期保持在 ±0.2% 以内，通常要求流速高于 1.5m/s。当流速低于 1.5m/s 但不低于 1m/s 时，测量误差能够长期保持在 ±0.5% 以内，但当流速低于 1m/s 但不低于 0.3m/s 时，测量误差通常只能保持在 ±1.0% 以内。当流速继续降低，最大允许误差只能越来越大。这是因为流速越低，感应电动势越小，信噪比也越小，干扰引入的随机（相对）误差必然越大。与此同时，A/D 转换的（相对）量化误差也越大，（相对）测量误差和重复性也必然越大。当流速为零时，电极所感测到的感应电动势应为零，而电极实际输出的信号可能不为零，即所输出的信号为来自电路外部或内部的干扰信号。

（3）零点稳定性

电磁流量计的转换器一般要求具有零点校正功能。零点校正功能只能对短期性能调整有效，长期性能依赖于零点稳定性。

零点稳定性是指电磁流量计在流速为零、外部干扰可忽略的条件下，电磁流量计的零点测量值长期保持稳定的能力，是电磁流量计计量性能的固有特性之一。

假定电磁流量计在最小流量 $q_{\min}$ 至最大流量 $q_{\max}$ 的流量范围内测量误差满足最大允许误差（MPE）要求，初始状态零点的平均流量为 $\overline{z}_0$，按固定时间间隔，例如每隔一个星期对零点进行一次检查，记录零点的平均流量 $\overline{z}_1$、$\overline{z}_2$、$\cdots$、$\overline{z}_n$，则零点的最大变化应满足式 (2-18) 的要求。

$$|\overline{z}_i - \overline{z}_0|\,|_{i=1}^{n} \leqslant q_{\min}|\mathrm{MPE}| \tag{2-18}$$

式 (2-18) 是对零点系统性漂移的要求，任意一次检查得到的零点平均流量 $\overline{z}_i$，随机效应还应满足式（2-19）的要求。

$$s(z_{ij}) = \sqrt{\frac{\sum_{j=1}^{m}(z_{ij} - \bar{z}_i)^2}{m-1}} \leqslant \frac{1}{3} q_{\min}|\text{MPE}| \qquad (2\text{-}19)$$

式中，z_{ij} 表示第 i 次零点检查读取的第 j 个零点流量；m 为读取的零点流量总个数，一般应不少于 30 个；$s(z_{ij})$ 为单个零点流量的实验标准偏差。

影响电磁流量计零点稳定性的源头有可能来自电极的电路分布参数变化、励磁线圈工作参数变化，以及转换器内部电路或元器件参数的变化或漂移等。提高电磁流量计的零点稳定性需要从设计、材料、元器件、加工和工艺等多个环节加以控制。

需要注意的是外部干扰也会引起电磁流量计的零点测量值出现跳动或漂移，从现象上来看很容易与零点稳定性混淆。一般认为，干扰引起的零点随环境变化而变化，具有随机性，对干扰引起的零点变化抑制能力属于电磁流量计的抗干扰特性。

（4）线性度

随着电磁流量计智能化程度的提高，分段修正、多项式修正等非线性修正方法应用于转换器的测量软件，大大提高了仪表的计量性能，从用户使用角度看仪表的线性特征似乎越来越不重要。然而从制造角度看，电磁流量计的线性度仍然是非常重要的技术特性，是评价工艺一致性的重要指标。线性度越好，仪表的性能校正越容易，对修正方法的依赖程度越低。反之，越依赖于修正方法，越容易忽视工艺一致性的控制，从仪表长期运行的角度看，越容易发生可靠性和稳定性问题。因此，电磁流量计的线性度指标并非可有可无，而是一项重要的基本特性指标。

根据式（2-6）所示的基础测量模型，电磁流量计具有良好的理论线性特征。然而在传感器和转换器的设计以及制造过程中必然存在与理论的偏离和近似，比如与传感器有关的励磁线圈的参数和形状设计、位置的布置、漏磁控制、电极定位等，均影响传感器的线性度；与转换器有关的放大电路的线性度、高通和低通滤波电路的失真度、A/D 转换电路的线性度和量化误差、微处理器浮点运算的截尾误差等均影响转换器的线性度。传感器和转换器的线性度叠加，构成了电磁流量计整体的线性度。因此，提高电磁流量计线性度的根本途径仍然要从设计、材料、元器件、加工、工艺、算法等多个环节加以控制。

2. 电气特性

电磁流量计的电气特性包括电气接口、绝缘特性和抗干扰特性。

（1）电气接口

电磁流量计的电气接口应依功能要求而设计，主要包括电源端口、信号端口、通信端口和控制端口。

电源端口指外部电源的接入端口，包括交流电源端口、直流电源端口和充电接口，这三种端口可以相互组合。

信号端口一般指转换器将测量结果转换成电信号的输出接口，用于测试、校准和远程传输，包括脉冲或频率输出端口、电流输出端口和电压输出端口。

通信端口包括有线通信端口和无线通信端口。有线通信端口包括串行通信接口和总线通信接口。在工业测量和控制领域，串行通信接口以基于 ModBus 协议的 RS-485 接口为常见，还有基于 Hart 协议的两线制 FSK 通信接口。常用的总线制通信接口有 CAN（conrtoller area net）、PROFIBUS（process field bus）、EtherCAT（technology automation control for ethernet）等。

无线通信接口主要有近端通信接口和远程通信接口两类。近端通信接口有 IrDA 红外接口、蓝牙（bluetooth）、ZigBee 等，主要用于仪表的小范围组网和现场调试。远程通信接口有 FSK、LoRa（long range radio）、LoRaWan，以及基于公共无线通信网络的 NB-IoT，主要用于数据的远程传输，其中 NB-IoT 和 LoRaWan 是物联网应用的主流网络接口形式。

控制端口主要指开关量控制输出端口，主要用于控制阀门、水泵、气动元件等执行机构。

（2）绝缘特性

绝缘特性包括电极对外壳绝缘、励磁线圈对外壳绝缘、电源端口对外壳绝缘和浮地输出端口对外壳绝缘。

良好的绝缘性是保证仪表性能和安全的基础。电极和励磁线圈对外壳绝缘既是仪表正常工作参数的保证措施，也是切断外部信号通过接触实施传输干扰的必要措施，尤其是防止雷击、电浪涌等高能量的破坏性电气干扰通过外壳传递到仪表内部，造成电路或器件损坏的必要措施。

在传感器不接触导电液体的条件下，电极对外壳的绝缘电阻至少要保证不小于 20MΩ。无论在何种状态下，励磁线圈对外壳的绝缘电阻均应保证不小于 20MΩ。当电磁流量计在使用过程中励磁线圈的绝缘电阻下降时，极有可能保护外壳或电极的密封性发生损坏。电极和励磁线圈对外壳还应能承受有效值至少为 500V 的正弦波交流电压 1min 以上的绝缘强度试验，泄漏电流报警为 10mA 时不被击穿。

电源端口对外壳的绝缘性既是保证仪表工作安全的要求，也是保证操作者安全的要求。当电源电压超过安全电压时，应保证电源端口对外壳的绝缘电阻即使在比较潮湿的环境下也不应低于 2MΩ，在非潮湿环境下不应低于 20MΩ。当电源供电为外部直流电源时，电源端口对外壳之间应能承受有效值至少为 500V 的正弦波交流电压 1min 以上的绝缘强度试验，泄漏电流报警为 10mA 时不被击穿。当供电电源为外部交流电源时，电源端口对外壳之间应能承受有效值至少为 1000V 加上 2 倍电源电压的正弦波交流电压 1min 以上的绝缘强度试验，泄漏电流报警为 10mA 时不被击穿。

（3）抗干扰特性

电磁流量计的抗干扰特性包括抗共模干扰特性和抗串模干扰特性。

① 共模干扰是由信号对地的电位差引入的干扰，干扰电流回路在导线与参考物体构成的回路中流动，主要由电网串入、地电位差及空间电磁辐射在信号线上感应的共态（同方向）电压迭加所形成。

② 串模干扰是指干扰电压与有效信号串联叠加后作用到仪表上的干扰，通常来自高压输电线、与信号线平行铺设的电源线及大电流控制线所产生的空间电磁场。

电磁流量计需要在传感器、转换器和传输线等各个环节进行抗干扰设计，以抑制共模干扰和串模干扰。

为了抑制共模干扰，传感器通常需要可靠接地。在传感器的结构设计上，一般还设计有一个与外壳和大地连通的接地电极，通过可靠接地，给转换器提供零参考电位。当传感器与工艺管道连接时，由于连接端面装有绝缘的密封垫圈，为使传感器与工艺管道形成更好的共零电位，通常在密封垫圈中间增加导电接地环，以提高接地效果。

在转换器的测量电路中，为有效抑制共模干扰，通常采用高输入阻抗的差分放大电路设计来提高共模抑制比。转换器的串模干扰抑制措施主要采用高通和低通滤波器，抑制电源纹波、提高电源稳定性，低功耗设计降低电路热噪声等。转换器的外壳通常还应采用金属材料制作，以铝合金为常见，屏蔽空间辐射以抑制共模干扰和串模干扰。

传感器与转换器之间的信号传输线需要采取有效的屏蔽和接地措施来抑制共模干扰，采用双绞线传输和缩短传输距离可以较好地抑制串模干扰，因此一体式的电磁流量计在抗串模干扰方面的特性总体要优于分体式。

电磁流量计在流速为零的条件下，零点测量的表现特征是评价电磁流量计抑制干扰能力的重要指标，也是评价测量环境优劣的参考指标。不同的电磁流量计在相同的环境条件下，零点测量值和标准偏差越小，表明抑制干扰的能力越强。同一台电磁流量计在不同的环境条件下，零点测量值和标准偏差越大，表明测量环境越恶劣。

电磁流量计的抗干扰特性可以通过电磁兼容性试验来评价，如表2-4所示。

表2-4　电磁流量计的电磁兼容性试验

试验项目	干扰来源	干扰形式	抑制措施
静电放电抗扰度	带静电物体	接触放电或空气放电	静电放电电流隔离或静电电荷对地泄流
射频辐射电磁场抗扰度	空间电磁场	空间辐射感应	金属屏蔽
射频场感应的传导骚扰抗扰度	线传导电磁场	传输线耦合感应	金属屏蔽
电快速瞬变脉冲群抗扰度	带瞬变脉冲群的线传输	电源、控制、信号、接地等端口耦合	滤波和电磁感应（铁氧体磁芯）吸收
交流电压暂降、短时中断和电压变化的抗扰度	交流电源供电系统	交流电源端口接入	硬件保护和软件保护
直流电源输入端口电压暂降、短时中断和电压变化的抗扰度	通过交流电源降压整流的供电系统	直流电源端口接入	硬件保护和软件保护
浪涌（冲击）抗扰度	发生瞬态开关的电力系统和雷电	电源、控制、信号、接地等端口接入或耦合	端口电路保护或隔离
工频磁场抗扰度	大功率工频电气设备产生的空间交变磁场	交变磁场的电磁感应	铁磁体材料屏蔽

3. 应用特性

电磁流量计的应用特性指满足实际使用所具备的技术特性，包括介质适应性、安装适应性和环境适应性。

(1) 介质适应性

介质适应性通常要求考虑与介质特性有关的参数，包括介质的成分、密度、黏度、电导率、温度、压力等。

理论上电磁流量计只适用于均质单相的导电液体，依据式（2-6）的测量模型，与介质的成分、密度、黏度、电导率、温度、压力等参数的变化无关，但在工程实践上，受信号处理技术的限制，这些参数仍然存在一定程度的影响。比如不同的介质成分流动噪声不同，过低的电导率和过高的电导率均会导致测量困难，介质的温度和压力也会对传感器的尺寸和工作参数产生一定的影响。大体上，电磁流量计对介质特性参数的变化不十分敏感。这是电磁流量计的一个显著优点，意味着电磁流量计只需要用水作为测量介质进行量值准确度标定，无需补偿修正即可用于绝大多数导电液体的测量。

在测量要求不高的场合，比如测量纸浆、矿浆、泥浆、污水等介质的流量时，电磁流量计虽然达不到测量单相介质的准确度水平，但在现有各类通用流量计中仍然属于优先选择的对象。由此可见，电磁流量计的介质适应性非常强。

(2) 安装适应性

安装适应性主要指电磁流量计与工艺管道的匹配性。电磁流量计的测量管可以认为是内壁光滑的恒截面管道，内部没有阻力部件和运动部件，流体流经时除了沿程损失外，不会产生附加的局部阻力损失或压力损失，不易形成杂质淤塞，因此流体输送的经济性指标高，抗水力冲击能力强，非常适合输送大管径大流量的导电液体，以及含固体颗粒物或纤维的固液两相流体。

电磁流量计的感应电动势源自测量截面流体流速的平均值。测量信号的平均值效应使得电磁流量计对流场不对称性分布的敏感程度大大降低。相比较其他原理的流量计，当电磁流量计的管径与工艺管道一致时，上游直管段的长度通常只需 5～10 倍的管道公称直径即可，下游直管段的长度通常只需 2～5 倍的管道公称直径。这大大降低了在工艺管道中安装位置的要求，尤其在大管径管道的应用中更具优势。

依据式（2-6）的测量模型，电磁流量计的原始测量信号为瞬态量，电信号又具有高响应的特征，因此只要提高励磁频率，电磁流量计便可以应用于脉动流的测量。这是其他速度原理的流量计所不具备的特性，大大拓宽了电磁流量计的应用场景，比如在往复泵、蠕动泵等管路中无需进行脉动阻尼即可进行测量。

电磁流量计还可以应用于双向流动管道流量的测量，进一步提高了与工艺管道的匹配性。

对于腐蚀性介质，通过选择合适的衬里材料和电极材料，电磁流量计便可以实现有效测量。

(3) 环境适应性

电磁流量计的环境适应性主要涉及场地条件、机械环境、气候环境和电磁环境等的适应性。

① 场地条件主要指电磁流量计的安装场所是否存在冰冻、水淹、屏蔽等情形。通常传感器具有良好的外壳防护性能，能够耐受冰冻和水淹，转换器则需要采用特定的防护结构设计才有可能满足。一般来说，安装场地有冰冻、水淹、屏蔽等情形时，应优先考虑采用分体式电磁流量计，而安装环境通风干燥、无线传输信号通畅的场所可以采用一体式电磁流量计。

② 机械环境指是否存在机械振动的环境条件。由于电磁流量计感测的是电信号，对机械振动本身并不敏感，故在没有机械危害的振动场合电磁流量计完全能够适应。需要注意的是在具有机械振动的场合，一般应避免采用一体式电磁流量计。这是因为长期的机械振动容易导致转换器的电路产生故障，采用分体式电磁流量计时可以使转换器避开振动。

③ 电磁环境是指是否存在电磁干扰和电气干扰的环境条件。电磁流量计容易受同质信号的干扰，因此抗干扰特性决定了电磁流量计所能适应的电磁环境。

电磁环境一般分为住宅、商业和轻工业环境与工业环境两个等级，工业环境等级的电磁干扰要强于住宅、商业和轻工业环境等级，电磁流量计可按照适应不同的环境等级进行设计。

在电磁流量计选型过程中应将测量目标与电磁流量计的应用特性结合起来。原则上测量要求越高，电磁流量计的应用特性越苛刻。安装条件也唯有符合应用特性，才能有效发挥电磁流量计的计量性能。

四、插入式电磁流量计

插入式电磁流量计是一种适用于在已有工艺管道上增加流量测量点的产品，随着带压开孔技术的发展，可实现不断流下安装使用。

插入式电磁流量计的测量原理与管道式电磁流量计相同，结构组成相似，但两者传感器的结构形式截然不同，如图 2-9 所示。插入式电磁流量计的技术特性除电气特性与管道式电磁流量计相同外，计量特性和应用特性差异明显，后者的性能要远优于前者。

图 2-9 插入式电磁流量传感器

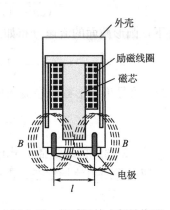

图 2-10 传感器的内部结构图

插入式电磁流量传感器的内部结构如图 2-10 所示。在测量现场如图 2-11 所示安装在工艺管道上。

虽然感应电动势与流速的关系式与式（2-6）的形式相同，但流速 v 的物理意义却大相径庭。在管道式电磁流量计中，流速 v 为测量平面的平均流速，但在插入式电磁流量计中，流速 v 为电极所在位置的点流速。显然，插入式电磁流量计用点流速代替了管道式电磁流量计的面平均流速。

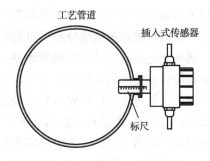

图 2-11 插入式传感器的安装

　　由于管道内测量平面的流速分布是关于空间位置的函数，因此点流速代替面平均流速进行流量测量是基于近似的假设。在对称分布的理想流场下，当流动处于紊流时流速分布梯度相对较小，点流速比较接近面平均流速，且雷诺数越大，点流速越接近面平均流速；当流动处于层流时流速分布梯度相对较大，点流速与面平均流速之间的差异较大，且雷诺数越小，点流速与面平均流速的差异越大。

　　为了使在紊流和层流条件下均能获得较好的测量效果，一些插入式电磁流量计根据测量点的流速推断管道内的流动状态，再根据流动状态对测量结果进行修正。

　　1932年德国科学家尼古拉兹在实验基础上建立了紊流条件下圆形截面的流速分布指数表达式，如式（2-20）所示。

$$v(y) = \left(\frac{y}{R}\right)^{\frac{1}{n}} v_{max} \tag{2-20}$$

　　式中，y 为管道截面任意一点在半径方向至管壁的距离；R 为管道半径；v_{max} 为管道中心流速；$v(y)$ 为位置 y 处的轴向流速；n 为指数，n 随雷诺数的变化见表2-5。

表2-5　指数随雷诺数的变化

Re	4×10^3	10^5	10^6	$\geqslant 2 \times 10^6$
n	6	7	9	10

　　根据式（2-20）可导出圆形截面紊流条件下的平均流速，如式（2-21）所示。

$$\bar{v} = \frac{2n^2}{(2n+1)(n+1)} \cdot v_{max} \tag{2-21}$$

　　在层流条件下，圆形截面的流速分布如式（2-22）所示。

$$v(y) = \left[1 - \left(\frac{y}{R}\right)^2\right] v_{max} \tag{2-22}$$

　　根据式（2-22）可导出圆形截面层流条件下的平均流速，如式（2-23）所示。

$$\bar{v} = \frac{1}{2} v_{max} \tag{2-23}$$

　　式（2-20）～式（2-23）构成了插入式电磁流量计应用的理论基础。根据电极插入位置测量得到的点流速，推断出流场形态、雷诺数和中心流速，再根据中心流速计算得到平均流速。

　　与管道式电磁流量计相比，插入式电磁流量计对流场分布和流场扰动极为敏感。在畸变分布的流场和扰动流场下，预先确定的点流速与面平均流速之间的关系不再成立，由此得到的测量结果可能存在较大的误差。因此插入式电磁流量计对安装位置的选择需要非常严格，使得测量点的流场分布尽可能接近理想流场才有可能得到较为准确的测量结果。

　　插入式电磁流量计的准确度水平一般在±2%左右，在实验室条件下保证非常规范的安装条件并经过严格的校准和修正，准确度水平有可能达到±1%甚至±0.5%。

　　插入式电磁流量计对安装要求极高，安装点的上游直管段长度至少达到管道公称直径的15倍及以上，测量点的流场分布才有可能趋于接近理想流场。不同的厂商对传感器插入深度的规定有所不同，安装时必须严格遵守厂商的规定，同时电极连线与流动轴线要保持良好的垂直关系。即使经过严格的校准，由于现场的介质和流动条件也难以达到实验室水平，从统计学角度分析，95％包含概率下的测量误差分布区间至少为实验室条件下的 2 倍及以上。

传感器应避免安装在水平管道顶部。工艺管道内难免会积存空气，由于空气密度小于导电液体，一般上浮到管道上部随液体流动。当空气流过电极时，对电极产生绝缘效应，测量结果表现为时断时续。

传感器也应避免安装在水平管道底部。当液体中含有泥沙等沉淀性杂质时，容易在电极表面产生堆积，一段时间后电极的导电性能将逐渐下降，直至完全形成绝缘效应，失去测量功能。

与管道式电磁流量计不同，插入式电磁流量计的传感器在工艺管道中形成局部阻挡，在测量含有条状和纤维性杂质的污水、浆液时容易形成堆积，对测量造成不利影响。

插入式电磁流量计具有体积轻巧、价格低廉、使用方便的优点，适用的工艺管道管径规格从 65mm 至 2m 乃至更大，尤其适用于在已有的工艺管道上加装测量点。

第二节　超声波流量计

一、声波

声波是发声体（也称声源）产生的振动在空气或其他物质中的传播。振动的本质是物质偏离平衡态的往复运动，随着相邻物质之间的碰撞将往复运动的能量向四周传递。因此声波的本源就是物质的振动，声波的传播是振动能量的传播，不发生质量的迁移。振动是物质的一种机械运动形式，因此声波是一种机械波，无法在真空中传播。

声波在物质中传播时，总体上物质的密度越大，振动的传递效率越高，传播速度也越快。因而固体大于液体，液体大于气体，但在同一类物质中传播速度还与物质的特性有关。

声波在流体中的传播还与流体的温度有关，温度越高，物质的内能越高，分子平均运动速度越大，振动的传递效率也越高。大多数流体温度越高密度越小，因此声波的传播速度受流体密度和温度的综合影响。

声波在固体中的传播速度与固体的杨氏模量、密度和泊松比等参数密切相关，杨氏模量越大，传播速度越快，密度和泊松比越大则反而越慢。

根据物质往复运动方向和振动传播方向的关系，声波可以分成横波和纵波两种，如图2-12 所示。

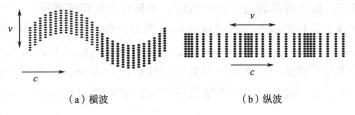

(a)横波　　　　　　　　　　(b)纵波

图 2-12　声波与物质振动关系

横波的特点是质点的振动方向与波的传播方向相互垂直。由于固体有切变弹性，液体和气体一般认为没有切变弹性，所以固体能传播横波，而液体和气体不能传播横波。

纵波的特点是质点的振动方向与波的传播方向同轴，内部物质分布表现为疏密相间，故固体、液体和气体均能传播纵波。

声波在同一种物质中的传播速度相同，速度是频率和波长的乘积，如式（2-24）所示。

$$c = \lambda f \tag{2-24}$$

式中，c 为声波传播速度，简称声速；λ 为波长；f 为频率。

不同物质中的纵波声速如表 2-6 所示。

表 2-6　不同物质中的纵波声速

介质	大气	水	铝	铜	钢
温度/℃	0	15	20	20	20
声速/（m/s）	331.3	1450	6300	4700	5900

根据声波的频率，将声波分成三类，如表 2-7 所示。

表 2-7　声波的分类

声波类别	频率范围	特点
次声波	低于 20Hz	波长长，频率低，衰减速度慢，传播距离远
可闻波	20Hz～20kHz	能被人耳感知和分辨
超声波	高于 20kHz	波长短，频率高，能量密度大，易被吸收，衰减速度快，传播距离短，均质物体中直线传播性好

二、换能器

换能器，顾名思义，变换能量的器件，在声学中是指电能和声能相互转换的器件。一般将电能转换成声能的器件称为发射换能器，将声能转换成电能的器件称为接收换能器。

压电晶体是一种能够将电能和机械能相互转换的晶体材料。当晶体沿着一定方向受到外力作用时，内部会产生极化现象，使带电质点发生相对位移，从而在晶体表面上产生大小相等符号相反的电荷；当外力去掉后，又恢复到不带电状态。这种现象称为正压电效应。反之，如对晶体施加电场，晶体将在一定方向上产生机械变形；当外加电场撤去后，该变形也随之消失。这种现象称为逆压电效应，也称作电致伸缩效应。

声波的换能器正是利用压电晶体的这种特性原理制作而成。20 世纪 40 年代发现的压电陶瓷材料内部主要成分的晶相具有与压电晶体相同的铁电性晶粒，所不同的是陶瓷的晶粒呈随机取向的多晶聚集体，无法像压电晶体一样形成自发极化，必须在烧制成陶瓷元件以后在强直流电场下进行极化处理后方能形成宏观态的剩余极化强度，从而具备一定的压电性质。

常用的压电陶瓷有钛酸钡系、锆钛酸铅二元系及在二元系中添加第三种 ABO_3（A 表示二价金属离子，B 表示四价金属离子或几种离子总和为正四价）型化合物，如 Pb（Mn $\frac{1}{3}$ Nb $\frac{2}{3}$）O$_3$ 和 Pb（Co $\frac{1}{3}$ Nb $\frac{2}{3}$）O$_3$ 等组成的三元系。如果在三元系上再加入第四种或更多的化合物，可组成四元系或多元系压电陶瓷。

压电陶瓷的主要特性包括压电性和介电性，此外根据功能用途通常还包括弹性和灵敏性等。

压电陶瓷的制作流程包括：配料、混合磨细、预烧、二次磨细、造粒、成型、排塑、烧结成瓷、外形加工、披电极、高压极化、老化测试。根据不同的功能用途，压电陶瓷高压极化的电场强度通常为 3～5kV/mm，温度需控制在 100～150℃ 之间，持续时间通常需5～20min。

压电陶瓷的形状有薄板形、圆片形、圆环形、圆管形、圆棒形、薄壳球形、压电薄膜等，这些成形的压电陶瓷也称为压电元件。不同形状的压电元件可按伸缩振动、弯曲振动、扭转振动等模式进行调控，伸缩振动的方向也可按厚度、切向、纵向、径向等进行。

压电陶瓷元件是一种用途广泛的功能性电子器件，可用于制造超声波换能器、水声换能器、电声换能器、陶瓷滤波器、陶瓷变压器、陶瓷鉴频器、高压发生器、红外探测器、声表面波器件、电光器件、引燃引爆装置、超声波马达和压电陀螺等。

换能器的核心器件是压电陶瓷元件，通常需要将压电元件按功能要求和结构形状封装在一个保护性壳体中。

如图 2-13 所示，超声波换能器通常采用圆片形压电元件封装而成，主要构成包括外壳、匹配层、压电元件、背衬、导线等，其实物如图 2-14 所示。

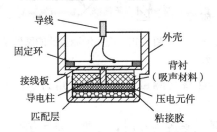 

图 2-13　超声波换能器的内部结构图　　　　图 2-14　超声波换能器实物图

压电元件是超声波换能器的核心部件，共振频率与材料的尺寸有关。通常压电元件越薄，工作频率越高。

由于外壳与压电元件的声阻抗一般有较大差异，声波直接穿过结合界面时会产生较强的反射，故需要在两者之间添加一层或多层匹配层，以降低界面反射。

背衬的作用是吸收压电元件振动时向换能器内部辐射的声能，防止声能反射后再传给压电元件造成干扰。背衬应具有与压电陶瓷相匹配的声阻抗，并能大幅度吸收声能，以便将辐射声能衰减至尽可能小。

超声波换能器的特性参数主要包括共振频率、频带宽度、机电耦合系数、电声效率、机械品质因数、阻抗特性、频率特性、指向性、发射及接收灵敏度等。不同用途的换能器对性能参数的要求不同，例如对于发射型换能器，要求换能器有大的输出功率和高的能量转换效率；而对于接收型换能器，则要求宽的频带及高的灵敏度和分辨率等。

用于测量的超声波换能器要求同时具备发射型换能器和接收型换能器的技术特征，对特性参数的要求高于单功能的换能器。换能器的特性参数不仅取决于压电元件的品质，还取决于封装的材料和工艺。重要的控制环节包括压电元件和黏结胶体的品质、匹配层和背衬材料、结构应力消除、导线引接、表面处理、粘接工艺、定位精度、固化工艺、性能测试等。

超声波流量计是一种利用超声波换能器作为声波信号测量传感器的流量计，通常成对使用超声波换能器。配对的超声波换能器特性参数应尽可能接近，有利于提高电路参数和信号响应的一致性。

超声波流量计可以用于气体流量测量，也可以用于液体流量测量。由于气体和液体的密度不同，也即分子间距不同，所采用的换能器共振频率不同。气体的分子间距大，要求超声波的波长长，即频率低，通常为 $100 \sim 300 \mathrm{kHz}$。由于液体分子间距小，要求超声波的波长短，频率通常为 $1 \sim 5 \mathrm{MHz}$。

三、测量原理

超声波流量计的测量原理主要有超声波传播时间法和多普勒法两种，其中管道式流量计的测量原理主要采用超声波传播时间法，可用于气流和液体流量的测量，多普勒法多应用于明渠流速测量。

超声波传播时间法的原理结构如图 2-15 所示，在测量管的上游和下游恰当位置安装有一对以上超声波换能器，每对换能器相互交替发

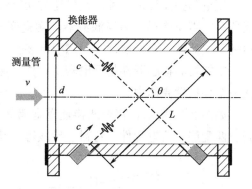

图 2-15　超声波流量计的原理结构图

送和接收超声波信号，构成一个声道。换能器连线与测量管轴线的夹角为 θ，该夹角称为声道角。

设有效声程为 L，声速为 c，当流体的流动速度为 v 时，可建立如下方程。

当上游换能器发送超声波信号，下游换能器接收超声波信号时，超声波顺流传播，则传播时间 t_u 如式（2-25）所示。

$$t_u = \frac{L}{c + v\cos\theta} \tag{2-25}$$

当下游换能器发送超声波信号，上游换能器接收超声波信号时，超声波逆流传播，则传播时间 t_d 如式（2-26）所示。

$$t_d = \frac{L}{c - v\cos\theta} \tag{2-26}$$

式（2-25）和式（2-26）中 $v\cos\theta$ 为对流体流速 v 进行三角分解得到的与超声波传播方向平行的分量。与超声波传播方向垂直的分量为 $v\sin\theta$，对超声波的传播时间没有贡献。

联立式（2-25）和式（2-26），可得到流速与传播时间的关系，如式（2-27）所示。

$$v = \frac{L}{2\cos\theta}\left(\frac{1}{t_u} - \frac{1}{t_d}\right) \tag{2-27}$$

还可以得到声速与传播时间的关系，如式（2-28）所示。

$$c = \frac{L}{2}\left(\frac{1}{t_u} + \frac{1}{t_d}\right)$$（2-28）

式（2-27）可以简化为流速与顺流和逆流传播时间差近似成正比的公式，如式（2-29）所示。此式通常也称为超声波传播时间差法。

$$v = \frac{L}{2t^2\cos\theta} \cdot \Delta t$$（2-29）

式中，Δt 为顺流和逆流传播的时间差；t 为忽略了顺流和逆流传播时间差的理论传播时间，$t = L/c$。

需要注意的是由于超声波的有效传播路径为直线，因此式（2-27）中的流速 v 为超声波有效传播路径上的流体流速的平均值，称之为线平均流速。

在对称分布的理想流场中，直径方向的线平均流速与面平均流速相等，因此按照式（1-37）即可计算得到流体的瞬时流量。

在工程实践中理想化的流场是不存在的，一旦发生流场畸变，一个声道测量得到的线平均流速便很有可能与面平均流速不相等，而且无法估计偏大或者偏小。因此，为了适应流场畸变条件下的流量测量，超声波流量计通常采用多个声道测量得到的流速加权平均作为面平均流速，如式（2-30）所示。

$$\bar{v} = \sum_{i=1}^{n} W_i v_i$$（2-30）

式中，$\bar{v}$ 为平均流速；n 为声道数；W_i 为第 i 声道的权重系数；v_i 为第 i 声道的线平均流速。

声道的权重系数与声道的布置方式有关，是关于声道所代表的流通截面积比例和同权重声道数的函数。

考虑到理论与实际的偏差，工程应用时通常引入修正系数进行流量计算，如式（2-31）所示。

$$q = \frac{1}{K} \cdot A\bar{v} = \frac{d^2\bar{v}}{4\pi K}$$（2-31）

式中，K 为流速分布修正系数，通过实验得到。

几种典型的声道布置方式的平面投影如图 2-16 所示。

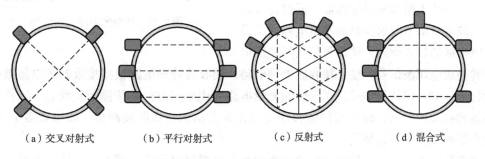

(a) 交叉对射式　　　(b) 平行对射式　　　(c) 反射式　　　(d) 混合式

图 2-16　典型的声道布置方式

应用上述公式时需要注意的是超声波时间测量电路很难直接获得超声波在流动流体中

的有效传播时间。时间测量电路测得的时间通常还包括：电路延时时间、换能器内部传播时间、管道壁面传播时间（非直接接触测量介质时）、流动死区传播时间、垂直流动方向传播时间等，这些与流速计算无关的时间应予以修正。

四、结构组成

超声波流量计由测量传感器和转换器两部分组成，两者可以装配成一体式，也可以组合成分体式。如图 2-17 所示为超声波流量计的一体式装配，当转换器与测量传感器的机械连接分离时，即为分体式装配。

超声波流量计的测量传感器由测量管和超声波换能器组成。当超声波换能器制作成独立模块，可以移动安装时，即为外夹式超声波流量计。此时利用测量现场的工艺管道作为测量管，与超声波换能器共同构成测量传感器。当超声波换能器固定安装在工艺管道中时，即可认为是一种插入式超声波流量计。无论何种形式的超声波流量计，最终形态的测量传感器原理结构均如图 2-15 所示。

图 2-17　超声波流量计

超声波流量计的转换器电路原理如图 2-18 所示。转换器是实现产生超声波激励信号、测量超声波传播时间、流量积算和显示的功能电路，并可集成化智能化应用。功能电路的智能化应用主要有：零点校正、人机交互、双向测量、空管检测、信号输出、远程通信、数据存储、故障诊断、事件报警、密码保护、断电保护等。

转换器的测量电路由激励波发生电路、接收波处理电路和时间测量电路组成。激励波发生电路产生与换能器共振频率同频的振荡电压信号，发送给上游端发射换能器，同时将有效的激励波发送信号发送给时间测量电路。下游端接收换能器接收到超声波信号后利用逆压电

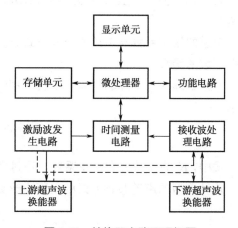

图 2-18　转换器电路原理框图

效应转换成电压波信号，输入接收波处理电路。接收波处理电路根据接收到的电压波信号进行特征检测，将特征信号发送给时间测量电路完成顺流方向的传播时间测量。互换发射换能器和接收换能器，按照相同的程序完成逆流方向的传播时间测量。如果有多个声道，则应在很短的时间内轮替进行。

由于超声波在产生、传输和转换过程中存在启振延时和衰减等情况，使得激励波信号的波形和接收波信号的波形有很大的差异，如图 2-19 所示。

接收波信号的特征给准确测量时间带来了困难，接收波处理电路需要从接收波信号中

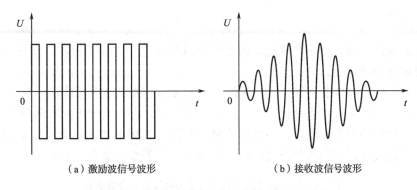

（a）激励波信号波形　　　　　　　（b）接收波信号波形

图2-19　激励波信号和接收波信号波形的变化

提取特征值，从而与激励波信号进行比较，使得时间测量电路能够准确测量超声波传播时间。目前较为普遍的是采用过零检测技术来提取接收波信号的特征波，对特征波进行定位后实现时间测量。

接收波信号中通常还包含干扰信号，这些干扰信号来源于管道振动、流体噪声和电路噪声，接收波处理电路需要进行滤波处理。滤波电路应采用零相位滤波技术，避免产生附加的滤波延时。

尽管接收波处理电路采用了必要的干扰抑制措施，时间测量电路测得的时间值仍然无法完全避免噪声成分。同时，时间测量电路本身存在一定的零位噪声甚至零位漂移。零位漂移是一种系统效应，可通过统计方法得到，再对零点进行校正。零位噪声是一种随机效应，将与接收波信号中的干扰叠加在一起。一般认为噪声是一种随机信号，其数值特征为在平均值附近呈正态分布，可通过数字滤波处理来减少噪声影响。数字滤波技术的本质是利用统计方法来识别并剔除异常值，通过平均值方法来减少噪声信号的影响。

经过数字滤波处理的时间信号按上述相关公式进行瞬时流量计算，并进行离散积分得到累积流量。

由式（2-27）可知，超声波流量计理论上能够双向测量。微处理器可以根据时间差的符号来判断流向，并加以区分显示，同时还可以对累积流量按不同流向积算，计算得到正向流与反向流的累积流量之差。

为了对超声波流量计进行量值校准或者根据工业测量和控制需要，转换器的功能电路还可以设计频率输出、脉冲输出、电流输出、通信输出等接口，具体可参阅电磁流量计相关内容。

转换器的供电电源有三种基本形式：外部交流电源、外部直流电源和内置电池。随着开关电源的广泛应用，外部交流电源通常设计成100～240V的宽电压输入。外部直流电源一般设计成12～36V的宽电压输入，符合安全特低电压的范围要求。内置电池通常设计成可更换或可充电，也可作为外部交流电源或外部直流电源的备份电源。

五、技术特性

超声波流量计的技术特性主要从计量特性、电气特性和应用特性三个方面进行评价。

1. 计量特性

与电磁流量计相同，超声波流量计的主要计量特性包括：测量范围、测量误差、重复性、零点稳定性和线性度。

根据式（2-27）的测量模型，超声波流量计测量范围的理论下限趋近于零，理论上限不受限制。然而工程实践中仍然受现有技术水平的限制，存在测量下限和测量上限。

超声波流量计的测量误差定义与电磁流量计相同。我国的国家计量检定规程按测量误差需要满足的最大允许误差将超声波流量计划分成 5 个等级，如表 2-8 所示。

表 2-8　超声波流量计的准确度等级和最大允许误差

准确度等级	0.2	0.5	1.0	1.5	2.0
最大允许误差	±0.2%	±0.5%	+1.0%	+1.5%	+2.0%

国家计量检定规程还规定超声波流量计的重复性应不大于最大允许误差绝对值的 1/5。这项规定对超声波流量计的性能提出了很高的要求，意味着仪表整体要有很强的抗干扰特性，同时还需要采用更有效的数字滤波技术，提高测量结果的一致性，并尽可能剔除测量数据中的粗大误差，降低误差的随机效应。

超声波流量计的零点稳定性主要来源于时间测量电路的稳定性，流量越小，对测量结果的影响权重越大。超声波流量计下限测量能力提高的关键在于提高时间测量电路的分辨力和长期稳定性，时间测量的分辨力越高，电路稳定性越好，测量下限就可以往更小方向拓展。

根据式（2-29）超声波流量计的测量模型，流速与时间差近似成正比，模型本身的线性特性并不十分理想。影响超声波流量计线性度的因素除了测量模型外，还与换能器和时间测量电路的线性度密切相关。更好地控制换能器的品质，提高时间测量电路的线性度，从而提高超声波流量计的整体线性度，有利于批量制造的仪表具有更好的一致性和长期稳定性。

2. 电气特性

超声波流量计的转换器与电磁流量计相似，其电气特性的要求与电磁流量计的要求基本相同。

基于不同的工作原理，超声波流量计的传感器特性与电磁流量计有根本不同。电磁流量计基于电参数测量，而超声波流量计基于声波参数测量，两者的敏感参数完全不同。电磁流量计对电干扰信号敏感，而超声波流量计对声干扰信号敏感，即对振动干扰信号敏感。由于超声波流量计对干扰的敏感信号相对单一，抗干扰设计所要考虑的因素要比电磁流量计少得多。

由于振动干扰具有共模特性，一些超声波流量计会设计一个用于振动检测的换能器。当转换器检测到振动干扰信号达到判定的阈值时，发出振动信号报警，并对当前的测量数据进行加强滤波，剔除可信度低的测量数据。

3. 应用特性

超声波流量计的应用特性包括介质适应性、安装适应性和环境适应性。

(1) 介质适应性

介质适应性所要考虑的因素包括介质的成分、密度、黏度、温度、压力等。

超声波流量计能够适用于各种均质单相的流体，包括气体和液体，几乎不受流体类型的限制，但气体流量计和液体流量计由于所用的换能器共振频率不同，两者不能通用。

依据式（2-25）～式（2-27）所示的测量模型，超声波流量计理论上可以实现与介质的成分、密度、黏度、温度、压力等参数的变化无关，但在工程实践上与具体的结构形式有关。当声道结构存在流动死区传播和垂直流动方向传播时，时间修正值往往与声速有关，意味着与介质的成分、密度、黏度、温度、压力等参数的变化有关。式（2-29）本身是近似公式，其计算结果与实际介质之间必然存在系统误差，也即其测量准确度与当前的实际声速有关。

(2) 安装适应性

超声波流量计与工艺管道的安装匹配性要求较高。一些小管径超声波流量计的测量管中安装有超声波信号的反射支架，在测量含有纤维和固体颗粒杂质时会形成淤塞，这种场合下超声波流量计便不宜使用。

当超声波流量计的换能器与测量介质接触时，要关注工艺管道的两个因素。第一个因素是工作压力。通常换能器的耐压力性能较弱，超过换能器设计压力的场合不宜使用。第二个因素是介质洁净度。当介质中含有纤维和固体颗粒杂质时，有可能会在换能器表面形成淤积，极大衰减超声波信号，降低换能器的灵敏度，增加超声波附加传播时间，会对测量结果造成严重影响，这种场合下也应避免使用。

由于超声波流量计的声道测量结果是线平均流速，单一声道对流场分布极为敏感，多声道因基于多个线平均流速的加权平均，对流场分布的敏感程度有所降低。原则上声道越多，对流场分布的敏感程度越低。因此，对于单声道超声波流量计，必须保证有足够长的上下游直管段，并且尽可能保证工艺管道的内直径与超声波流量计保持一致。对于多声道流量计，制造商应建立在实验的基础上给出上下游直管段的长度，随后应按制造商给出的要求使用。一些超声波流量计为了实现更好的安装适应性，在测量管的入口端带有整流器，以便降低对上下游直管段长度的要求。

与电磁流量计不同，超声波流量计的结构和原理决定了其不适合测量瞬态变化的流量，包括脉动流。如图 2-2 所示，电磁流量计电极所在的测量平面接近于式（1-37）关于流量定义所要求的理想的参考平面，其测量结果为瞬态量。图 2-15 所示的超声波流量计完全不具备符合式（1-37）要求的参考平面，只有在定常流条件下近似为参考平面，非定常流条件下则不再适用。进一步观察式（2-27），公式成立的前提是在测量 t_u 期间和测量 t_d 期间的流速保持不变，显然瞬态变化的流量，包括脉动流不符合该前提。因此，如果超声波流量计要对非定常流进行测量，则必须对测量模型进行修正，增加流速的一阶导，即加速度项，必要时还应增加二阶导项。

对于腐蚀性介质，超声波流量计通过合适的材料选择和防腐处理，便可以有效使用。

(3) 环境适应性

超声波流量计关于环境适应性方面的要求与电磁流量计相同。

六、外夹式超声波流量计

外夹式超声波流量计，也称便携式超声波流量计，可以看成是一种可以移动安装的单声道管道式超声波流量计，其工作原理和技术特性与管道式超声波流量计相同，不同之处在于外夹式超声波流量计的测量管直接使用现场工艺管道。

如图 2-20 所示，外夹式超声波流量计由一对超声波换能器和一个主机组成。

外夹式超声波流量计显著的特点之一是与测量介质不接触，无需断流，对管道内部的流体流动状态无任何影响，实现非侵入式测量，尤其适合于高黏度、强腐蚀和非导电液体等接触式测量有困难的场合。

外夹式超声波流量计的特点之二是测量管径通用化。外夹式超声波流量计通过提高换能器的发射功率，能够适应大小不同的测量管径。一般从 10mm 到 10m 范围的测量管径，两组或三组换能器即能完全覆盖，因此外夹式超声波流量计经常被用来在测量现场对其他流量计进行校准或比对。

图 2-20　外夹式超声波流量计

由于外夹式超声波流量计通常只有一个声道，因此对流场分布的对称性要求较高，要求测量现场的流量相对稳定，工艺管道应具有足够长的直管段，使得流场得到充分发展。表 2-9 给出了外夹式超声波流量计在各种阻力件下游安装位置的建议。

表 2-9　外夹式超声波流量计的安装位置建议

阻力件	单个90°弯头或三通	同一平面的两个或多个90°弯头	不同平面的两个或多个90°弯头	渐缩管
上游直管段长度	36D	42D	70D	22D
下游直管段长度	8D			

阻力件	渐扩管	全开蝶阀	全开全孔球阀或闸阀	泵
上游直管段长度	38D	36D	24D	70D
下游直管段长度	8D			

注：D 为管道直径。

当外夹式超声波流量计安装在泵的下游时还需要注意流量的脉动情况，在脉动显著的情况下即使安装位置满足建议要求，仍然不合适测量。

外夹式超声波流量计虽然经过量值溯源，但在测量现场的准确度仍然受限于工艺管道条件和工况流量条件。在实验室条件下，介质纯净度、流量稳定性等得到了充分的控制，测量管道的圆度、内外壁面的光滑度均十分理想，尺寸测量准确，外夹式超声波流量计测量结果的可靠性非常高，准确度水平一般能达到±1%，缩小测量范围的情况下准确度水平还能进一步达到±0.5%。但在测量现场，介质纯净度和流量稳定性一般不受控制，工艺管道的尺寸规则性也相对较差，尤其是管道内壁情况往往不明确，这些不利因素会降低外夹式超声波流量计测量结果的可靠性，准确度水平一般不高于±2%，只有当现场测量条件非常接近实验室条件，准确度水平才有可能接近实验室条件。

为了使外夹式超声波流量计能够获得较为可靠的测量结果，在测量现场有必要进行如下几个方面的控制。

① 选择合适的安装位置，包括上游阻力件与安装位置上下游直管段长度之间的关系，同时应避免管道有强烈的振动，避免存在不利的声学干扰。

② 充分了解工艺管道的情况，包括材质、内壁、衬里层、积垢和气泡的可能性以及流量稳定性。

③ 对安装位置的管道进行必要的表面处理，准确测量管道壁厚、周长等参数。

④ 选择合适的换能器安装方法（通常有 Z 法、V 法或 W 法），准确定位换能器，在确保换能器接收信号强度的前提下尽可能选用增加超声波传播声程的安装方法。

⑤ 预估工艺管道积气和底部沉积的可能，换能器避免安装在水平管道的顶部或底部，优先安装在与水平面成±45°角的区域内。

⑥ 增加测量次数，在同一安装位置换能器与前一次测量错位安装，以多次测量的平均值作为测量结果可以提高测量结果的可靠性。

七、插入式超声波流量计

插入式超声波流量计是一种适用于在已有工艺管道上增加流量测量点的产品，随着带压开孔技术的发展，可实现不断流下安装使用。

插入式超声波流量计的测量原理与管道式超声波流量计完全相同，结构形式上有两种，一种实质是小管径的管道式超声波流量计插入大管径管道中使用，另一种是以超声波换能器为插入元件，与工艺管道组成整体，形成管道式超声波流量计。

小管径管道式超声波流量计形式的插入式超声波流量计应用原理与插入式电磁流量计完全相同，以插入位置的点流速代替测量平面的平均流速，具体可参阅插入式电磁流量计的相关内容。

以超声波换能器为插入元件的插入式超声波流量计与管道式超声波流量计的测量原理、结构形式完全相同，主要区别在于管道式超声波流量计一般经过了实际流量的量值校准，具有可靠的准确度，而插入式超声波流量计的量值则完全建立在以测量模型为基础的几何尺寸和参数控制上。

插入式超声波流量计可以根据工艺管道的管径大小设置多组换能器形成多声道测量，声道布置方式如图 2-16 所示。通常，声道数越多测量结果的可靠性越高。

对于多声道插入式超声波流量计，上游直管段长度至少为 15D，下游直管段长度至少为 5D，除非制造商有特殊的建议。对于单声道插入式超声波流量计，安装位置的建议如表 2-9 所示。

超声波换能器安装完毕后，应对每个声道的信号接收强度和信噪比进行检查，并核查声速测量值与理论值之间的偏差是否在允许范围内。在有条件的情况下，还应用外夹式超声波流量计或其他标准流量计对插入式超声波流量计整体进行流量测量结果核查。如果允许断流,有必要检查并修正插入式超声波流量计的零点。为了维持插入式超声波流量计的测量结果可靠性,这些工作应周期性地进行。

第三节 涡轮流量计

一、测量原理

涡轮流量计是一种以螺旋形叶轮(也称为涡轮)为旋转机械来感测水流速度的流量计。叶轮在水流驱动下旋转,一定的流量范围内叶轮的旋转角速度与流体的流速成正比,通过测量叶轮的转速即可得到流体的流量。

如图 2-21 所示,在管道中心安装一个涡轮,两端由固定轴承支撑。

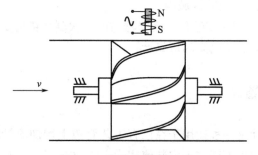

图 2-21 涡轮流量计原理图

流体冲击叶片,产生驱动力矩,推动叶轮旋转。叶轮旋转过程中需要克服流体阻力、摩擦阻力和电磁阻力(安培力)。叶轮运动建立如式(2-32)所示的力矩方程。

$$J\frac{\mathrm{d}\omega}{\mathrm{d}t}=M_{\mathrm{d}}-M_{\mathrm{r}}-M_{\mathrm{f}}-M_{\mathrm{A}} \tag{2-32}$$

式中,J 为叶轮的转动惯量;$\dfrac{\mathrm{d}\omega}{\mathrm{d}t}$ 为角加速度;M_{d} 为流体驱动力矩;M_{r} 为流体阻力矩;M_{f} 为摩擦阻力矩;M_{A} 为电磁阻力矩,其远小于流体阻力矩和摩擦阻力矩,通常可忽略不计。

当角加速度 $\dfrac{\mathrm{d}\omega}{\mathrm{d}t}=0$ 时,叶轮受到的力矩平衡,匀速旋转。图 2-22 为将叶轮按中线展开成直列叶栅。

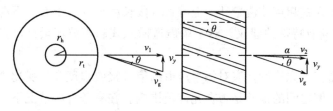

图 2-22 叶轮展开图

设叶片倾角为 θ，流体平均流速为 v_1，流体密度为 ρ，管道截面积为 A。在均方根半径 $\bar{r}$ 位置流速偏转为平均流速 v_2，流速偏转角为 α。根据角动量守恒定律和连续性方程，单个叶片受到的流体驱动力如式（2-33）所示。

$$F_d = \rho A v_1 v_2 \sin\alpha \tag{2-33}$$

$v_2 \sin\alpha = v_1 \mathrm{tg}(\theta) - v_y$，$v_y = \omega\bar{r}$，代入式（2-33）得到式（2-34）。

$$F_d = \rho A v_1 (v_1 \mathrm{tg}\theta - \omega\bar{r}) \tag{2-34}$$

公式中 $\bar{r} = \sqrt{\dfrac{r_t^2 + r_h^2}{2}}$。

当叶片数为 n，则驱动力矩如式（2-35）所示。

$$M_d = n\rho A v_1 \bar{r}(v_1 \mathrm{tg}\theta - \omega\bar{r}^2) \tag{2-35}$$

令体积流量 $q_v = A v_1$，$K = \dfrac{\omega}{2\pi q_v}$，与式（2-35）一起代入式（2-32），得到涡轮流量计仪表系数 K 的公式（2-36）。

$$K = \frac{n}{2\pi}\left(\frac{\mathrm{tg}\theta}{\bar{r}A} - \frac{M_r + M_f + M_A}{n\bar{r}^2 \rho q_V^2}\right) \tag{2-36}$$

通常将式（2-36）中的前项如式（2-37）所示，称为涡轮流量计的理想特性系数。

$$K_0 = \frac{n\,\mathrm{tg}\theta}{2\pi\bar{r}A} \tag{2-37}$$

由式（2-37）可知，涡轮流量计的理想特性系数仅与涡轮流量计的结构参数有关，与流量无关。因此在紊流条件下，惯性力远大于黏性阻力，涡轮流量计表现为较好的线性度。

当雷诺数较低时，尤其在层流条件下，黏性阻力的影响较大，涡轮流量计表现出显著的非线性，仪表系数的特性曲线如图 2-23 所示。

由 $\omega = 2\pi f$，可得涡轮流量计的体积流量计算公式如式（2-38）所示。

$$q_v = \frac{f}{K} \tag{2-38}$$

因此只要测出涡轮流量计叶轮旋转的频率，即可按式（2-38）计算得到涡轮流量计的流量。

根据图 2-23 可知，涡轮流量计在下限流量有一段工作死区，也即只有当流体的驱动力矩克服阻力矩时叶轮才能转动，正好能够推动

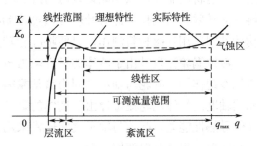

图 2-23　仪表系数的特性曲线

叶轮转动的流量称为始动流量。在上限流量工作区，当流量超过一定值时，叶轮上下游形成很大的压力差，将在叶轮下游产生气蚀效应。压力差与流量的平方近似成正比，流量越大，叶轮受到的驱动力矩越大，将导致涡轮飞速旋转。此时涡轮流量计的仪表系数特性恶化，形成非线性特性。叶轮高速摩擦将加速机械磨损，改变涡轮流量计的计量特性，降低使用寿命，应用过程中应予以避免。

二、结构组成

如图 2-24 所示，涡轮流量计主要由三部分组成：涡轮流量传感器、前置放大器（也称为信号检测放大器）和流量积算显示仪。流量积算显示仪可以与传感器分离，也可以组装成一体。

（a）流量传感器和前置放大器　　　　（b）流量积算显示仪　　　　（c）一体化涡轮流量计

图 2-24　涡轮流量计的结构组成

涡轮流量传感器主要由壳体、前导流器、叶轮和后导流器等组成。壳体应采用非导磁材料制作，液体涡轮流量计通常采用防腐性能好的不锈钢材料，气体涡轮流量计通常采用铝合金材料，以便在保证结构强度的前提下磁场能够穿越。

导流器既是叶轮的固定支撑轴承，也是缩小流通截面积、调整流体流速的部件，通过整流、加速，使叶轮受力更为均匀，获得的推力更大。

叶轮是涡轮流量传感器的核心传感元件，将流体的流速转换成叶轮的转速。如式（2-37）所示，叶轮的关键参数包括叶片数、螺旋角、根径尺寸、叶片直径、叶片厚度、叶轮宽度等，这些几何尺寸决定了涡轮流量传感器的基本特性。液体涡轮流量计的叶轮一般采用高导磁材料制作，以便能切割磁力线。气体涡轮流量计一般采用铝合金或高强度工程塑料等非导磁材料制作，此时叶轮应通过传动机构将旋转信号传递给另一个转动元件，该转动元件则采用导磁材料制作，以便将叶轮转速通过磁电效应转换成电脉冲信号输出。

液体涡轮流量计由于液体的黏性阻力较大，通常转速不高，加之液体本身有一定的润滑和冷却作用，叶轮与轴承之间为滑动摩擦，减小摩擦的主要方式是提高表面粗糙度等级和同轴度。气体涡轮流量计由于气体的黏性阻力较小，气体流速高，叶轮高速旋转，加之气体导热性能差，叶轮与轴承之间通常采用滚动摩擦，同时定期在轴承上添加润滑油，以减小摩擦，提高叶轮使用寿命。

前置放大器由永久磁钢、线圈和放大电路组成。永久磁钢产生的封闭回路磁场由 N 极发出，进入 S 极。导磁叶轮旋转时，周期性地改变线圈磁通，线圈两极周期性地产生感应电动势信号，经由放大电路放大，输入流量积算显示仪。

流量积算显示仪接收前置放大器输入的脉冲信号，经整形后输入微处理器进行脉冲计数和频率测量。瞬时流量按式（2-38）计算，累积流量由于脉冲信号已经是离散信号，脉冲累积的过程即是离散积分的过程，其计算公式如式（2-39）所示。

$$Q_V = \frac{N}{K} \tag{2-39}$$

式中，Q_V 为累积体积流量；N 为累计脉冲数。

一些涡轮流量计为提高准确度对仪表系数采用分段修正方法，按频率范围设置不同的仪表系数，如表 2-10 所示。

表 2-10　涡轮流量计仪表系数分段修正

频率范围	$f_0 \sim f_1$	$f_1 \sim f_2$	···	$f_{n-1} \sim f_n$
仪表系数	K_1	K_2	···	K_n
累计脉冲数	N_1	N_2	···	N_n

此时，流量积算显示仪应按频率范围分段累计脉冲，按式（2-40）计算累积流量。

$$Q_V = \sum_{i=1}^{n} \frac{N_i}{K_i} \tag{2-40}$$

流量积算显示仪的智能化功能一般包括人机交互、信号输出、远程通信、数据存储、故障诊断、事件报警、密码保护、断电保护等。涡轮流量计一般只能实现单向测量，不具备电磁流量计和超声波流量计的双向测量功能。涡轮流量计一般也不会设计空管检测功能，在没有流体流动的条件下流量传感器不能主动发出脉冲信号。当空管或流量为零的条件下涡轮流量计如果有流量信号，则往往是前置放大器或流量积算显示仪两者之一出现了故障，或者未有效抑制电磁干扰。

三、技术特性

涡轮流量计的技术特性主要从计量特性、电气特性和应用特性三个方面进行评价。

1. 计量特性

涡轮流量计的主要计量特性包括测量范围、测量误差、重复性和线性度。

根据式（2-36）的仪表系数测量模型和图 2-22 的仪表系数特性曲线，涡轮流量计有理论测量下限和理论测量上限。液体涡轮流量计受叶轮材料自重影响和流体阻力的限制，量程比一般不超过 6:1，制作比较精良的情况下一般不超过 10:1。气体涡轮流量计由于流体阻力较小，叶轮可以采用更轻质的材料制作，量程比可达 20:1 甚至 30:1。

涡轮流量计的测量误差按实际相对误差定义。我国的国家计量检定规程按测量误差需要满足的最大允许误差将液体涡轮流量计和气体涡轮流量计分别划分成了 4 个等级，如表 2-11 所示。

表 2-11　涡轮流量计的最大允许误差

液体涡轮流量计				
最大允许误差	$q_{min} \leqslant q \leqslant q_{max}$	$\pm 0.1\%$	$\pm 0.2\%$	$\pm 0.5\%$	$\pm 1.0\%$
准确度等级		0.1	0.2	0.5	1.0
气体涡轮流量计				
最大允许误差	$q_t \leqslant q \leqslant q_{max}$	$\pm 0.2\%$	$\pm 0.5\%$	$\pm 1.0\%$	$\pm 1.5\%$
	$q_{min} \leqslant q < q_t$		$\pm 1.0\%$	$\pm 2.0\%$	$\pm 3.0\%$
准确度等级		0.2	0.5	1.0	1.5

对于气体涡轮流量计，当量程比高于 10∶1 时，测量范围覆盖了仪表系数的线性区和非线性区，将线性区和非线性区的分界线定义为分界流量 q_t，并分别定义最大允许误差。

分界流量的规定如表 2-12 所示。

表 2-12　气体涡轮流量计的分界流量

量程比	10∶1	20∶1	30∶1	≥50∶1
分界流量（q_t）	$0.2q_{max}$	$0.2q_{max}$	$0.15q_{max}$	$0.10q_{max}$

涡轮流量计的重复性规定为最大允许误差绝对值的 1/3。在良好的流场条件下，涡轮流量计具有很好的重复性，这是由于叶轮旋转是一种机械运动，除了受流场影响外，不受电气和电磁信号的干扰。当前置放大器采取良好的抗干扰设计，能有效抑制电气和电磁信号干扰时，涡轮流量计的随机效应，也即重复性主要取决于流场变化。涡轮流量计的这种特性是被用作标准流量计的主要根据，尤其是气体涡轮流量计。

线性度是衡量涡轮流量计品质的重要指标。线性度越好，说明制造过程控制越严格。在涡轮流量计 q_{min}（液体）或 q_t（气体）至 q_{max} 的测量范围内，找出最大仪表系数 K_{max} 和最小仪表系数 K_{min}，如式（2-41）所示取平均值为涡轮流量计的仪表系数。

$$\bar{K} = \frac{K_{max} + K_{min}}{2} \tag{2-41}$$

线性度按式（2-42）计算。

$$\delta = \frac{K_{max} - K_{min}}{K_{max} + K_{min}} \times 100\% = \frac{1}{2}\left(\frac{K_{max} - K_{min}}{\bar{K}}\right) \times 100\% \tag{2-42}$$

线性度表示仪表系数曲线最佳直线拟合的斜率，实质代表了涡轮流量计的最大测量误差。

当涡轮流量计采用了表 2-10 所示的分段修正时，线性度一般也分段计算。

当涡轮流量计用作标准流量计时，为了最大限度地修正系统误差，通常对仪表系数进行最小二乘法曲线拟合，拟合公式可采用式（2-43）所示的多项式。

$$K(f) = \sum_{i=1}^{n} a_i f^i \tag{2-43}$$

式中，左式表示仪表系数 K 关于输出频率 f 的函数，右式实质是 n 阶泰勒展开近似式，n 取值一般不宜大于 5。

曲线拟合引起的最大测量误差按式（2-44）计算。

$$E_{max} = \pm \frac{|K_i - K_i(f)|_{max}}{K_i(f)} \times 100\% \tag{2-44}$$

式中，E_{max} 为最大测量误差；$|K_i - K_i(f)|_{max}$ 为相同流量下的标定仪表系数与拟合仪表系数绝对值最大的差值。

2. 电气特性

涡轮流量计的电气特性包括电气接口、绝缘特性和抗干扰特性。

涡轮流量计与电磁流量计的不同之处在于涡轮流量计的传感器是基于机械结构和机械

运动原理，不涉及电气特性，而电磁流量计的传感器基于电磁感应原理，电气特性非常重要。因此涡轮流量计的电气特性主要针对前置放大器和流量积算显示仪表。

涡轮流量计的电气接口、绝缘特性和抗干扰特性与电磁流量计的转换器基本相同，具体可参阅电磁流量计的相关内容。

由于涡轮流量计传感器的输出信号即为频率信号，因此脉冲输出端口输出的频率一般为经过放大、整形后的原始频率信号。在对涡轮流量计进行量值校准时，经常直接采用前置放大器输出的信号。

3. 应用特性

涡轮流量计的应用特性包括介质适应性、安装适应性和环境适应性。

涡轮流量计可适用于洁净、低黏度的单相均匀流体，包括液体和气体。液体包括水、牛奶、汽油、煤油、轻柴油、氨水、甲醇、盐水、液化气等，气体包括空气、氧气、天然气等。

由于涡轮流量计的传感器为机械运动元件，介质中的固体颗粒物和纤维很容易将叶轮卡滞或加速磨损，这种场合下上游管道必须要对流体进行过滤。

根据式（2-36），涡轮流量计的仪表系数受流体阻力矩影响，流体黏度越高，流体阻力矩越大，仪表系数的线性区越窄。当流体的黏度增大到一定值时，线性区趋近于零，意味着涡轮流量计已不能适应。由此可知，涡轮流量计的仪表系数应优先采用实际测量介质进行标定得到，至少应采用黏度相近的流体，否则不同黏度下仪表系数会有很大的差异，也即意味着会产生很大的系统性测量误差。

涡轮流量计的测量模型是基于理想流场下的力矩平衡假设推导得到，仪表系数是在流量标准装置上接近理想流场上标定得到。在实际测量中无论是驱动力矩，还是流体阻力矩、摩擦阻力矩，都受流场分布影响。当流速分布畸变时，叶轮受力不平衡导致运转不平稳，仪表系数偏离标定值，会产生很大的计量误差。当流场中有漩涡时，也会导致叶轮受力不平衡。漩涡方向与叶轮旋转方向相同时，将加速叶轮旋转，反之将阻碍叶轮旋转。因此涡轮流量计对安装要求较高，必须按制造商的规定保证足够长度的前后直管段，避免在有漩涡的流场条件下使用，建议最短的前后直管段长度见表2-13。

表 2-13　涡轮流量计建议的最短安装直管段长度

上游阻力件	上游直管段长度	下游直管段长度
同心渐缩管	15D	5D
90°弯头	20D	5D
同一平面的两个90°弯头	25D	10D
不同平面的两个90°弯头	40D	10D
全开闸阀、球阀	20D	5D
半开阀门	50D	10D

涡轮流量计只能用于单相流体测量。当用于易汽化的液体测量时，流量计下游必须保

证有足够的背压，以防止液体发生汽化形成气液两相流。液体在汽化过程中往往还伴随着空化效应，内部的微小气核瞬间破裂产生高密度的能量冲击，破坏叶轮转动的平衡性，在小流量条件下的影响尤为显著。因此提高背压也是抑制空化效应的有效措施。

涡轮流量计与工艺管道的安装匹配性要求较高。上下游直管段应安装平直，保证叶轮旋转轴处于良好的水平状态，避免引入附加摩擦。管道与涡轮流量计之间的连接应受力均匀，避免因局部应力导致轴系统发生微小变形，改变叶轮初始摩擦力。

涡轮流量计不能用于有反向流的场合。当工艺管道有反向流的可能时，应在涡轮流量计下游安装一个单向阀，阻止流体反向流动。

当工艺管道存在脉动流时，会导致涡轮流量计产生较大的测量误差。脉动流会产生附加振动，使得旋转叶轮处于振动摩擦状态，降低了摩擦力，导致叶轮转速增大。在脉动流条件下，涡轮流量计通常表现为正误差。

涡轮流量计还应避免在振动强烈的管道中使用。强烈的振动不仅容易破坏叶轮转动的平衡特性，还容易引起一体安装的前置放大器和流量积算显示仪的结构松动，产生故障。

涡轮流量计的环境适应性与电磁流量计基本相同，具体可参阅相关内容。

第四节　质量流量计

一、科里奥利力

质点在旋转参考体系中进行直线运动时，由于惯性作用，有沿着原有运动方向继续运动的趋势。但是当参考体系本身是在旋转时，质点经历了一段时间的运动之后在体系中的位置会有所变化。当以旋转参考体系的视角去观察质点原有运动趋势的方向时，就会发现发生了一定程度的偏离。由于在旋转系中无法按照惯性系建立运动方程，1835 年法国气象学家科里奥利（Gustave Gaspard de Coriolis）提出，为了描述旋转参考体系的运动，需要在运动方程中引入一个假想的力，使得人们可以像处理惯性系中的运动方程一样简单地处理旋转参考体系中的运动方程，大大简化了旋转系的处理方式，这个假想的力便命名为科里奥利力。

在旋转系中观察，任何物体都会受到离心力的作用，而只有当物体相对旋转系运动时，才会观测到科里奥利力。

建立如图 2-25 所示的匀速旋转的旋转系，假设旋转系的角速度为 $\boldsymbol{\omega}$ ，角加速度 $\dfrac{\mathrm{d}\boldsymbol{\omega}}{\mathrm{d}t}=0$，物体在 A 点离旋转轴心 O 的半径为 r ，运动速度为 v 。

从惯性系中观察物体在 A 点的运动速度 v_i ，为物体相对于旋转系的运动速度 v 与旋转系运动速度 $\boldsymbol{\omega}\times r$ 的叠加，如式（2-45）所示。

$$v_i = v + \boldsymbol{\omega}\times r \qquad (2\text{-}45)$$

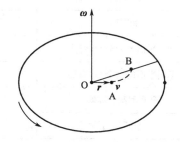

图 2-25　旋转参考体系下的物体运动

$v=\dfrac{\mathrm{d}r}{\mathrm{d}t}$，代入式（2-45），对代入式（2-45）关于时间求导，并令 $a_{\mathrm{i}}=\dfrac{\mathrm{d}v_i}{\mathrm{d}t}$，$a=\dfrac{\mathrm{d}v}{\mathrm{d}t}$，得到如式（2-46）所示的加速度。

$$a_{\mathrm{i}}=a+\pmb{\omega}\times(\pmb{\omega}\times r)+2(\pmb{\omega}\times v) \tag{2-46}$$

公式两边同乘以物体质量 m，移项得到式（2-47）。

$$m\cdot a=m\cdot a_{\mathrm{i}}-m\cdot\pmb{\omega}\times(\pmb{\omega}\times r)-2m\cdot(\pmb{\omega}\times v) \tag{2-47}$$

式（2-47）即匀速旋转系中的运动物体受力公式，令 $\pmb{F}=m\cdot a$，为旋转系中物体所受到的合力，令 $\pmb{F}_{\mathrm{i}}=m\cdot a_{\mathrm{i}}$，为惯性系中物体所受到的合力，令 $\pmb{F}_{\omega}=-m\cdot\pmb{\omega}\times(\pmb{\omega}\times r)$，为离心力，令 $\pmb{F}_{\mathrm{c}}=-2m\cdot(\pmb{\omega}\times v)$，为科里奥利力。

当 $\pmb{\omega}$ 与 v 相互不一定垂直时，科里奥利力的大小如式（2-48）所示。

$$F_{\mathrm{c}}=2m\omega v\sin\theta \tag{2-48}$$

公式中 θ 为旋转系的角速度向量 $\pmb{\omega}$ 与物体相对于旋转系的运动速度向量 v 的夹角。

二、测量原理

将科里奥利力的发生原理应用到流量测量中来，便产生了科里奥利力式质量流量计。世界上第一台可以实际使用的质量流量计于 1977 年由美国高准（MicroMotion）公司的创始人根据此原理研发出。

如图 2-26（a）所示，流体从 U 形弹性薄壁管道的入口流入，出口流出，流速为 v。U 形管在交变的外力作用下绕 OO 轴线发生往复振动，振动频率为 f，角速度 $\omega=2\pi f$。

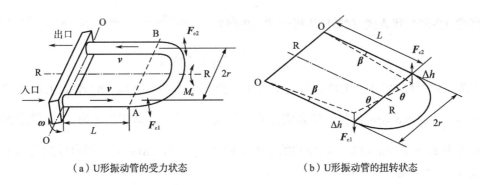

（a）U形振动管的受力状态　　　（b）U形振动管的扭转状态

图 2-26　U 形振动管工作原理

显然，周期性振动的 U 形管可以看作旋转系，流体在旋转系中运动时，所受的科里奥利力如式（2-48）所示。由于振动管是往复振动的，所以科里奥利力也是往复振荡的。然而直接测量科里奥利力非常困难，需要采用变量变换的方法来实现测量目标。

当流体流经振动管时，流体受到科里奥利力的作用。根据作用力与反作用力定律，振动管受到大小与科里奥利力相同的力，如图 2-26（b）所示，振动管在科里奥利力产生的力矩作用下绕轴线 RR 发生扭转变形。力矩由两部分组成，一部分作用于直管，另一部分作用于弯管，如式（2-49）所示。

$$M_c = 2\left(2m\omega vr + \int_0^{\frac{\pi}{2}} 2m\omega vr\cos\alpha\, d\alpha\right)$$
$$= (4\omega Lr + 2\pi\omega r^2)\, q_m \tag{2-49}$$

式中，M_c 为科里奥利力产生的力矩，该力矩使振动管扭转变形。

设振动管沿 RR 轴的扭转角为 θ，扭矩如式（2-50）所示。

$$T_c = K_\theta \theta \tag{2-50}$$

式中，T_c 为扭矩；K_θ 为 U 形弹性薄壁管的扭矩系数。

力矩 M_c 和扭矩 T_c 相等，则质量流量可表示为式（2-51）。

$$q_m = \frac{K_\theta \theta}{2\omega r(2L + \pi r)} \tag{2-51}$$

设直管与弯管连接处的扭转变形量为 Δh，应满足式（2-52）。

$$\Delta h = L\sin\beta = r\sin\theta \tag{2-52}$$

由于 β 和 θ 非常小，可令 $\sin\beta = \beta$，$\sin\theta = \theta$，故式（2-52）可表示为式（2-53）。

$$L\beta = r\theta \tag{2-53}$$

在一个振荡周期内，振动管以 OO 为轴线发生了两个 β 角的扭转，设对应的扭转时间为 Δt，则扭转角 β 和扭转时间 Δt 应服从式（2-54）的关系。

$$\beta = \frac{1}{2}\omega\Delta t \tag{2-54}$$

由式（2-53）和式（2-54），得到式（2-55）。

$$\theta = \frac{L}{2r} \cdot \omega\Delta t \tag{2-55}$$

将式（2-55）代入式（2-51），得到式（2-56）。

$$q_m = \frac{K_\theta}{4r^2(2 + \pi r/L)} \cdot \Delta t \tag{2-56}$$

由图 2-26（b）可知，振动管的振动实质是由于外力驱动下绕 OO 轴的主振动和科里奥利力作用下绕 RR 轴的副振动的合成，两个轴线相互垂直，即相位差为 $\frac{\pi}{2}$。设主振动的波形函数为 $z_0 = Z_0\sin(\omega t)$，副振动的波形函数为 $z_1 = Z_1\cos(\omega t)$，则合成后的振动波函数如式（2-57）所示。

$$z = z_0 + z_1 = \sqrt{Z_0^2 + Z_1^2}\sin(\omega t + \varphi) \tag{2-57}$$

公式中 $\varphi = 2\beta = \arctan\left(\dfrac{Z_1}{Z_0}\right)$，副振动的振幅 Z_1 远小于主振动的振幅 Z_0。

为了保证相位差能够被测量，副振动的振幅不应过小，也即意味着科里奥利力不能过小。由式（2-48）可知科里奥利力与振动管内的流体质量、流速和振动角速度成正比。振动角速度取决于振动管的固有频率，因此提高科里奥利力的有效途径是要么提高流体流速，要么增加振动管内的流体质量。提高前者意味着需要提高测量下限，对于后者，由于振动管的容积是固定的，提高质量意味着需要提高流体密度。因此，质量流量计主要应用于液体流量的测量，当应用于气体流量测量时，需要气体有较高的密度，即通常是高压气体，同时测量状态下气体的流速也应显著高于液体。

进一步分析图 2-26（a）中 A、B 两个位置的波形可知，当一列波的相位角超前于中心点 ρ 时，另一列波的相位角滞后于中心点 ρ，两列波的相位差正好为 2ρ，故可以通过获得相位差来得到时间差。

式（2-56）中时间差 Δt 的系数是关于 U 形薄壁振动管的几何尺寸 L、r 和物理特性参数 K_θ 的函数，该函数与被测介质无关，认为是一个常数函数，或称为仪表常数，可通过实验确定，如式（2-58）所示。

$$K_s = \frac{K_\theta}{4r^2(2+\pi r/L)} \tag{2-58}$$

在工程实践中，为了校正与理论之间的偏差，还会引入工程校正系数 K_c，将式（2-56）表示为式（2-59）。

$$q_m = K_c K_s \Delta t \tag{2-59}$$

由式（2-56）可知，质量流量与振动管的振动频率无关。然而这并不意味着振动频率可以是任意的，通常还要遵循两个原则，其一是期望振动是无阻尼的稳定振荡，根据振动理论，驱动力矩和阻尼力矩相等下的振动频率是最稳定的，该频率为物体的固有频率；其二是不容易受干扰，一般来说应避免采用电网频率的整数倍。

振动管的固有振动频率 f_0 按式（2-60）计算。

$$f_0 = \frac{1}{2\pi}\sqrt{\frac{k}{m}} \tag{2-60}$$

式中，m 为振动管自身和振动管上的固定附件以及管内流体的总质量；k 为等效弹性系数。

需要注意的是弹性薄壁振动管的结构形式可以多种多样，除了 U 形以外，还可以是 Ω 形、B 形、T 形、环形、三角形、直管形、微弯形和螺旋形等，可以是单振动管也可以是双振动管。不同形式的振动管的仪表常数不同。

三、结构组成

质量流量计主要由传感器和变送器两大部分组成，传感器和变送器可以装配成一体，也可以分体安装，如图 2-27 所示。

图 2-28 所示的是 U 形双振动管质量流量计传感器的内部结构，包括两支尺寸相同的 U 形振动管、一个振动器、一对检测器、一组热电阻和外壳等组成。

图 2-28 中的前置处理器一般认为是变送器的功能组成部分，一些制造商为了使

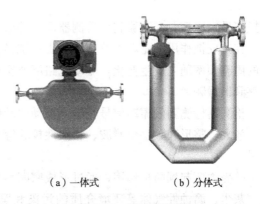

（a）一体式　　（b）分体式

图 2-27　质量流量计

分体式质量流量计的抗干扰性能更强，将变送器的振动信号驱动和处理电路分离前置，成为独立的功能部件。信号变送处理是变送器的核心功能，下述有关变送器的讨论仍包括前置处理器。

振动器是一种由线圈和铁芯组成的电磁振荡器，用于产生谐振频率，驱动 U 形双振动

管形成音叉式振动。检测器主要有电磁式和光电式两种，对称分布在振动管上，将振动信号转换成电信号输出。不同流动状态下振动波的相位偏移不同，当流体不流动时如图2-29（a）所示两列波形重叠；当流体在管内流动时如图2-29（b）所示两列波形产生相位差。

需要注意的是，式（2-58）所示的仪表常数与温度有关，布置在振动管外壁面的热电阻温度传感器用于测量振动管的温度，从而对仪表常数进行修正，以减小温度变化引起的系统误差。

振动驱动电路连同振动管和检测器构成一种基于正反馈的自激励振荡系统。根据谐

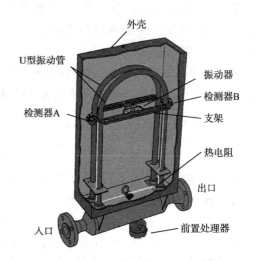

图 2-28　传感器内部结构图

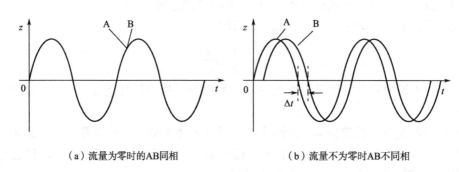

（a）流量为零时的AB同相　　　　（b）流量不为零时AB不同相

图 2-29　不同状态下的振动波关系

振振幅最大原理，变送器利用检测器反馈的振动频率和振动幅度来判断是否达到了固有频率，在正反馈作用下驱动电路直到输出系统谐振频率为止。当流体密度发生变化时，振动管的固有频率随之发生变化，驱动电路能够实现自动跟踪，通过增益控制电路将振荡频率调整到谐振频率。

检测器检测到的振动信号在输入振动驱动电路的同时输入振动信号处理电路，经过滤波、放大、整形和数字化滤波、相关性校验等处理，得到相位偏移时间，进而计算出质量流量。

外壳主要起到防护作用，通过形成密闭系统防止振动管、驱动器和检测器受到潮湿空气、灰尘、腐蚀性气体等环境介质的污染和腐蚀，并不受空气流动对振动管的不利影响，在爆炸性环境中还起到隔爆作用。

如图2-30所示，变送器主要由电源、振动驱动电路、振动信号处理电路、热电阻测量电路、数字信号处理电路、人机交互和显示电路、信号接口电路等组成，主要功能包括输出振动驱动信号、接收和处理振动信号和热电阻信号、测量信号数字化处理、人机交互和信号输出、零点校正、空管检测、数据存储等。

通过人机交互和显示单元可以设定仪表显示的质量流量、体积流量、密度、温度、压

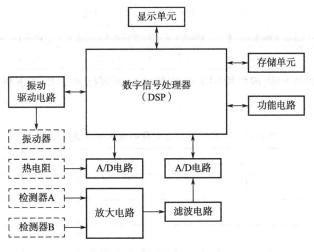

图 2-30　变送器原理框图

力等的计量单位，设定信号输出方式，并对质量流量计各单元连接和工作是否正常进行测试，必要时还可以修改校正参数和振动驱动参数等。

　　质量流量计的变送器电路以数字信号处理器（digital signal processor）为核心，这与绝大多数智能流量计采用微处理器（micro process unit）不同，主要原因是振动信号比其他流量传感器的传感信号复杂得多。首先，振动信号的干扰来源比较多，有的来自周围环境，有的来自流体噪声，还有的来自电路噪声。第二，较高频率的振动信号需要高速的数字化采样能力支持。第三，振动信号数字化以后数据量非常庞大，需要依赖高速计算性能来完成复杂计算以降低测量延时，涉及的算法主要有数字滤波、离散傅立叶变换和频率合成等。

　　变送器的功能电路还可以根据需要实现各种智能化功能，包括人机交互、信号输出、远程通信、数据存储、故障诊断、事件报警、密码保护、断电保护等。变送器的信号输出方式可参阅电磁流量计的相关内容。

四、技术特性

　　质量流量计的技术特性主要从计量特性、电气特性和应用特性三个方面进行评价。

1. 计量特性

　　质量流量计的计量特性主要包括测量范围、测量误差、重复性、零点稳定性和线性度。
　　由式（2-59）可知，质量流量计的理论测量下限趋近于零，没有理论测量上限。然而工程实践中受技术水平的限制，总是存在测量上限和测量下限。过低的测量下限将使测量信号淹没在噪声中，过高的测量上限也会带来力学特性限制和流动噪声等一系列问题。在讨论测量范围的同时，必须跟测量误差联系起来。美国艾默生旗下的高准品牌质量流量计代表了当前国际上最先进的水平，测量液体时，量程比和所能达到的最大允许误差如表 2-14 所示。

表 2-14   高准质量流量计的量程比

量程比	500∶1	100∶1	50∶1	20∶1	10∶1
最大允许误差/%	±1.5	±0.5	±0.2	±0.1	±0.05

我国的国家计量检定规程根据国家量值传递和溯源体系将质量流量计按准确度水平分成了 7 个等级，如表 2-15 所示。

表 2-15   我国规定的准确度等级和最大允许误差

准确度等级	0.15	0.2	0.25	0.3	0.5	1.0	1.5
最大允许误差/%	±0.15	±0.2	±0.25	±0.3	±0.5	±1.0	±1.5
适用介质	液体				气体和液体		

质量流量计是现有各类原理流量计中准确度水平最高的一种，而且是唯一无需测量密度便可得到质量流量的流量计，因此广泛应用于对测量准确度要求高的场合。

重复性是表征仪表短期稳定性和随机效应的指标。由于质量流量计的准确度已经达到了非常高的水平，使得用百分比表示的相对重复性的值也变得非常小，一般规定为最大允许误差绝对值的 1/2，这与绝大多数流量计要求的最大允许误差绝对值的 1/3 有所不同。

零点稳定性是电子传感原理流量计所面临的共性问题，质量流量计也不例外。零点稳定性是反映质量流量计敏感度的重要指标，由振动管的振动响应能力和变送器的信号分辨能力共同决定，是质量流量计的一种固有特性。零点稳定性越小，表明质量流量计的敏感度越高，反之则表明质量流量计越迟钝。

与电磁流量计一样，质量流量计的零点稳定性应在最大程度地抑制干扰的条件下进行评价。大多数情况下，零点稳定性往往与零点干扰耦合在一起形成零点漂移。零点干扰包括环境振动、电磁干扰和电路内部噪声等。零点稳定性和零点干扰的区别在于前者与所处的环境无关而后者与所处的环境相关，前者不可消失而后者随环境变化而变化。在实际应用场合零点干扰通常是不可避免的，一般采用零点校正功能来减小对测量误差的影响，通过小信号切除的方法来消除无流动下的零点漂移影响。

线性度也是质量流量计基本的技术特性之一。由于非线性修正技术的使用，使得质量流量计可以实现很高的准确度水平，然而线性度指标仍然非常重要，是衡量传感器和转换器的设计、材料、加工、工艺、检验等能力和水平的重要指标，也是质量流量计保持长期稳定性的特性基础。一般认为，线性度指标越差，设计、材料、加工、工艺、检验等某一方面或某几个方面的可控性也越差，长期工作的稳定性表现通常也越差。

2. 电气特性

质量流量计的电气特性包括电气接口、绝缘特性和抗干扰特性。

质量流量计的电气接口依功能而设计，主要包括电源端口、信号端口、通信端口和控制端口。

由于质量流量计在工作过程中振动管长期处在高频率的微幅振动状态，需要消耗大量的电能，因此质量流量计无法实现涡轮流量计、超声波流量计和电磁流量计所能实现的低功耗设计，需要接入外部电源，故电源端口主要有交流电源端口和直流电源端口两种，直流电源来自交流电源的降压和整流。

质量流量计的信号端口与电磁流量计相同，具体可参阅电磁流量计的相关内容。

质量流量计的绝缘特性主要指变送器电气接口的绝缘特性，与电磁流量计相同，具体可参阅电磁流量计的相关内容。

质量流量计的抗干扰特性包括抗电磁干扰特性和抗机械干扰特性，抗电磁干扰特性与电磁流量计基本相同，具体可参阅电磁流量计的相关内容。

与超声波流量计相似，质量流量计的本征信号为振动信号，故对机械振动干扰尤为敏感。质量流量计的本征振动频率基本落在可闻波的频率范围内，极容易受干扰，因此质量流量计的抗机械干扰设计非常重要，主要的技术手段依赖于硬件电路采取的信号滤波技术和基于软件算法的数字滤波技术。

3. 应用特性

质量流量计的应用特性包括介质适应性、安装适应性和环境适应性。

质量流量计几乎适用于各种形态的流体，包括液体、压缩气体、非牛顿流体、固液混合物、气液混合物等，但不同形态介质的准确度水平有差异，以符合牛顿流体特性的单相液体为最高，压缩气体其次，固液混合物再次，非牛顿流体和气液混合物最低。

根据式（2-59），质量流量计能够应用于瞬态变化的流量测量，但根据测量理论，瞬态量的测量具有高度随机性，即往往包含不可估计的随机误差成分，而减小随机误差分量最有效的方法是多次测量取平均。现有的质量流量计计量性能均为基于稳定流动条件下评定的指标，因此在瞬态流包括脉动流条件下，质量流量计能够测量，但准确度水平一般要大大下降。当脉动流的脉动频率与振动管固有频率相接近时，将导致质量流量计产生极大的测量误差，应予以避免。当不可避免时，质量流量计安装的上游工艺管道应设置脉动阻尼器，以削弱脉动效应。

虽然质量流量计理论上能够应用于固液混合物的测量，但实际中不应优选。主要原因有两个：一是振动管通常采用薄壁管，固液混合物的冲刷作用容易导致振动管磨损；二是固液混合物在低速流动时容易沉积，会显著改变振动管的流通面积和固有振动频率，进而影响测量准确度。

与速度式原理的流量计相比，质量流量计自身对流速场分布并不敏感，因此对工艺管道安装位置前后直管段长度的要求不高。然而在实际应用中仍然建议保持有一定长度的直管段，主要原因是考虑到当流速场不规则分布时往往伴随着流体不均匀冲击工艺管道引起的振动，这对质量流量计的测量是不利的，因此质量流量计应避免应用于流体流动噪声特别显著的场合。

当环境振动影响显著时，质量流量计的安装位置应采取隔振措施，包括与两端工艺管道的隔振处理和与地面支撑的隔振处理，如图 2-31 所示。

质量流量计安装完毕后必须进行零点漂移检查和零点校正。零点漂移来自零点稳定性和零点干扰，多发于振动的非对称衰减和流体的温度变化，需要予以排除。零点稳定性变化主要来自安装影响和流体温度变化影响，零点干扰有可能来自安装影响，也可能来自机械振动和电磁干扰影响。

质量流量计与工艺管道连接时，应避免连接端面产生不均匀的应力。在不均匀应力作

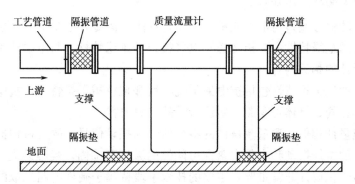

图 2-31　振动环境下的质量流量计安装示意

用下容易导致振动非对称衰减，将引起零点漂移指标劣化，产生显著的测量误差。这种情况多见于上下游管道存在明显的同轴度误差和支撑不良时。

零点校正需要在排除安装和环境干扰之后进行，使流体充满振动管，对于液体还应排除干净振动管中的气体，在流量为零的条件下通过变送器的人机交互界面对零点进行校正。

在质量流量计的日常运行过程中，需要经常进行零点校正操作，特别是当质量流量计重新安装，环境或介质温度发生较大变化时，零点校正尤为必要。

新建管道安装质量流量计前应采用洁净的压缩空气或氮气吹扫，避免焊渣、铁屑、砂石等固体杂质冲击振动管的情形发生。

弯管结构的质量流量计通常有较大的压力损失，当压力损失超出工艺管道的允许值时，应选择直管或微弯管结构的质量流量计。

质量流量计主要应用于工业环境场合的测量，需要较高等级的抗电磁环境干扰设计，使用过程中仍然需要采取有效的接地和防雷击措施。

质量流量计不耐受冰冻和水淹，薄壁振动管会因冰冻而破裂，因而应安装在通风干燥的环境中，并在冬季采取保温措施。当应用在有爆炸性风险的场所时，质量流量计还应采取防爆设计，以满足爆炸性环境下的测量要求。

质量流量计的最大测量管径一般不超过 200mm，最小测量管径可达 3mm。质量流量计的测量管径难以往上扩大的原因之一是体积过于庞大，然而最为关键的原因是振动管的特性参数对流体压力作用敏感。管道越大，试验越困难，修正数据难以积累，使得大管径质量流量计的研发存在很多困难。有关试验表明，振动管内径为 25mm 时，压力每增大 1MPa，引起测量误差的变化为 -0.03%；对于 40mm 和 50mm 的振动管，压力每增大 1MPa，引起测量误差的变化为 -0.12%；对于 80mm 和 100mm 的振动管，压力每增大 1MPa，引起测量误差的变化为 -1.35%。管道内径越大，表面积越大，相同压强下的作用力也越大，影响越明显，其主要原因是在内压作用下，管道壁面上产生环向应力、轴向应力和径向应力，同时产生轴向和环向伸长，而提高管道刚度时，弹性系数必然变小，不利于振动的形成。

第三章

智能水表

思维导图

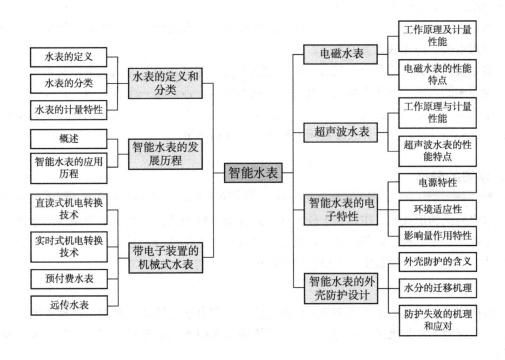

第一节　水表的定义和分类

一、水表的定义

水表，顾名思义指计量水量的仪表，其测量对象为水，测量结果为水的量。然而水的类型众多，按冷热程度分有冷水和热水，按水的来源分有地表水和地下水，按水的洁净程度分有清洁水和污水，按水的用途分有生活用水和工业用水，按水的卫生等级分有可饮用水和非饮用水。因此凡是计量水量的仪表均可以理解为广义上的水表。

长期以来，水表并没有统一确切的定义。国际法制计量组织发布的国际建议 OIML R 49-1：2006《饮用冷水水表和热水水表　第 1 部分　计量要求和技术要求》首次给出了水表统一的定义：在测量条件下，用于连续测量、记录和显示流经测量传感器的水体积的仪表。该定义采用了功能定义法，指出了水表的用途是用于水体积的测量，具备的基本功能包括测量、记录和显示。因此水表与基本功能相对应的基本结构应包括测量传感器、计算器和指示装置，其中测量传感器是水流经的通道，用于实现测量功能，计算器用于实现测量结果的记录功能，指示装置用于实现测量结果的显示功能。水表的三大基本功能和基本结构适用于所有原理和所有结构水表的识别，是模块化设计思维的体现。

国际上建议进一步对水表的定义进行了解释，指出水表的测量传感器、计算器和指示装置三大基本结构可以组合成整体，也可以设计成分体结构。随着电子技术的发展，为满足利用水表的测量结果实现某种管理目标，水表可以在三大基本结构的基础上增加辅助装置，比如实现测量结果的远程传输、重复指示、水量预置等功能。这就人人丰富了水表的功能和用途，为智能化发展明确了方向。

鉴于水表的定义由标准给出，结合标准名称可知，水表特指用于测量可饮用冷水的水表和热水水表，即为狭义上的水表。

将水表的定义限定在狭义范畴是有现实意义的，主要是为了能从众多广义水表中界定出特定用途的对象。可饮用水是人类生存的基本要素，涉及每一个人，每一户家庭。对可饮用水采用计量方式进行资源分配和管理是现代社会管理的一种主要方式，具有直接和重大的公共利益特征，为世界大多数国家和地区所共同采用。

二、水表的分类

水表的结构形式和工作原理十分丰富，既有基于机械结构和机械工作原理的水表，也有基于电子和电磁传感原理的水表，或者将机械和电子相结合，且接口的连接方式也呈现多样化，因此分类方法很多，主要有以下几种。

（1）按测量原理分类

根据测量传感器的工作原理分为机械传感原理和电子传感原理两类，机械传感原理的水表流量感测信号为机械元件的运动，电子传感原理的水表流量感测信号为电子或电磁感应信号。

（2）按结构特征分类

根据测量传感器、计算器和指示装置三部分是否可分离分为整体式和分体式两种。整体式水表的测量传感器、计算器和指示装置三者组合成整体，不可分离；分体式水表的测量传感器、计算器和指示装置三者中至少有一部分与其他部分不固定连接，可相互分离。

（3）按准确度等级分类

水表按准确度等级分为 1 级水表和 2 级水表，不同准确度等级的水表对应不同的最大允许误差。

（4）按连接管道的口径大小分类

水表按连接管道的口径大小分为（中）小口径水表和（中）大口径水表。通常将

DN25 及以下称为小口径，DN32 至 DN65 称为中口径，DN80 及以上称为大口径。

(5) 按用户属性分类

水表按用户属性分为居民生活用水表和工商业用水表。居民生活用水表指用于计量居民生活用水的水表，工商业用水表指用于计量工商业用户生产和经营用水的水表。

(6) 按适用介质分类

水表按适用介质分为冷水水表和热水水表。通常将水温 30℃ 以下的水称为冷水，30℃ 以上的水称为热水。考虑到夏季炎热地区的饮用水自然温度可达 30~50℃，故将水温低于 50℃ 且未经人工加热的可饮用水也界定为冷水。测量可饮用冷水的水表即为饮用冷水水表，测量热水的水表即为热水水表。

(7) 按安装形式分类

水表按安装形式分为一般安装形式水表和特殊安装形式水表。绝大多数的水表为一般安装形式，水表的进出口以通用螺纹或法兰形式与两端的管道连接；同轴水表、插装式水表和可互换计量模块水表等属于特殊安装形式，需要用专用的连接接口连接到管道中。

为便于更直观的了解，结合行业惯例，可将水表简单分成以下三类：

(1) 机械式水表

测量传感器、计算器和指示装置均为机械原理和结构的水表，通过机械元件的运动来实现流量的测量、记录和显示。机械式水表的主要差异在于测量传感器，根据测量传感器的工作原理主要有速度式水表和容积式水表两类。速度式水表测量传感器的感测元件是叶轮，通过叶轮转速与水流速度成正比来实现流量测量。容积式水表测量传感器的感测元件是固定容积排量的活塞或圆盘，通过周期性地定量排出水的体积来实现流量测量。

(2) 带电子装置的机械式水表

保留结构完整的机械式水表，在此基础上加装了电子装置的水表，主要有预付费水表和远传水表。加装的电子装置实质是一种辅助装置，其目的是为了实现某种预定的管理功能，并不改变机械式水表原有的计量性能。

(3) 电子式水表

电子式水表又分为机械传感电子式水表和电子传感电子式水表。

机械传感电子式水表由机械式测量传感器、电子式计算器和指示装置等组成，其测量传感器的结构和测量原理与机械式水表相同。与带电子装置的机械式水表不同，机械传感电子式水表的电子计算器通常带有修正功能，能够改善水表的计量性能。

电子传感电子式水表的测量传感器基于电子或电磁感应原理，计算器和指示装置均为电子部件，如超声波水表、电磁水表、射流水表和科里奥利水表等。

长期以来，机械结构原理的水表占主导地位。近年来，随着电子技术和互联网、物联网技术的快速发展应用，机械式水表与电子技术相结合，实现预付费功能或远程抄表功能的机电一体化水表，以及基于电子和电磁测量原理的水表发展迅速，技术性能进步明显，已经成为新的发展热点。

三、水表的计量特性

水表的计量特性采用一组相关的技术特性来综合定义，体现为固有计量特性、使用有关的计量特性和耐用性。

1. 固有计量特性

固有计量特性也称基本计量特性，是定义和评价水表计量性能的基础，包括测量范围、最大允许误差、示值误差曲线、重复性和无流量或无水特性。

(1) 测量范围

测量范围由四个特征流量和三个流量比值来表征。四个特征流量为最小流量 Q_1、分界流量 Q_2、常用流量 Q_3 和过载流量 Q_4。三个流量比值为：

① 过载流量和常用流量的比值 Q_4/Q_3，取固定值 1.25，表示水表可以在短时间内不超过 25% 的过载条件下运行。

② 分界流量和最小流量的比值 Q_2/Q_1，取固定值 1.6。分界流量 Q_2 将最小流量 Q_1 至过载流量 Q_4 的流量范围分成了"流量高区"和"流量低区"，流量高区为 $Q_2 \leqslant Q \leqslant Q_4$，流量低区为 $Q_1 \leqslant Q < Q_2$，水表分别按高区和低区定义不同的最大允许误差。

③ 常用流量和最小流量的比值 Q_3/Q_1，是真正表征水表测量范围的数值，有时也称量程比。最小流量 Q_1 至常用流量 Q_3 的流量范围是水表的额定流量范围，在该范围内水表应能长期工作，不同厂商可按用户需要和技术水平进行选择，见表 3-1。

表 3-1 Q_3/Q_1 的数值

40	50	63	80	100
125	160	200	250	315
400	500	630	800	1000

表中的数可以按此序列扩展到更高的数值，该数值取自《优先数和优先数系》（GB/T 321—2005）的 R10，是按式（3-1）计算的近似数。

$$R10 \approx (\sqrt[10]{10})^N \tag{3-1}$$

Q_3/Q_1 即取自 R10 的近似值，式中 N 为正整数。

对于具体规格型号的水表，只要确定了常用流量 Q_3，即可按三个流量比值确定具体的测量范围。Q_3 由厂商在表 3-2 中选取。

表 3-2 Q_3 的数值

1.0	1.6	2.5	4.0	6.3
10	16	25	40	63
100	160	250	400	630
1000	1600	2500	4000	6300

表中的数可以按此序列扩展到更大或者更小的数值，该数值取自《优先数和优先数系》（GB/T 321—2005）的R5，是按式（3-3）计算的近似数。

$$R5 \approx (\sqrt[5]{10})^N \tag{3-2}$$

Q_3即取自R5的近似值，式中N为非负整数。

(2) 最大允许误差

水表的准确度等级分为1级和2级，且适用于所有形式的水表，具体由厂商自行选择确定。最大允许误差按准确度等级1级和2级、流量高区和低区以及水温范围分别规定，见表3-3。

表 3-3　水表的最大允许误差

流量		低区	高区	
		$Q_1 \leqslant Q < Q_2$	$Q_2 \leqslant Q < Q_4$	
工作温度/℃		$0.1 \leqslant T_w \leqslant 50$	$0.1 \leqslant T_w \leqslant 30$	$30 < T_w \leqslant 50$
最大允许误差	1级	±3%	±1%	±2%
	2级	±5%	±2%	±3%

水表的温度等级按适用的水温范围分为$T30$和$T50$，$T30$表示水温范围为0.1～30℃，最低允许温度（mAT）0.1℃，最高允许温度（MAT）30℃；$T50$表示水温范围为0.1～50℃，最低允许温度（mAT）0.1℃，最高允许温度（MAT）50℃。冰水混合物的温度约为0.03℃，因水表只能测量单相的水，不能测量固水混合物，故下限水温设定为0.1℃，确保水的单相流体特性。30℃为冷热水分界线，30℃以下的水为冷水，30℃以上的水为热水。饮用冷水水表之所以需要考虑30～50℃的情况，是考虑到夏季热带地区饮用水在日照条件下的自然水温有可能达到30～50℃，但水的饮用属性没有发生变化，故仍将$T50$温度等级定义为饮用冷水水表序列，但当水温超过30℃时最大允许误差即按热水水表指标执行。通常认为$T70$等级的热水需要经人工加热，其属性为载能介质，人们利用的是水中的热能，一般不用于饮用，故$T70$温度等级的水表界定为热水水表。

(3) 示值误差曲线

示值误差曲线指示值误差与流量的关系曲线，如果水表所有的示值误差符号相同，则至少其中一个示值误差应不超过最大允许误差的1/2。这是重要的保障贸易公平性的约束性指标，防止通过人为调整水表的示值误差曲线，系统性地偏正或偏负，使得计量结果有利于一方而不利于另一方。

(4) 重复性

重复性是表征示值误差离散性的指标。通过重复性指标约束，来达到测量结果保证具有较好一致性的目的。

(5) 无流量或无水

电子式水表与机械式水表在计量特性表现上最大的不同在于对无流量或无水状态下的反应。从使用者角度必然要求水表能够准确识别无流量或无水状态，不得产生虚假的计量结果。机械式水表由于存在摩擦阻力和传动阻力，机械元件的运动由外力推动，天然能够满足该要求。电子式水表由于感测的信号为电信号，有可能遭受来自外部和内部的电磁和电气噪声干扰，要求电子部件具备足够的信号处理能力，能保证在无流量条件下不发生显著的零点漂移，或者采取适当的小信号切除措施来解决虚假计量问题；在无水条件下通过信号特征识别来抑制噪声干扰，防止将干扰信号作为正常的计量信号来处理。

2. 使用有关的计量特性

水表在使用过程中计量特性会受到水的温度变化影响和压力变化影响，当应用于50℃水温条件下时，还应考虑材料的耐热性。在水表选型应用时还会考虑水表对反向流的适应性，对于特殊安装的水表，如插装式水表和可互换计量模块水表，还会考虑计量模块的互换误差。

(1) 水温和水压影响

在额定的水温和水压条件下，要求水表的计量特性应能满足最大允许误差要求。由于季节的差异，水温在冬季处于低温，在夏季处于高温。介质温度变化会对水表的材料特性和传感器特性产生影响，在相同的水流速度不同水温条件下水的流动特性也会发生变化，这些因素共同作用，对水表的计量特性表现产生影响。在额定的水温范围内，水表计量特性的变化应是可控的，不应偏离最大允许误差。

同样，水表需要工作在不同的水压条件下。供水管道水压不是一成不变的。压力变化可能会对水表测量传感器零部件的力学或电学特性产生影响，从而导致在不同压力条件下的计量特性表现不同。在额定的水压范围内，计量特性的变化应是可控的，不应偏离最大允许误差。

(2) 过载水温

过载水温用以验证$T50$等级水表材料的高温耐受性，不因介质高温影响导致零部件结构和尺寸发生变化，进而显著改变计量特性。

(3) 反向流

水表的计量特性设计应考虑反向流情形，有三种情况可供选择：①计量反向流，反向流条件下的计量特性仍然满足要求；②防止反向流，在反向流条件下通过关闭阀门进行保护；③耐受反向流，在经历短期的反向流作用后不会损坏，恢复正向流后计量特性仍然满足要求。大多数电子传感电子式水表的工作原理能够支持计量反向流，带单向阀的水表能够防止反向流，除此之外的水表均应能够耐受反向流。

(4) 互换误差

插装式水表和带可互换计量模块水表需要考虑计量模块的互换性，即水表的互换工艺应保持较好的一致性，用互换误差来定量表征。

对水表进行互换误差评价时，任何单次试验的示值误差均应满足最大允许误差要求，且示值误差曲线的符号也应满足要求。如果使用标准接口，多组试验结果的一致性要满足误差变化值不超过最大允许误差绝对值1/2的要求，如果使用结构相同的非标准接口，多组试验结果的一致性要满足误差变化值不超过最大允许误差绝对值的要求。

3. 耐用性

水表作为民用计量仪表，要求经久耐用。水表的耐用性用耐久性试验来验证，以表明水表在较长的一段时间内持续使用后，计量特性不会发生显著的不可接受的变化。耐久性试验对于机械式水表实质是一种加速磨损试验，对于电子式水表是一种等效载荷条件下的长期稳定性试验。耐久性试验能够充分考核水表的结构、材质和工艺，试验结果不仅能用于性能评价，还能用于结构、材质和工艺的改进分析。

　　耐久性试验分为断续流量试验和连续流量试验，其中断续流量试验仅适用于 $Q_3 \leqslant 16m^3/h$ 的水表，也即居民生活用水表，用相当于模拟用水阀门 10 万次开关试验的方法考核水表在额定最大载荷下长期工作的可靠性。连续流量试验适用于所有形式的水表，$Q_3 \leqslant 16m^3/h$ 的水表应进行过载流量 Q_4 下 100h 的试验，$Q_3 > 16m^3/h$ 的水表应分别进行常用流量 Q_3 下 800h 的试验和过载流量 Q_4 下 200h 的试验，以考核水表在额定最大载荷下长期工作的可靠性和过载载荷下的短期耐受性。

　　每一项耐久性试验后，水表的最大允许误差适当放宽，但应保证试验前后示值误差的变化量在允许的范围内，相关要求见表 3-4。

表 3-4　每一项耐久性试验后水表的最大允许误差和示值误差的允许变化量

流量		低区	高区	
		$Q_1 \leqslant Q < Q_2$	$Q_2 \leqslant Q \leqslant Q_4$	
水温/℃		$0.1 \leqslant T_w \leqslant 50$	$0.1 \leqslant T_w \leqslant 30$	$30 < T_w \leqslant 50$
最大允许误差	1级	±4%	±1.5%	±2.5%
	2级	±6%	±2.5%	±3.5%
示值误差的允许变化量	1级	≤2%	≤1%	
	2级	≤3%	≤1.5%	

　　需要注意的是耐久性试验的最大允许误差指标放宽主要考虑到短期高强度试验对水表特性的影响，水表在实际使用过程中一般不会遭遇与耐久性试验相同强度的用水工况，因此水表在实际使用过程中只要工况条件满足额定工作条件，计量技术不能因此而降低。

第二节　智能水表的发展历程

一、概述

　　智能水表是一种集成了现代微电子技术、现代传感技术、智能 IC 卡技术和电子通信技术等的新型水表，以实现对用水量进行准确计量并进行用水数据传递和信息化结算交易。相比于传统的机械式水表，智能水表除了可对用水量进行记录、存储、显示外，还可以按照约定规则对用水量进行控制，实现预定的管理功能。因此智能水表的优势在于水量数据的传递和应用。

　　流量计的主要应用场景为根据所需要的供水量进行生产工艺的控制，故流量计数据一般都会通过有线或无线的通信方式提供用水数据，自应用以来较早地实现了智能化。比如水厂的进厂和出厂流量计数据需要与加药系统关联，根据流量计数据自动计算加药量。而水表常用于居民用户终端的用水量计量，量大面广，分散分布。传统的水表主要为机械式，且计量数据长期依靠人工抄读，数据采集的时效性较差。我国早在 20 世纪 90 年代就开始生产智能水表，受限于技术的成熟度和价格因素，应用一直不够广泛。2017 年 1 月，国家发展改革委、国家能源局联合发布了《关于印发〈能源发展"十三五"规划〉的通知》，此后，我国智能水表的应用取得了爆炸式增长。国家计量检定规程《饮用冷水水表检定规程》（JJG 162—2019）根据水表的工作原理和结构特征，把水表分为机械式水表、带电子装置的机械式水表和电子式水表三类，后两种类型的水表就是我们今天俗称的智能水表。

1. 带电子装置的机械式水表

带电子装置的机械式水表是指保留结构完整的机械式水表，在此基础上加装了电子装置的水表。加装电子装置的目的是为了实现水表某种预定的管理功能，并不改变机械式水表原有的计量性能。根据电子装置数据传输方式不同，带电子装置的机械式水表可分为预付费水表和远传水表。

JJG 162—2019 中把这类电子装置称为辅助装置，其含义为"用于执行某一特定功能，直接参与产生、传输或显示测得值的装置"。表现形式上，辅助装置可实现的具体功能包括：①调零功能；②价格指示功能；③重复指示功能；④打印功能；⑤存储功能；⑥费率控制功能；⑦预置功能；⑧自助功能；⑨流量敏感器运动检测功能；⑩远程读数功能等。辅助装置的某些功能与贸易结算直接相关，涉及供用水双方的利益，这些功能通常应列入法制计量管理，如价格指示功能、重复指示功能、费率控制功能、远程读数功能等。重复指示功能指机械和电子的双重指示功能，是带电子装置的机械式水表所具备的基本功能。价格指示功能和费率控制功能常见于预付费水表，可支持阶梯水价的用水管理。远程读数功能是远传水表的基本功能，实现数据的远程传输。

(1) 预付费水表

预付费水表是一种在机械式水表的基础上加装了电子控制器、电控阀、机电转换元件和电池等部件，实现用水预购和自动结算功能的水表。预付费水表是适应我国国情的一种技术实现形式，尤其在水资源紧缺和欠发达地区，存在水费回收困难的情况，故其一上市，便受到水费回收困难的供水企业、大专院校的青睐。最常见的预付费水表为 IC 卡水表，通过 IC 卡来实现预购水量的数据交换。

(2) 远传水表

狭义的远传水表指以机械式水表作为流量计量的基表，通过加装电子装置实现水量信号采集和数据处理、存储、远程传输等功能的水表。根据水量信号采集的方式不同分为实时式和直读式两种，根据信号传输方式又分为有线远传和无线远传两种。

2. 电子式水表

电子式水表又分为机械传感电子式水表和电子传感电子式水表。

① 机械传感电子式水表由机械式测量传感器、电子式计算器和指示装置等组成，其测量传感器的结构原理与机械式水表相同。常见的机械传感电子式水表以叶轮式水表为主，

以电子计算器和电子指示装置取代机械式水表的机械计算器和机械指示装置，测量原理和结构组成与涡轮流量计相同。

② 电子传感电子式水表由基于电子或电磁感应原理的测量传感器、电子式计算器和指示装置等组成。常见的电子传感电子式水表有超声波水表和电磁水表，测量原理和结构组成分别与超声波流量计和电磁流量计相同。

二、智能水表的应用历程

1. 中大口径智能水表的应用发展

中大口径智能水表主要指公称通径 32mm 及以上的水表，以应用于工商业用户为主。早期受限于价格因素，中大口径智能水表的应用方案主要是在机械式水表的基础上增加脉冲转换装置，再通过具有记录和通信功能的远传终端，实现用水数据的采集、记录和传输，见图 3-1。

近几年，随着国内电磁水表和超声波水表的设计制造水平取得长足发展，个别品牌产品的技术性能甚至可以与国际品牌相媲美，且价格相比进口产品大幅下降，再加上分区计量漏损控制的需求，电磁水表、超声波水表的应用量也在不断提升。尤其是超声波水表，结构相对简单，价格更具优势，应用量增长更为明显。

图 3-1　机械式水表增加脉冲转换装置和远传终端实现智能化

图 3-2　NB－IoT 无磁传感智能水表

2. 小口径智能水表的应用发展

小口径智能水表主要指公称通径不大于 25mm 的水表，以居民用户为主。20 世纪 90 年代，小口径智能水表主要使用脉冲式（有磁传感）水表和光电直读远传水表。直到 2017 年，深圳市水务（集团）有限公司（以下简称深圳水务集团）、宁波水表股份有限公司、中国电信、华为技术有限公司四家公司联合研制出第一代 NB－IoT 无磁传感智能水表，如图 3-2 所示，因其优越的性能，迅速成为小口径智能水表的主流型式，而脉冲式（有磁传感）水表因其抗干扰性能相对较差而逐步退出市场。当前市场的主流应用情况是以 NB－

IoT 无磁传感智能水表为主，有线光电直读式远传水表为辅，超声波水表正处于小批量试用阶段。但是随着超声波测量技术的成熟和产品价格的不断下降，因其结构相对简单且生产加工自动化程度高，以及随着用工成本的不断增长，可以预见未来超声波水表的应用量和市场占有率将会大幅提升。

第三节   带电子装置的机械式水表

带机电转换装置的智能水表在国内已发展二十余年，在各供水企业中应用也最为广泛，机电转换装置将机械式水表的机械读数转换为电子读数，实现的技术手段多样化，按机电转换的信号特征可以分为直读式和实时式两种。

一、直读式机电转换技术

常见的直读式机电转换技术主要有摄像直读、光电编码直读、触点（电阻编码）直读三种，三者都是通过直接读取水表字轮数字的形式实现机电转换。

1. 摄像直读机电转换技术

如图 3-3 所示，摄像直读机电转换技术的实现方法是在机械式水表的字轮位置上方安装摄像头对字轮图像进行摄取，通过网络将摄取的字轮图像传输至后台服务器，由专用字符识别软件进行解析后获得水表读数。

采用摄像直读机电转换技术的智能水表具有直接读取累积水量的特点，在应用上产生的优缺点均较为突出。

具备的优点有：①智能水表终端可不配备锂电池持续供电，在数据采集和传输时通过中继器、集中器等设备统一对片区内智能水表终端提供所需电能，降低单表成本；②水量争议时通过后台服务器可查看字轮图像；③可采取在现有普通机械水表基础上直接加装摄像直读模块来实现水表的智能化改造，加快智能水表部署进度。

具备的缺点有：①图像所占数据空间较大，在传输和存储上都需要占用较多网络资源，不适用于高频次数据采集；②图像译码在后台服务器进行，占用服务器计

图 3-3   摄像直读智能水表

算资源，且不同生产厂商的摄取图像标准和解析算法存在差异，难以实现智能水表终端的互通互换，增加管理难度；③摄取和解析的对象是字轮图像，而机械式水表字轮通常仅到 $1m^3$（俗称"吨"）位，故采集数据的分辨力低、实时性差，不利于数据的深度挖掘利用；④字轮容易受水质污染，难以长期保持清晰度，增加了图像译码难度。

2. 光电直读机电转换技术

如图 3-4 所示，光电直读机电转换技术的实现方法是在机械式水表的每一位字轮的一

侧设置有固定的光电发射源，在对应的字轮上设置反射面或对射孔的接收点，采用光电信号通断的二进制编码规则，利用多个接收点或反射面的不同位置状态判断字轮位置，以此得到水表读数。

图 3-4　光电直读智能水表

采用光电直读机电转换技术的智能水表具有直接读取累积水量的特点，相比摄像直读智能水表在应用上的优缺点有所差异。

具备的优点有：①智能水表终端可不配备锂电池持续供电，在数据采集和传输时通过中继器、集中器等设备统一对片区内智能水表终端提供所需电能，降低单表成本；②智能水表终端直接将译码后的水表读数传输至后台服务器，减少网络传输和服务器计算资源，并能为不同制造商产品实现互通互换提供基础条件；③有线传输的通信可靠性较高。

具有的缺点有：①与摄像直读智能水表相似，其采集精度同样取决于机械式水表字轮位数，而机械式水表字轮通常仅到 $1m^3$（俗称"吨"）位，故采集数据的分辨力低、实时性差，不利于数据的深度挖掘利用；②光电直读电子模块采用侵入式结构，以应用于干式计数器为主，不宜应用于与水接触的湿式计数器。

3. 触点直读机电转换技术

如图 3-5 所示，触点直读机电转换技术的实现方法是在机械式水表的字轮上安装基于电阻编码的微型电刷，并且在字轮相对应位置上安装有电阻或电位器片，通过测量电刷处于不同位置时的阻值来判断字轮读数。

由于采用触点直读机电转换技术的智能水表与采用光电直读机电转换技术的智能水表在获取读数的机制上相近，结构形式也相似，因此在应用上的优缺点也基本相同，这里不再赘述。

图 3-5　触点直读智能水表

二、实时式机电转换技术

常见的实时式机电转换技术主要为磁-干簧管开关采样机电转换技术、磁-霍尔元件或磁阻元件脉冲采样机电转换技术、无磁传感脉冲采样机电转换技术三种，三者都是通过累加采集指针等价脉冲数量的方式将机械式水表的读数转换为电子读数。

1. 磁-干簧管开关采样机电转换技术

如图 3-6 所示，磁-干簧管机电转换技术的实现方法是将机械式水表上某位数据采集指针更换为带磁性元件

图 3-6　干簧管智能水表

的指针，在该指针上方或侧面安装有固定的干簧管。当带磁性元件的指针接近干簧管时，磁场逐渐增强使干簧管的触点闭合，离开干簧管时，磁场逐渐减弱使干簧管的触点断开。干簧管触点一闭一开，代表一个脉冲，表示数据采集指针转过一周，电子装置通过累计脉冲数的方式采集水表读数。

20世纪90年代，国内水表制造企业开始尝试将干簧管安装在机械式水表上，以实现将机械式水表升级为智能水表，主要经过了从单干簧管、双干簧管到自保持开关几个迭代过程，下面将逐一介绍。

如图3-7所示，单干簧管机电转换技术的工作原理是在用水时带有磁性的采集指针旋转，每次经过干簧管A时干簧管A就闭合一次，将闭合信号累加和换算后得到水表读数。然而在实际应用中采用单干簧管计数方式存在严重缺陷，因其无法判断磁性指针的正向和反向转动，所以当磁性指针和干簧管处于临界耦合状态时遇到水压波动、人为震动，甚至是火车经过造成颤动等情况时，闭合信号就会不停地被触发、累加，导致转换电子读数不准确，同时当有外界磁体对智能水表进行干扰时也无法作出判断和预警。

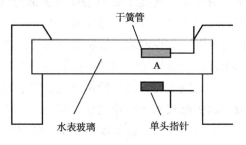

图3-7　单干簧管工作原理

为了解决单干簧管机电转换技术的缺陷，采用双干簧管的机电转换技术应运而生。如图3-8所示，其工作原理是在用水时带有磁性的采集指针经过干簧管A时处理单元记录干簧管A闭合一次，当磁性指针再经过干簧管B时处理单元才认为信号有效，根据交替触发的逻辑关系，单一的干簧管A或B即使多次闭合也认为是无效信号，而且当双干簧管同时闭合时即可给出受到外界磁体干扰的预警，以此克服单干簧管重复计数和无法判断外界磁体干扰的缺陷。相比单干簧管的工作模式，微处理器采样单元需要增加硬件接口，而且要在表体很有限的空间安装两支干簧管，工艺控制难度相对增加。

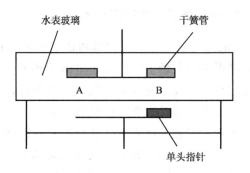

图3-8　双干簧管工作原理

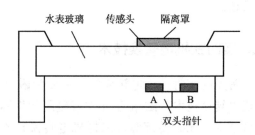

图3-9　自保持开关工作原理

为此，国内水表制造企业再次进行技术上的革新。如图3-9所示，在单干簧管的基础上增加了自保持感应开关，同时将数据采集指针更换为双头磁性指针。其工作原理是当指针的一个磁钢A经过干簧管时使自保持开关处于"开"的位置，磁钢A转走后，开关仍保持在"开"的位置不变，待磁钢B经过干簧管时，自保持开关才会变为"关"的位置，磁钢B转走后，自保持开关仍保持在"关"的位置，磁钢A再经过干簧管时，自保持开关的状态才会发生变化，依次周而复始。

由于采用干簧管机电转换技术的智能水表具有采样实时性高的特点，因此相比直读式机电转换技术的智能水表应用特点差异较大。具备的优点是：数据采集分辨力可提高至"升"位，大大提高了采集实时性，可动态记录用户用水过程，有利于数据分析利用，比如可用于监测用户异常用水、关注孤寡老人、监测用户户内漏水等。其缺点有：①智能水表终端需配备锂电池持续供电，不适合直读式智能水表那种由集中器统一供电的方式，单表成本增加；②数据采集指针必须使用磁性指针，长期使用有退磁风险，且易受外部磁性材料人为攻击。

2. 磁-霍尔元件或磁阻元件脉冲采样机电转换技术

霍尔元件或磁阻元件脉冲采样机电转换技术和干簧管开关采样机电转换技术工作原理基本相同，区别之一是霍尔元件或磁阻元件是有源器件，需要外部供电，干簧管是无源器件，无需外部供电；区别之二是当磁性指针经过干簧管时，其内部两片簧片在静磁场作用下闭合，而霍尔元件和磁阻元件是当磁性指针经过元件正下方时分别产生霍尔效应和磁阻效应，使内部的电路状态发生变化来输出脉冲。具体不再赘述其应用特点，可参考磁-干簧管开关采样机电转换技术。

3. 无磁传感脉冲采样机电转换技术

近几年，无磁传感脉冲采样机电转换技术在国内得到广泛应用，其工作原理是机械式水表上的数据采集指针使用局部敷有铜或其他有电磁阻尼性的金属圆盘，如图3-10和图3-11所示，将一个谐振回路中的电感置于圆盘指针的上方，通过测量谐振回路在不同电磁阻尼系数下的振荡信号衰减特征实现对指针周期转动的检测，每检测到一次信号衰减特征值输出一个脉冲信号，以累加计数的方式采集水表读数。

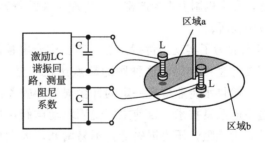

图 3-10 无磁传感智能水表　　　　图 3-11 无磁传感器工作原理

采用无磁传感脉冲采样机电转换技术的智能水表工作机制上与采用干簧管开关采样机电转换技术和霍尔元件或磁阻元件脉冲采样机电转换技术的智能水表工作原理相近，区别是数据采集指针不再依赖永磁体，消除了退磁和人为磁攻击的风险，而且抗外界磁干扰能力更强。

4. 本节小结

在市场中带机电转换装置的智能水表机电转换技术品类繁多，本节着重介绍了目前最为常见的机电转换技术供大家了解和参考。智能水表制造企业的研发能力和生产能力均不同，即使采取相同机电转换技术生产的智能水表质量也会存在很大差异，而且每种机电转换技术都有其自身的优缺点，供水企业在实际的应用中应充分考虑应用场景、应用需求、与之相配套的数据传输方案以及管理要素的投入等因素来选择最为适合的智能水表，而非简单地认为某种机电转换技术一定优于另外一种机电转换技术，与之相配套的某种数据传输方案一定是最优的选择。

三、预付费水表

我国预付费水表起步于 20 世纪 90 年代末，代表性产品为 IC 卡水表。2001 年建设部发布第一版城镇建设行业标准《IC 卡冷水水表》（CJ/T 133—2001），对统一和规范 IC 卡水表的设计制造起到了重要作用。

IC 卡的发展经历了普通存储卡、逻辑加密卡、CPU 卡三个阶段。IC 卡作为用户和供水部门之间传递信息的载体，更作为一种电子货币，可靠性之外，安全性当是首要考虑的问题。早期使用的普通存储卡芯片无安全逻辑，设计人员一般通过对数据进行一定的加密算法和滚动存储相结合的方法来保证安全性。由于普通存储卡内容可通过读卡设备直接读出，数据能被随意篡改，真实数据经过多次反复比较就能得出，安全性较差，漏洞很容易被利用于盗用水，已逐步淘汰。

逻辑加密卡提供电路的逻辑硬件密码校对功能，一般情况下，只有通过用户密码和应用区密码才能对卡内应用区数据进行访问，卡内设置密码计数器，一旦输入错误密码次数超过密码计数器设置次数，卡将自锁，极大提高了密码破解的难度。逻辑加密卡价格相对低廉，比较符合水表用卡的要求。

CPU 卡芯片内本身集成有微处理器，并且有自己的片内操作系统（COS）。与逻辑加密卡相比，安全机制上更为严密，与管理系统的兼容性也表现突出，但价格偏高，适用于特定的应用场所。

IC 卡水表为了实现预付费功能，需要配合电控阀使用。在预付费水表发展的早期电控阀采用先导型截止阀，这种阀的缺点比较明显，压力损失大，容易堵塞，造成打开、关闭失灵，给供水企业带来一定的计量损失和服务投诉，一度制约了 IC 卡水表的应用推广。通过不断改良技术，目前主要使用电动球阀作控制阀。由于电动球阀采用了直通式流道设计，无流阻，压力损失低，不易堵塞，大大提高了电控阀的使用寿命。另外，生产企业为了避免电控阀失灵，还会通过优化程序来改进，比如在特定的时间段进行一次阀门的开关动作，防止水表在长期不用的情况下因机械阻力过大造成阀门关闭失灵的问题。

预付费水表的优点是在用户不缴费的情况下可自动断水，有效控制了收费单位的资金回笼。且不需要布线，更换方便。

预付费水表的主要缺点如下：

① 电控阀长期工作容易失灵，尤其是电池耗尽后易发生电控阀不能及时关闭的情况，造成贸易纠纷。

② IC 卡和机电转换装置易受人为破坏和攻击，造成计量损失。

③ 无法知道用户的水表使用状况，比如偷盗水行为必须通过现场排查才能发现。

④ 无法实时获取用户的用水信息，不利于供水企业计量产销差管理，数据的深度挖掘利用价值低。

⑤ 流道上附加控制阀后导致流通截面积变小，压力损失普遍较大。

因其有以上缺点，加上与我国现行的先使用后付费的用水模式相抵触，随着抄表到户政策的执行完成和城镇化水平的提高，可以预见未来预付费水表的发展空间会越来越小。

四、远传水表

1. 有线通信方案远传水表

如图 3-12 所示，有线远传水表通信模式主要采用总线结构，以 M-Bus 总线和 RS-485 总线为常见。早期的脉冲水表和光电直读水表通常采用有线通信方案，根据部署规模设置采集器（中继器）和集中器，负责收集其挂载水表的水量数据等信息，再利用 GPRS、CD-MA、NB-IoT 等公共移动通信广域网将数据返回供水企业服务器。

有线通信方案虽然工作可靠性高且成本较低，但布线工程量较大，加之与物业公司协调解决集中器的市电供电问题尤其困难，除水表采集准确率本身带来的技术问题外，其安装困难也严重阻碍了有线远传水表的应用。这种技术模式更适宜新建楼盘，宜在设计阶段做好布线、供电规划。但现实是供水企业很难事先干预新建楼盘的设计，故这种理想状态难以实现。

GPRS、CDMA、NB-IoT…

M-BUS或RS-485

图 3-12 有线通信和公共移动通信广域网组合方案远传水表

2. 无线通信方案远传水表

无线通信主要的通信方式有自组无线局域网和公共移动通信广域网两种形式，目前国内远传水表通信方面的代表分别为 LoRa 通信方案和 NB-IoT 通信方案。

其中，LoRa 是 Semtech 公司开发的一种低功耗局域网无线标准，其名称"LoRa"是远距离无线电（long range radio）的缩写，最大特点是在同样的功耗条件下相比其他已有无线通信方式传播的距离更远，在同样的功耗下比传统的无线射频通信距离扩大 3～5 倍。LoRa Alliance 是一个致力于快速推动 LoRa 应用发展的技术联盟和非营利协会，在全球大力推动基于 Semtech LoRa 的 LoRaWAN 低功耗广域网（LPWAN）标准。LoRa 无线通信网络利用工业、科学和医疗（ISM）频段的未经许可的无线电频谱，无需申请便可以建立网络设施，网络架构相对便捷，而且实际应用中不需要额外支付通信许可费用。由于开放频段的应用非常广泛，很容易受到其他相同频段设备的干扰。在国内的远传水表应用上，若采用广域覆盖的 LoRaWAN 通信模式，则首先需要建立和运维一套 LoRaWAN 的通信网络，网络建立和维护的成本、难度都十分巨大。如图 3-13 所示，远传水表制造企业通常是使用 LoRa 技术实现小范围内的自组无线局域网，最后将所收集到的数据利用 GPRS、CDMA、NB-IoT 等公共移动通信广域网返回供水企业服务器。

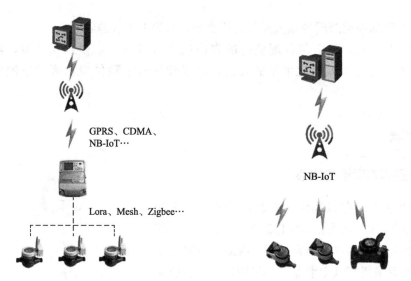

图 3-13　自组无线局域网和公共移动　　　　图 3-14　NB-IoT 通信方案远传水表
通信广域网组合方案远传水表

近几年，在国家工信部和华为技术有限公司的共同推动下，窄带物联网（narrow band internet of things，NB-IoT）成为中国万物互联网络的一个重要分支。NB-IoT 构建于蜂窝网络，只消耗大约 180kHz 的带宽，可直接部署于 GSM、UMTS 或 LTE 等公共移动通信网络，由移动通信运营商负责运维，以降低部署成本、实现平滑升级。因支持低功耗设备在广域网的蜂窝数据连接，也被叫作低功耗广域网（LPWAN）。它具有覆盖广、连接多、速率快、成本低、功耗低、架构优等特点。相比于 Mesh、Zigbee 等多条无线通信技术，每只 NB-IoT 远传水表都是独立的个体，与蜂窝网络组成多对一的星形网络拓扑结构，个体水表之间互不干涉，一只或多只水表故障对整体水表抄读管理系统无影响，大大提高了通信可靠性。如图 3-14 所示，供水企业可通过设计统一的数据接入标准，达到真正意义上的互联、互通、互换。再加上供水企业对客户用水数据的保密性、安全性要求，由华为技术有限公司主导的 NB-IoT 通信标准具有技术国产化的优势，最终得以在国内大部分供水企业中广泛应用。

2017 年 6 月工信部下发《关于全面推进移动物联网（NB-IoT）建设发展的通知》，要求到 2017 年末，我国 NB-IoT 基站规模要达到 40 万个，到 2020 年，我国 NB-IoT 基站规模要达到 150 万个，实现全国广泛覆盖。这则公告引起了业内各方的高度关注，为 NB-IoT 规模发展提供了方向，也显示了中国发展 NB-IoT 的坚定决心。2021 年 04 月 01 日，《NB-IoT 水表》水表行业团体标准得以颁布，为 NB-IoT 水表良性发展打下基础，相信未来 NB-IoT 在水表行业的渗透率将远远大于 LoRa。

第四节　电磁水表

一、工作原理及计量性能

电磁水表的工作原理与电磁流量计基本相同，主要的不同是计量特性定义的差异。电磁流量计多用于流量波动幅度较小的供排水管道，故其量程比一般较小，大多为 $10\sim20$ 倍，而准确度等级相对较高，可达 0.5 级。电磁水表则多用于流量变动幅度较大且公称通径不大于 300mm 的管道上与客户进行贸易结算，故其量程比相对较大，可达 250 倍及以上，而准确度等级相对较低，一般为 1 级甚至 2 级。目前市场上，由于价格的原因，小口径居民户用的电磁水表并不常见，电磁水表应用较为广泛的口径范围为 $50\sim300mm$。

如图 3-15 所示，电磁水表主要由测量管、电极、励磁线圈、磁轭、导磁体、保护外壳、转换器和显示装置等组成。工作时，励磁线圈进行脉冲电流励磁，在与测量管轴线垂直方向产生磁感应强度为 B 的工作磁场。此时水流沿测量管轴线方向流动，切割磁力线在测量管径向产生感应电动势 E，由分布在测量管两侧与磁场方向垂直的电极感测。已知感应电动势 E 正比于磁感应强度 B、测量管内径 D、水流速度 v，由此可按式（3-3）计算出水流速度，再根据测量管内径 D、水流时间 t，计算出瞬时流量，经时间积分得到累积水量。

$$E=KBDv \tag{3-3}$$

式中，K 为仪表常数；B 为磁感应强度；D 为测量管内径；v 为水流速度。

当前为了适应智慧水务的建设需求，如图 3-16 所示，水表制造企业根据供水企业的要求，在电磁水表上集成了压力测试等设备，以提供更加丰富的管理数据。

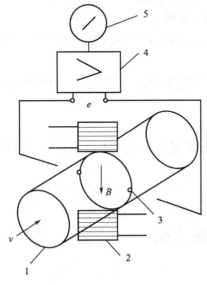

图 3-15　电磁水表结构原理

1—测量管；2—励磁线圈；3—电极；4—转换器；5—显示装置

图 3-16　带压力测试的电磁水表

测量管的材料应采用非导磁材料。大部分电磁水表的测量管道均采用金属材料制造，以不锈钢为主，因铝合金材料使得水表更为轻便，也有部分制造企业使用。值得注意的是电磁水表的测量管内衬应采用绝缘材料涂覆以保证测量管与水绝缘，避免电极短路。不同内衬材料的性能特征如下：

① 硬橡胶或硬橡皮：适用温度 0～100℃，对小颗粒杂质具有良好的耐磨性和耐化学性。

② 天然橡胶：适用温度−20～70℃，具有良好的耐磨性和耐化学性。

③ 聚氨酯：适用温度−50～70℃，具有良好的抗冲击和耐磨性。

④ 陶瓷：适用温度−60～250℃，具有抗压、耐温、耐磨损性，一些陶瓷材料对酸碱性的溶液特别稳定。

电磁水表的电极材料也很重要，最常见的材料是不锈钢或铂、铂/铱、钛等。

二、电磁水表的性能特点

1. 优点

① 全电子化设计，无机械运动部件，通径时压力损失更小。

② 线性度好，可实现高准确度设计，采用电子修正技术，准确度等级可达到 1 级。

③ 缩径情况下，量程比更宽，可达 250 倍及以上。

④ 任意方位角度安装。

⑤ 可双向计量。

2. 缺点

① 电极易受水质影响聚集沉积物、水垢等，影响计量准确性。

② 测量期间工作（励磁）电流大，电池续航难以保障。

③ 为节省耗电，采用间歇采样测量模式，对流量变化响应实时性差，易产生显著的计量误差。

④ 环境适应性较弱，易受外部电磁场的干扰，应避免安装在变压器、变电站的中心线接地桩和强电磁辐射的电气设备附近。

⑤ 对固态悬浮物或气泡敏感。

⑥ 低功耗下外壳防护（IP）设计难度高，一般不适合泡在水中以及长期高湿环境下使用。

第五节　超声波水表

一、工作原理与计量性能

超声波水表的工作原理与超声波流量计基本相同，主要用于流量变动幅度较大且公称通径不大于 300mm 的管道上与客户进行贸易结算。常用的超声波水表量程比可达 250 倍以上，准确度等级为 2 级，甚至可达 1 级。超声波水表与电磁水表的不同之处是电磁水表测量的是水流经过测量管的面平均速度，而超声波水表测量的是水流的线平均速度。理论上电磁水表的测量模型比超声波水表更有优越性。实际上电磁水表在工作时功耗较高，为了延长电池服役时间，采样间隔一般不低于 3s/次，而超声波水表采样间隔一般可达 1s/次甚至 0.3s/次，因此超声波水表在采样频次上一定程度弥补了测量模型上的缺陷，并且成本相比电磁水表更低，在小口径水表的应用上也更具优势。

同样为了更好地应对智慧水务建设的需求，大口径超声波水表可以集成压力测量等仪表，而小口径超声波水表，可根据水司的管理需求，集成阀控装置。实物如图 3-17 和图 3-18 所示。

图 3-17　带压力测试仪的大口径超声波水表

图 3-18　小口径超声波水表

值得一提的是，有些进口品牌的超声波水表已经实现将压力传感功能集成在测量管内，防护性能更佳，整体更为美观。见图 3-19。

远传模块　　水表测量管道　　压力测量模块

图 3-19　压力传感器内置于测量管内的超声波小水表

如图 3-20 所示，超声波水表主要由测量管、超声波换能器、测量电路和显示装置等组成。工作时，测量管上游和下游的超声波换能器相互交替发射和接收超声波信号，由于超声波信号受到水流信号的叠加，使得超声波在顺流和逆流方向的传播速度不同，通过测量超声波在顺流和逆流时的传输时间 t_1 和 t_2，且已知的上下游换能器距离 L、超声波与水流方向夹角 θ、超声波的传输速度 c，可计算出水流速度，如式（3-4）所示。进一步根据测量管内径 D、水流时间 t，计算出流量、水量等数据。

$$v = \frac{L(t_2 - t_1)}{2t_1 t_2 \cos\theta} \qquad (3\text{-}4)$$

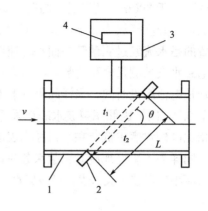

式中，L 为测量管上下游超声波换能器距离；t_1 为上游到下游超声波传输时间；t_2 为下游到上游超声波传输时间；θ 为超声波与水流方向夹角；v 为水流速度。

二、超声波水表的性能特点

1. 优点

① 无机械运动部件，通径时压力损失更小。
② 缩径情况下，量程比更宽，可达 250 倍以上。
③ 可任意角度安装。
④ 测量功耗较低。
⑤ 双向计量。

2. 缺点

① 对流场变化的敏感度高，多声道可显著改善。
② 更容易受水中气泡影响，导致计量不准确。
③ 超声波换能器易受水质影响聚集沉积物、水垢等，影响计量准确性。
④ 低功耗下外壳防护（IP）设计难度高。
⑤ 对振动敏感。

图 3-20　超声波水表结构与工作原理
1—测量管；2—超声波换能器；
3—测量电路；4—显示装置

第六节　智能水表的电子特性

一、电源特性

智能水表有别于机械式水表的一个显著特点是需要消耗电能。电源也是智能水表实现各种设计功能、提升计量特性的基础。智能水表有三种基本的供电方式可供采用：外部交流电源、外部直流电源、内置不可更换电池或可更换电池。这三种供电方式可独立使用，也可组合使用，例如外部直流电源与可充电电池组合，充电电池可采用不可更换电池，也可采用可更换电池。

当智能水表采用不同的电源方案时，特性要求和表现也随之产生差异。对于外部交直流供电的智能水表，首先需要考虑的特性之一是电气安全，应确保有足够的电气绝缘性以保证操作人员和仪表自身的安全。在特性表现上，以电磁水表为例，外部交直流供电时由于电源噪声的引入不利于提升小流量的测量性能，而采用电池供电时，电源更加纯净，有利于发挥低功耗电路的优势，可以大大提高小流量的测量性能。但另一方面，由于电池容量有限，不得不采取低频次的间歇测量方式以提高电池续航能力。

外部交直流电源供电的水表还应有数据保护功能，以防万一发生非预期的断电，使得断电前存储的体积数据不会丢失，并且保持至少一年之内仍能读取。国家标准《饮用冷水水表和热水水表　第1部分：计量要求和技术要求》（GB/T 778.1—2018）规定，智能水表的数据存储应至少每天进行一次，或者相当于Q_3流量下每10min的体积存储一次。

当智能水表采用内置不可更换电池时，意味着当电池的使用寿命终结时水表便不能再使用。此时制造商应通过合理选择电池的额定容量来保证电池的预期使用寿命，确保电池的正常工作年限比水表的使用寿命至少长一年。电子装置应具备监测电池电量的功能，当低电量提示时，自该信息显示之日起到电池用尽止，应至少还有180天的可用寿命。

当水表采用内置可更换电池时，意味着在水表的使用寿命内电池可多次更换，但是每次新装或更换电池后均应标注下一次最迟更换电池的时间，且应保证更换电池之后不影响水表的性能，也不导致内存数据丢失。这便要求电子装置的设计必须采用非易失性存储器来储存内存数据和运行程序。电子装置同样应具备监测电池电量的功能，确保当低电量提示时，自该信息显示之日起到电池用完止，应至少还有180天的可用寿命。

需要注意的是低电量与低电压的概念是不等价的，两者可以有联系，但内涵上有本质区别。低电量是基于电池使用期限估算的剩余期限提示，而低电压则是基于电池电压监测的工作参数提示。

二、环境适应性

环境适应性是电工电子产品的通用要求，智能水表在设计环节应充分考虑适用场所的环境条件，也应在满足设计的环境条件下使用。

环境适应性包括气候环境适应性、机械环境适应性和电磁环境适应性。

1. 气候和机械环境适应性

气候环境适应性指智能水表工作所能满足的高温条件和低温条件。机械环境适应性指智能水表工作所能满足的振动和冲击条件。国家标准GB/T 778.1—2018将气候环境适应性和机械环境适应性合并考虑，并与智能水表的工作场所相关联，分成三个环境等级。

① B级，取自building的首个字母，适合固定安装在建筑物内的智能水表，其环境温度范围通常要求控制在5～55℃，且无显著振动和冲击。

② O级，取自outdoors的首个字母，适合固定安装在室外的智能水表，环境温度范围通常要求控制在−25～55℃，无显著振动和冲击。

③ M级，取自move的首个字母，适合安装在可移动车辆上的水表。由于车辆在户外工作，环境温度范围通常要求控制在−25～55℃，此时智能水表应能承受车辆行驶过程中产生的显著的振动和冲击。

2. 电磁环境适应性

现代社会电磁干扰已成为人类生活条件的客观环境，智能水表也不能幸免。电磁干扰的形式包括：由空间辐射传播的射频电磁场，由信号线耦合传播的传导电磁场和电快速瞬变脉冲群，由电源线和信号线接触传输的电气浪涌（冲击）和雷电浪涌（冲击），由接触放电引起的静电放电，以及近场感应引起的静磁场。

智能水表根据能够承受的电磁干扰强度规定了两个电磁环境等级。

① E1 级，适合在住宅、商业和轻工业电磁环境中使用的水表。

② E2 级，适合在工业电磁环境中使用的水表。

一般认为，工业环境的电磁干扰强度要高于住宅、商业和轻工业环境。在工业环境中，除了同样存在于住宅、商业和轻工业环境中的背景电磁干扰外，还存在着大量的由工业用电设备向周围环境释放的强烈电磁干扰。水表的电子装置设计应充分考虑适用场所的电磁环境等级，应在满足设计的电磁环境等级条件下使用。

三、影响量作用特性

智能水表在工作过程中除了感测被测量，即水的流量外，还遭受着环境条件的各种参量的影响。这些影响智能水表工作的参量称为影响量，包括环境温度、环境湿度、振动、冲击、电源参数和各种电磁干扰信号。影响量不会改变被测量，但会影响智能水表的测量结果。影响因子和扰动是对同一个影响量在不同作用强度下的不同称谓。当影响量处于智能水表设计所确定的额定工作范围的极限值时，称之为影响因子。当影响量超过了额定工作范围的极限值时，称之为扰动。

1. 影响因子

智能水表需要考虑的影响因子主要有高温、低温和电源变化。智能水表的气候和机械环境等级规定了所能承受的高温和低温的极限条件，供电方式规定了电源电压和频率的极限条件。这些极限条件是智能水表应该能够长期承受的合理的工作条件，智能水表设计的各种功能均应保持正常，计量特性应满足规定要求。

2. 扰动

智能水表需要考虑的扰动包括交变湿度、内置电池中断、振动（随机）、机械冲击和电快速瞬变脉冲群、静电放电、射频电磁场、传导电磁场、浪涌等电磁干扰。在扰动作用下，智能水表设计的各项功能仍应保持正常，其计量特性允许出现一定的偏差，但不应出现明显的足以认为测量结果出现差错的偏差。

明显偏差的含义为某次测量得到的示值误差与基本误差的差值超过了规定的限值。在限值之内（含限值）的偏差为可接受的偏差，限值之外的偏差即为明显偏差。明显偏差是一种基于统计学假设检验理论下构建的特性评定指标，其本质是指在严格控制的测量条件下，水表的示值误差一般呈以基本误差为数学期望的正态分布。当某次测量的结果与基本误差的偏差超过了限值时，该事件是显著性水平 $\alpha = 0.01$ 的小概率事件。按照一次试验小概率事件不发生的概率统计原则，当小概率事件实际发生时，则认定该偏差的发生大概率的可能是由某种干扰作用导致的必然事件。因此在扰动条件下，如果得到的示值误差与基本误差的偏差未超过明显偏差，认为水表能够承受干扰，反之则认为水表不能承受干扰。

(1) 交变湿度

交变湿度指智能水表处在高温高湿和低温高湿的交替变化环境条件下，不因水汽冷凝成液态水侵蚀电子线路板而导致电子装置的功能失效。

(2) 内置电池中断

内置电池中断指采用可更换内置电池的智能水表，在更换电池时要求水表不因短时失电而导致存储的数据或运行程序丢失。

(3) 振动（随机）和机械冲击

当智能水表的气候和机械环境等级为 M 级，即可移动安装、移动使用时，由于这类水表要求能够安装在车辆上，在有振动和机械冲击的环境条件下工作，或者需要反复搬运和拆装，要求能够承受放落硬地面产生的重力冲击。

(4) 电快速瞬变脉冲群

当智能水表有外部电源引接线或输入输出信号传输线时，电源端口和信号端口要求能够承受高频低能量密度的电压尖峰脉冲干扰，这种干扰称之为电快速瞬变脉冲群。电压尖峰脉冲的幅值从几百伏到几千伏不等，通过连接线耦合感应电子线路，智能水表的电子装置需要进行抗干扰设计，以抵消脉冲群的干扰。

(5) 静电放电

静电通常来自人体，具有破坏性。当操作人员需要对水表进行触碰或操作时，人体所带的静电即刻向智能水表放电。静电既可以通过接触形式放电，也可以通过空气电离方式放电。静电的电压从几千伏到上万伏不等，对电子元器件具有极大的破坏力，要求电子装置采取物理隔离或针对性的电路防护结构设计，防止静电放电对电子元器件产生破坏性影响。

(6) 电磁场

电磁场分为射频辐射电磁场和传导电磁场。辐射电磁场以电磁波的形式进行空间传播，无线传输和通信设备、大功率电气设备均无时无刻不向空间辐射射频电磁场。电子设备均能接收辐射电磁场信号，当电子设备缺乏电磁屏蔽或电磁波信号抑制设计时，辐射电磁场信号即可成为干扰信号，扰乱电子设备正常工作。传导电磁场通过传输线传播，当电子设备有信号传输线时，传导电磁场经传输线耦合到电子线路中，对电子设备产生干扰。因此，电子装置应采用有效的抗电磁波干扰设计。

(7) 浪涌

浪涌是一种高电压幅值高能量的电压脉冲，电压幅值可以高达几千伏，具有极大的破坏力，可通过电源端口或信号端口对电子装置的电子线路产生瞬间涌动的脉冲电压冲击，严重时可以损坏电子器件。因此采用外部电源供电以及有信号传输线的电子装置均应进行浪涌抑制设计，电源端口和信号端口应能够对浪涌电压进行吸收，防止浪涌电压对电子线路产生破坏性影响。

第七节　智能水表的外壳防护设计

一、外壳防护的含义

　　水表的安装环境较为复杂，往往涉及潮湿甚至水淹等特殊环境。机械式水表由于没有电子部件，有良好的环境适应性，智能水表的环境适应性则取决于电子装置的保护性外壳的防护能力设计。

　　外壳防护的概念来源于国家标准《外壳防护等级（IP 代码）》（GB/T 4208—2017）（等同采用国际标准 IEC 60529：2013），是指具有一定工作危险性的电气设备保护性外壳所具备的防护能力，包括：①防止人体接近壳内危险部件的能力；②防止固体异物进入壳内设备的能力；③防止由于水进入壳内对设备造成有害影响的能力。国家标准将这种防护能力以 IP 代码（international protection 的缩略）的形式由低到高分级表示，即为外壳防护等级。由于 IP 代码为国际通行的防护等级表示方法，逐渐由电气设备延伸推广至各类电工电子产品普遍采用，甚至一些机械产品的结构密封性能也参照采用。

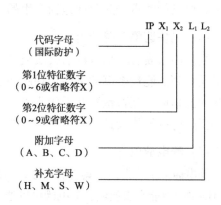

图 3-21　IP 代码的表示方法

　　外壳防护等级的 IP 代码表示方法如图 3-21 所示。

　　GB/T 4208—2017 将 IP 代码按防护能力由低到高如表 3-5 所示分成了 9 个等级。

表 3-5　IP 代码表

代码字母	IP	对设备的防护含义	对人员的防护含义
第 1 位 特征数字	0	无防护	无防护
	1	直径≥50mm 的固体异物	手背接近
	2	直径≥12.5 mm 的固体异物	手指接近
	3	直径≥2.5 mm 的固体异物	工具接近
	4	直径≥1 mm 的固体异物	金属线接近
	5	防尘	金属线接近
	6	尘密	金属线接近
	X	省略	无

续表

代码字母	IP	对设备的防护含义	对人员的防护含义
第2位 特征数字	0	无防护	—
	1	垂直滴水	
	2	15°滴水	
	3	淋水	
	4	溅水	
	5	喷水	
	6	猛烈喷水	
	7	短时间浸水（30min）	
	8	连续浸水（用户定义）	
	9	高温/高压喷水	
	X	省略	
附加字母 （可选）	A	—	手背接近
	B		手指接近
	C		工具接近
	D		金属线接近
补充字母 （可选）	H	高压设备	—
	M	试样运行	
	S	试样静止	
	W	（规定的）气候条件	

　　需要注意的是 GB/T 4208—2017 界定的外壳防护能力是指防止宏观或亚宏观的液态水进入设备内部的能力，并不包括防止水以微观分子态形式进入的能力。

　　液态水是指水分子之间由氢键相互作用而凝聚在一起的液相水分子群，其尺度远远大于单个水分子。

　　因此只要物体的密封间隙或分子间隙小于液态水分子群的尺度，液态水是无法进入物体内部的，除非有外部能量破坏液态水分子之间的氢键，形成更小的液相水分子群乃至单个水分子。由此我们可以解释为什么有的电子装置浸泡在水中一年乃至更长的时间，电子部件未明显受到水的侵害，其根本原因就在于电子部件密封外壳的间隙很小，足以阻止液态水的进入。这也意味着如果水以游离态的单个水分子形态存在时，同时物体的结合间隙或分子间隙大于单个水分子的尺度时，水是完全有可能进入物体内部的。

二、水分的迁移机理

水分作为一种物质在其他物质（介质）中的迁移主要有宏观和微观两种途径。宏观途径即为液相或汽相形态的流动，微观途径则是一种游离态的分子热运动。下文着重讨论微观迁移途径。

德国科学家菲克（Adolf Fick）于 1855 年建立了物质从高浓度区向低浓度区迁移的扩散方程，见式（3-5）。

$$J = -D\left(i \cdot \frac{\partial c}{\partial x} + j \cdot \frac{\partial c}{\partial y} + k \cdot \frac{\partial c}{\partial z}\right) \tag{3-5}$$

式中，J 为扩散通量，kg/（m² · s）；D 为扩散系数，取决于扩散物质和扩散介质的种类及其温度和压力，m²/s；c 为物质的体积浓度，kg/m³；i、j、k 分别为 x、y、z 三个方向的单位向量；$\frac{\partial c}{\partial x}$、$\frac{\partial c}{\partial y}$ 和 $\frac{\partial c}{\partial z}$ 分别为 x、y、z 三个方向的浓度梯度。

扩散总质量如式（3-6）所示。

$$m = \int_{t_0}^{t_1} AJ \cdot \mathrm{d}t \tag{3-6}$$

式中，m 为扩散总质量；A 为扩散面积；t 为扩散时间。

由式（3-6）可知，扩散总质量与扩散面积和扩散时间成正比。

扩散运动在微观上表现为无规则的分子热运动，宏观上则表现为分子群的整体定向迁移。

扩散物质、扩散介质及其所处的环境条件组成扩散系统。由式（3-5）可知，扩散运动的发生必须同时满足两个条件，一是扩散系数不为零，二是浓度梯度不为零。只要扩散系统不满足上述任一条件，扩散运动即可停止。

当扩散系统没有外来能量的作用时，所发生的扩散运动称为自由扩散。浓度梯度形成的化学势使得分子具有自由能，实现从高浓度区向低浓度区迁移。随着浓度逐渐均匀，梯度趋近于零，化学势也趋近于零，扩散运动也趋向于停止。这一现象可以解释电子装置长期浸泡在水中时仍具有很好防护效果的原因。当电子装置浸入水中以后，由于电子装置的防护外壳具备防止宏观液态水进入的能力，故水只能以游离分子形态进入内部，防护外壳外部的水分子在浓度差的作用下以自由扩散的方式向内部迁移。当外壳材料饱和吸收水，也即壳体材料中水的浓度梯度趋近于零，即形成了（动态）平衡态，则水的扩散运动也趋于停止。在一定的时间内，由于防护外壳内部没有进入足够多的水分子来形成液态水，使得电子元器件和电子线路未受到水的显著影响，故仍呈现为防护有效的表象。

当扩散系统有外来能量作用时，扩散物质会形成增强扩散效应，乃至在能量的作用下形成定向漂移。外来能量的形态有重力场、温度场、压力场、电场、辐射场等。如果在扩散系统的末端进一步发生相变，使气相变成液相，则增强扩散或定向漂移的物质迁移过程会持续或者循环进行。在这种情形下，物质迁移平衡态的建立依赖于外部能量的强度以及持续时间的长度，电子装置的外壳防护能力将面临更严酷的考验。

三、防护失效的机理和应对

绝大多数电子装置的防护外壳采用高分子材料（塑料、树脂）制造，有的还会采用高分子密封胶进行辅助密封。众多的电子元器件，包括集成电路，也通常采用高分子材料（塑料、树脂）进行封装。具有一定的吸水率是高分子材料的一项基本物理特性，也即意味着由于高分子材料的致密性不足，无法阻止水在其中通过扩散进行迁移。

采用高分子材料的防护外壳即便外壳防护等级达到 IP67 乃至 IP68，在特定的环境条件下仍然大量地出现防护失效的情形，最为典型且较为恶劣的工作条件如图 3-22 所示的安装场景。

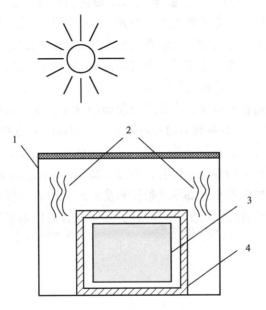

图 3-22 安装在地下表井中的带电子装置水表

1—地下表井；2—水蒸气；3—电子线路板；4—防护外壳

地下表井相对密闭，通常长期处于阴暗潮湿状态。当外界温度较高时，井内温度会随之升高，井中的积水或渗透水发生蒸发，形成水蒸气。当外界温度降低时，井内温度也会随之降低，水蒸气冷凝形成水珠，吸附在防护外壳表面，以扩散运动的方式向壳内迁移。当外界温度再次升高时，外壳吸收热量，温度升高，与壳内的温度梯度增大，形成增强扩散，水分逐渐迁移至壳内，与电子线路板接触。与此同时井内继续形成水蒸气，继续冷凝，扩散运动继续发生。随着外界温度的循环变化，井内也持续发生"蒸发→冷凝→扩散→再蒸发→再冷凝→再扩散"的循环，而井内阴暗密闭的空间也为扩散运动持续发生提供了充足的水源。当壳内空腔中的空气达到饱和湿度，温度降至露点以下时即发生冷凝，形成液态水吸附在电子线路板表面。

由于电子线路板通常采用低功耗设计，电路的发热量几乎可以忽略，壳内温度较低，难以对吸附在表面的液态水形成蒸发作用。在这种情况下，壳外的水在外界能量的作用下会源源不断地向壳内输送，而壳内的水则因为没有足够的能量作用而无法向外输送，形成了由外到内的单向迁移。虽然这个过程非常缓慢，但可以持续不断地发展，时间越长，内部的液态水积累越多。

电子线路板表面积累了一定的水量后即会发生故障。故障发生的原因包括（不限于）：

① 导致电子线路的分布参数发生改变，快速消耗电池，甚至产生短路；

② 导致电子元器件的特性参数发生变化，引发功能错误；

③ 与金属材料发生电化学反应，产生腐蚀，严重时产生断路；

④ 滋生细菌，形成霉变，损坏电子线路和电子元器件。

根据式（3-5）的扩散方程，改善防护效果最有效的方法是防护外壳采用致密性很高的材料制造，使扩散系数趋近于零，阻止扩散运动的发生。金属材料的致密性足以阻止水分子的渗透，是防护外壳可供选择的理想材料之一，除此之外可供选择的人工材料极少。考虑到金属外壳装配工艺的可行性，一般不宜采用硬密封措施，装配结合面可辅之以软密封，如采用高分子密封圈或高分子密封胶。由式（3-6）可知，在一定的时间内扩散面积越大，扩散总量也越大，故应尽可能减少软密封的暴露面积，使之减少与水接触的机会。此外，防护外壳的内部空腔填充吸水率低于空气的高分子绝缘胶也有一定的作用，通过延缓内部水蒸气的冷凝过程起到一定的保护效果。

需要注意的是外壳防护有狭义和广义两个层面的含义。狭义的外壳防护是按照国家标准 GB/T 4208—2017 界定的有限能力的宏观防护，而超越狭义的外壳防护要求是以满足特定场景应用为目标，这种外壳防护则是一种广义层面的专门防护，需要由用户自行定义具体的防护能力要求，类似的情形包括辐射、高温、高压、冰冻、运输等的专门防护。

广义层面的外壳防护失效是外部环境条件和防护外壳内在特性共同作用的结果。只有准确识别外部环境条件的特点，防护外壳的材料和结构针对性地采取相应措施，才能保证防护措施的有效性。

第四章

智能水计量仪表的计量检定与校准

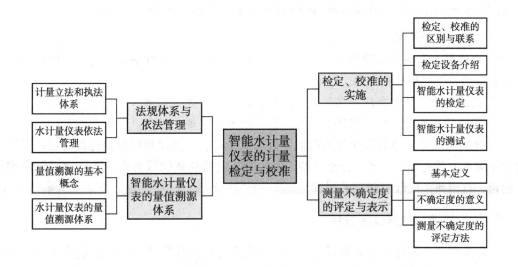

第一节 法规体系与依法管理

一、计量立法和执法体系

1. 法律、法规、规章的区别

根据《中华人民共和国立法法》的规定，法律体系框架主要分为三层，依次是法律、行政法规（分国务院行政法规和地方性行政法规，一般行政法规是指国务院行政法规）和规章（国务院部门规章和地方政府规章，一般规章是指国务院部门规章）。简要比较它们的区别如下。

(1) 概念含义不同

① 法律有广义、狭义两种理解。广义上讲，法律泛指一切规范性文件；狭义上讲，仅

指全国人大及其常委会制定的规范性文件。

② 法规，在法律体系中，主要指行政法规、地方性法规、民族自治法规及经济特区法规等。

③ 规章，是指有规章制定权的行政机关依照法定程序决定并以法定方式对外公布的具有普遍约束力的规范性文件。

(2) 制定主体不同

① 法律一般是指全国人大及其常委会制定的规范性文件，如民法、刑法等，由国家主席签署，并以国家主席令形式公布实施。

② 法规，指国务院、地方人大及其常委会、民族自治区和经济特区人大制定的规范性文件。国务院行政法规由国务院总理签署，以国务院令形式发布实施。地方法规以地方人民代表大会及其常务委员会制定，由大会主席团或常务委员会公告公布施行。

③ 规章主要指国务院组成部门及直属机构，省、自治区、直辖市人民政府及省、自治区政府所在地的市和经国务院批准的较大的市人民政府制定的规范性文件。

(3) 效力等级不同

① 宪法具有最高的法律效力，一切法律、行政法规、地方性法规、自治条例和单行条例、规章都不得同宪法相抵触。

② 法律的效力低于宪法，高于行政法规、地方性法规、规章。

③ 行政法规的效力低于宪法、法律，高于地方性法规、规章。

④ 地方性法规在本行政区域内有效，效力低于宪法、法律和国务院行政法规，高于本级和下级地方政府规章。省、自治区的人民政府制定的规章的效力高于本行政区域内的设区的市、自治州人民政府制定的规章。

2. 计量立法和执法体系介绍

计量法律法规是计量活动的行为准则，是政府计量行政管理部门对计量活动执行监督管理的依据。我国通过《中华人民共和国计量法》（以下简称《计量法》）和配套的法规、规章和规范性文件来规范管理我国的计量活动。水计量仪表在民生和资源管理领域扮演重要的角色，是计量监管的重要对象，充分了解和遵守计量立法和执法体系，对水计量仪表制造、使用管理的各方而言都是十分重要的。如图 4-1 所示，《计量法》、计量行政法规、计量规章以及计量技术法规共同构成了我国的计量立法和执法体系群。

(1) 《计量法》

《计量法》于 1985 年 9 月 6 日第六届全国人民代表大会常务委员会第十二次会议通过，1986 年 7 月 1 日起实施，分别于 2009 年、2013 年、2015 年、2017 年和 2018 年进行了五次修订。《计量法》的立法目的是为了加强计量监督管理，保障国家计量单位制的统一和量值的准确可靠，有利于生产、贸易和科学技术的发展，适应社会主义现代化建设的需要，维护国家、人民的利益。《计量法》是国家管理计量工作的基本法，计量仪表的生产、销售和使用各方都必须自觉遵守。

(2) 计量行政法规

计量行政法规是由国务院依据《计量法》制定或批准，是计量管理规范性文件，是对

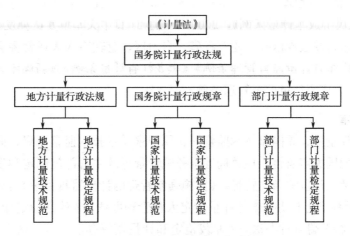

图 4-1　我国的计量立法和执法体系

《计量法》相关条文如何实施的解释和说明。目前我国共有 7 部计量行政法规，另有 2 部国务院和中央军委共同或单独批准或发布的行政法规。

① 《中华人民共和国计量法实施细则》。《计量法》第三十三条规定："国务院计量行政部门根据本法制定实施细则，报国务院批准施行。"《中华人民共和国计量法实施细则》（以下简称《计量法实施细则》）是 1987 年 1 月 19 日经国务院批准，中华人民共和国国家计量局发布的行政法规。该实施细则分别于 2016 年、2017 年和 2018 年进行了三次修订，最新修订版本于 2018 年 3 月 19 日公布并施行。

② 《中华人民共和国强制检定的工作计量器具检定管理办法》。《计量法》第九条规定如下：

县级以上人民政府计量行政部门对社会公用计量标准器具，部门和企业、事业单位使用的最高计量标准器具，以及用于贸易结算、安全防护、医疗卫生、环境监测方面的列入强制检定目录的工作计量器具，实行强制检定。未按照规定申请检定或者检定不合格的，不得使用。实行强制检定的工作计量器具的目录和管理办法，由国务院制定。

对前款规定以外的其他计量标准器具和工作计量器具，使用单位应当自行定期检定或者送其他计量检定机构检定。

依据此规定，1987 年 4 月 15 日国务院发布《中华人民共和国强制检定的工作计量器具检定管理办法》（国发〔1987〕31 号）。

③ 《中华人民共和国进口计量器具监督管理办法》，1989 年 10 月 11 日由国务院批准。

④ 《国务院关于在我国统一实行法定计量单位的命令》，1984 年 2 月 27 日由国务院批准发布。

⑤ 《全国推行我国法定计量单位的意见》，1984 年 1 月 20 日国务院第一次常委会通过后发布。

⑥ 《关于改革全国土地面积计量单位的通知》，1990 年 12 月 18 日国务院批准。

⑦ 《水利电力部门电测、热工计量仪表和装置检定管理的规定》，1986 年 5 月 12 日国务院批准后发布。

由国务院和中央军委共同和单独发布的两项计量行政法规如下：

① 《国防计量监督管理条例》，1990 年 4 月 5 日国务院、中央军事委员会发布。

② 《中国人民解放军计量条例》，2003 年 7 月 24 日中央军事委员会发布。

除国务院计量行政法规以外，还有各省、自治区、直辖市人大或常委会制定的地方性计量法规，如《广东省计量监督管理条例》《黑龙江省计量条例》《新疆维吾尔自治区计量监督管理条例》《重庆市计量监督管理条例》等。

(3) 计量规章

包括原国家计量局、原国家技术监督局、原国家质量技术监督总局、原国家质量监督检验检疫总局和现国家市监督管理总局等国务院计量行政主管部门制定和发布的有关计量的部门规章，包括《计量法条文解释》《实施强制管理的计量器具目录》《计量器具新产品管理办法》《计量标准考核办法》《计量检定人员管理办法》《计量检定印、证管理办法》《法定计量检定机构监督管理办法》《仲裁检定和计量调解办法》等，迄今共有三十多件。其次还包括国务院有关部门制定的行业计量管理办法，如《国家海洋局计量监督办法》等。此外，还包括县级以上地方人民政府及计量行政部门制定的地方计量管理规范性文件等。

下面简要介绍三项和水计量仪表管理密切相关的计量规章。

① 《中华人民共和国强制检定的工作计量器具明细目录》　根据《中华人民共和国强制检定的工作计量器具检定管理办法》第十六条规定，国务院计量行政部门可以根据本办法和《中华人民共和国强制检定的工作计量器具目录》，制定强制检定的工作计量器具的明细目录。1987 年 5 月 28 日国家计量局发布了《中华人民共和国强制检定的工作计量器具明细目录》，该目录已被国家市场监督管理总局于 2020 年 10 月 26 日发布的公告《实施强制管理的计量器具目录》代替。

② 《实施强制管理的计量器具目录》　根据《市场监管总局关于调整实施强制管理的计量器具目录的公告》（2020 年第 42 号公告），《实施强制管理的计量器具目录》于 2020 年 10 月 26 日进行调整，《市场监管总局关于发布实施强制管理的计量器具目录的公告》（2019 年第 48 号）废止，其中第四项废止的相关文件〔《中华人民共和国依法管理的计量器具目录（型式批准部分）》（质检总局公告 2005 年第 145 号）、《中华人民共和国进口计量器具型式审查目录》（质检总局公告 2006 年第 5 号）、《中华人民共和国强制检定的工作计量器具明细目录》（国家计量局〔1987〕量局法字第 188 号）、《关于调整〈中华人民共和国强制检定的工作计量器具目录〉的通知》（质技监局政发〔1999〕15 号）、《关于调整〈中华人民共和国强制检定的工作计量器具目录〉的通知》（国质检量〔2001〕162 号）、《关于将汽车里程表从〈中华人民共和国强制检定的工作计量器具目录〉取消的通知》（国质检法〔2002〕386 号）、《关于颁发〈强制检定的工作计量器具实施检定的有关规定〉（试行）的通知》（技监局量发〔1991〕374 号）〕依然废止。

③ 《计量器具新产品管理办法》　根据《计量法》第十三条规定："制造计量器具的企业、事业单位生产本单位未生产过的计量器具新产品，必须经省级以上人民政府计量行政部门对其样品的计量性能考核合格，方可投入生产。"1987 年 7 月 10 日国家计量局颁布了《计量器具新产品管理办法》（〔87〕量局法字第 231 号），2005 年 5 月 16 日经国家质量监督检验检疫总局局务会议审议通过了修订。

(4) 计量技术法规

计量技术法规是贯彻实施计量法律法规的重要技术支持，国家计量技术法规由国务院计量行政部门制定，主要包括：国家计量检定系统表、国家计量检定规程和国家计量技术规范。截止到2019年12月31日，我国国家计量行政管理部门发布的现行有效的国家级计量技术法规共有1832个，其中国家计量检定规程933个，国家计量技术规范804个，国家计量检定系统表95个。

水计量仪表相关的检定规程有《饮用冷水水表检定规程》（JJG 162）、《超声流量计检定规程》（JJG 1030）、《电磁流量计检定规程》（JJG 1033）等。相关的计量技术规范有《饮用冷水水表型式评价大纲》（JJF 1777）、《计量器具型式评价通用规范》（JJF 1015）、《计量器具型式评价大纲编写导则》（JJF 1016）等。

二、水计量仪表依法管理

1. 法规要求

① 《计量法》第九条规定："县级以上人民政府计量行政部门对社会公用计量标准器具，部门和企业、事业单位使用的最高计量标准器具，以及用于贸易结算、安全防护、医疗卫生、环境监测方面的列入强制检定目录的工作计量器具，实行强制检定。未按照规定申请检定或者检定不合格的，不得使用。实行强制检定的工作计量器具的目录和管理办法，由国务院制定。"

"对前款规定以外的其他计量标准器具和工作计量器具，使用单位应当自行定期检定或者送其他计量检定机构检定。"

② 《计量法实施细则》第十一条规定："使用实行强制检定的计量标准的单位和个人，应当向主持考核该项计量标准的有关人民政府计量行政部门申请周期检定。"

"使用实行强制检定的工作计量器具的单位和个人，应当向当地县（市）级人民政府计量行政部门指定的计量检定机构申请周期检定。当地不能检定的，向上一级人民政府计量行政部门指定的计量检定机构申请周期检定。"

③ 《计量法实施细则》第十二条规定："企业、事业单位应当配备与生产、科研、经营管理相适应的计量检测设施，制定具体的检定管理办法和规章制度，规定本单位管理的计量器具明细目录及相应的检定周期，保证使用的非强制检定的计量器具定期检定。"

④ 《计量法》第十三条规定："制造计量器具的企业、事业单位生产本单位未生产过的计量器具新产品，必须经省级以上人民政府计量行政部门对其样品的计量性能考核合格，方可投入生产。"

⑤ 《计量法实施细则》第十五条规定："凡制造在全国范围内从未生产过的计量器具新产品，必须经过定型鉴定。定型鉴定合格后，应当履行型式批准手续，颁发证书。在全国范围内已经定型，而本单位未生产过的计量器具新产品，应当进行样机试验。样机试验合格后，发给合格证书。凡未经型式批准或者未取得样机试验合格证书的计量器具，不准生产。"

型式批准是指市场监督管理部门对计量器具的型式是否符合法定要求而进行的行政许

可活动，包括型式评价、型式的批准决定。型式评价是指为确定计量器具型式是否符合计量要求、技术要求和法制管理要求所进行的技术评价。

⑥《实施强制管理的计量器具目录》中规定，用于贸易结算且公称通径 DN50 及以下的水表和公称通径 DN300 以下的流量计实施强制检定和型式批准。

2. 应对建议

根据《计量法》及相关法规的规定，我国对水计量仪表实施型式批准制度和强制检定制度。详见表 4-1。

表 4-1　水计量仪表的监管要求

类别	测量范围	监管方式	强检方式	强检范围及说明
水表	DN15～DN50	型式批准 强制检定	首次强制检定，限期使用，到期轮换	贸易结算
	DN50 及以上	非强制检定	首次强制检定，使用后周期检定	
流量计	DN300 及以下	型式批准 强制检定	首次强制检定，使用后周期检定	
	DN300 及以上	非强制检定	安装前检定/校准，使用后定期校准	

流量计主要用于水厂进出水量计量、管线分输计量和管网漏损控制分区计量。水表主要用于供水企业与用户之间的贸易结算计量。水计量仪表不但涉及贸易公平，还是评价水厂生产效率、供水企业产销差和经营管理效益的重要工具，供水企业应当采用高于国家法律、法规要求的标准来管理水计量仪表。

有关水计量仪表的管理建议如下：

(1) 公称通径范围为 DN15～DN50 且常用流量 Q_3 不超过 16m³/h 的水表

在此范围内的水表安装前必须进行强制检定。根据 JJG 162—2019《饮用冷水水表检定规程》的规定，更换规则如下：

① 公称通径不超过 25mm 的水表使用年限 6 年，到期更换。更换下来的水表不能再用于贸易计量。

② 公称通径超过 25mm 但不超过 50mm 且常用流量 Q_3 不超过 16m³/h 的水表使用年限 4 年，到期更换。更换下来的水表不能再用于贸易计量。

(2) 公称通径不超过 DN50 但常用流量 Q_3 超过 16m³/h 的水表

此类水表安装前必须进行强制检定。根据《饮用冷水水表检定规程》（JJG 162—2019）的规定，应每 2 年进行一次周期检定。

(3) 公称通径超过 DN50 的水表

此类水表虽然不在《实施强制管理的计量器具目录》中，安装前可不进行强制检定，使用中也可以不进行周期检定。但为了保证使用过程中量值准确，消除潜在的计量纠纷，建议安装前进行首次检定或校准（至少要做到对非消防用水表进行安装前检定），后续检定周期和更换周期可根据水表评测和管理积累的经验自行确定检定或校准的周期。

为了减少拆装水表给用户和水司带来的不便，可采用使用中检验的方式核查水表的量值是否可信。这种核查方式建立在水表规范安装的基础上，且具备现场测试的条件，比如有足够的前后直管段和操作空间，满足外夹式标准流量计的现场检测要求。或者在表后直管段留置有取水歧管（若无也可采用带压开孔技术现场开孔），便于采用标准量器或称重容器进行现场测试。需要注意的是，现场进行的使用中检验不同于实验室中进行的检定，仅用于确认水表在两次检定或校准周期之间工作是否正常，因此最大允许误差可适当放大，基于统计学假设检验，可放大到固有最大允许误差的2倍。

（4）公称通径不超过DN300的流量计

用于贸易结算的流量计需要在安装前进行首次检定，投入使用后定期进行后续检定。此类流量计因口径较小，检定相对比较容易，为了计量准确，可增加检定流量点，以尽量保证流量计的实验室检定结果与现场使用表现相符合。检定周期可根据适用的检定规程的规定进行，也可以根据流量计的应用场景和对计量性能的要求不同，制定不同的后续检定周期，但检定周期时间间隔应不超过检定规程规定的周期。

（5）公称通径超过DN300的流量计

此类流量计虽不在《实施强制管理的计量器具目录》中，但为了保证使用过程中计量准确可靠，建议在安装前进行校准，校准流量点的选择可根据实际应用中的流量范围自行选取。如果条件许可，可在流量计安装前，使用外夹式流量计来评估流量计的实际计量范围，然后选择合适的流量点，把流量计安装在相同的管道上进行校准标定。使用过程中此类流量计口径较大，基本不具备拆回实验室重新检定或校准的条件，应根据使用要求进行定期的使用中检验，必要时，可增加使用中检验的频次。

第二节 智能水计量仪表的量值溯源体系

一、量值溯源的基本概念

我们先通过国家计量技术规范《通用计量术语及定义》（JJF 1001—2011）来了解以下相关术语及其定义。

1. 计量器具的检定

简称计量检定或检定，查明和确认测量仪器符合法定要求的活动，它包括检查、加标记和/或出具检定证书。

2. 校准

在规定条件下的一组操作，其第一步是确定由测量标准提供的量值与相应示值之间的关系，第二步则是用此信息确定由示值获得测量结果的关系，这里测量标准提供的量值与相应示值都具有不确定度。

对于校准，可按如下作进一步理解：

① 校准可以用文字说明、校准函数、校准图、校准曲线或校准表格的形式表示。某些情况下，可以包含示值的具有测量不确定度的修正值或修正因子。

② 校准不应与测量系统的调整（常被错误称作"自校准"）相混淆，也不应与校准的验证相混淆。测量系统的调整通常可表述为校正。

③ 通常，只把上述定义中的第一步认为是校准，第二步为第一步基础上的结果表示。

3. 检测

对给定产品，按照规定程序确定某一种或多种特性、进行处理或提供服务所组成的技术操作。

4. 计量溯源性

通过文件规定的不间断的校准链，测量结果与参照对象联系起来的特性，校准链中每项校准均会引入测量不确定度。

5. 计量溯源链

简称溯源链，用于将测量结果与参照对象联系起来的测量标准和校准次序。

计量溯源链是国际通行的表述方法，可作如下进一步理解：

① 计量溯源链是通过校准等级关系规定的。

② 计量溯源链用于建立测量结果的计量溯源性。

③ 两台测量标准之间的比较，如果用于对其中一台测量标准进行核查以及必要时修正量值并给出测量不确定度，则可视为一次校准。

6. 溯源等级图

一种代表等级顺序的框图，用以表明测量仪器的计量特性与给定量的测量标准之间的关系。

溯源等级图是对给定量或给定类别的测量仪器所用比较链的一种说明，以此作为其溯源性的证据。

7. 国家溯源等级图

在一个国家内，对给定量的测量仪器有效的一种溯源等级图，包括推荐（或允许）的比较或方法。

在我国与之相对应的是国家计量检定系统表。

8. 量值传递

通过对测量仪器的校准或检定，将国家测量标准所复现的单位和量值，通过各等级的测量标准传递到工作测量仪器的活动，以保证测量所得的单位制统一，量值准确一致。

量值传递和量值溯源的目的都是为了保证单位制的统一和量值的准确可靠。从以上定义可以看出，量值传递是自上而下的活动，主要通过检定和校准来实现。目前水计量仪表，尤其是水表，最常用的量值传递方式是检定。量值溯源是自下而上的活动，主要通过检定、校准、比对、测量、测试等手段来实现，目前常用的是检定和校准。这两种方式都是依据国家计量检定系统表来执行。《计量法》规定："计量检定必须按照国家计量检定系统表进行。国家计量检定系统表由国务院计量行政部门制定。"说明量值传递和量值溯源具有法制管理属性。图 4-2 对这两种方法进行了简单对比说明。

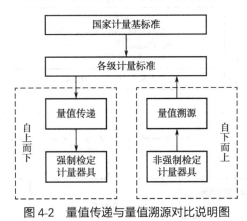

图 4-2　量值传递与量值溯源对比说明图

二、水计量仪表的量值溯源体系

对供水企业而言，可以将水计量仪表送至经能力认可的校准实验室或经计量授权的法定计量检定机构进行定期的校准或计量检定，实现水计量仪表的量值溯源和量值传递，使得水计量仪表的量值溯源到社会公用计量标准，社会公用计量标准还应通过不间断的溯源链溯源到国家计量基准或国家计量标准。若本企业建设有企业最高计量标准，也可自行溯源。企业最高计量标准也应通过不间断的溯源链溯源至国家基准或国家计量标准。

相比量值传递的按等级逐级传递，量值溯源比较自由，可以越级溯源，当然也可以逐级溯源。水计量仪表是比较成熟的计量器具，尤其是强制检定目录内的仪表，当地计量行政管理部门依法实施监督管理。因此各地区建立的量值溯源体系应按照国家计量检定系统表的相关规定来进行。

如图 4-3 所示，水计量仪表适用的国家计量检定系统表为《液体流量计量器具检定系统表》（JJG 2063—2007）。

我国自《计量法》颁布实施以来，水表便一直列入强制检定计量器具目录内。虽然目前实施强制管理的范围缩小至 DN50 及以下口径，但各地区计量机构一般都可以覆盖 DN300 口径以内的水表的计量检定能力。以容积法水表检定装置为例，量值传递和溯源框图参见图 4-4。因此，对供水企业来讲，水表的量值溯源建议依据《计量法》按照检定、校准的方式在当地就近进行量值溯源，即送当地依法设置或依法授权的计量检定机构检定或校准。

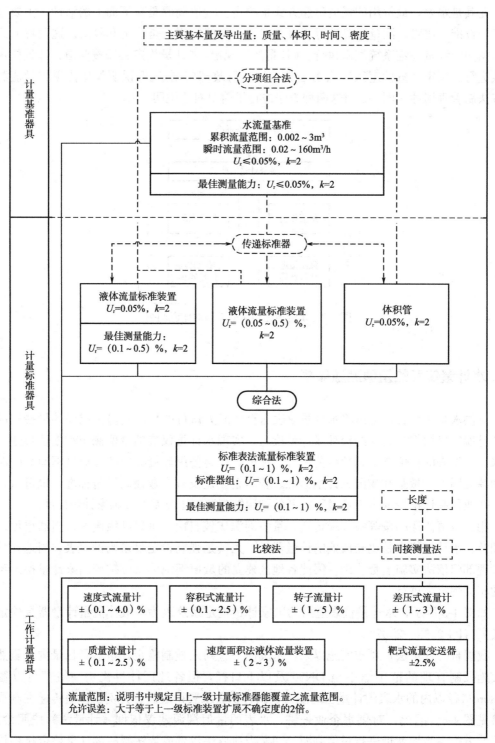

图4-3 液体流量计量器具检定系统表框图

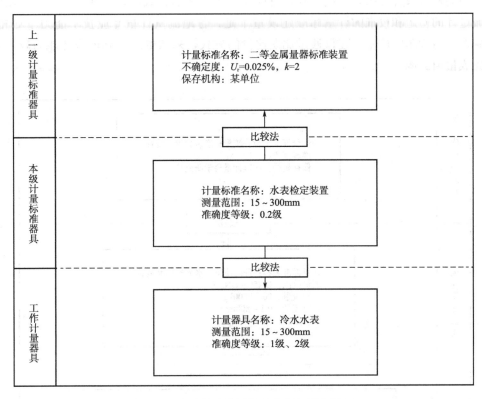

图4-4　水表检定装置量值传递和溯源框图

　　流量计生产企业一般都建设有液体流量标准装置，出厂前通过自身装置对流量计进行各流量点的校准，出厂后按照采购方的要求，送到具备资质的检定校准机构进行检定或校准来完成量值溯源。以静态质量法水流量标准装置为例，量值传递和溯源框图参见图4-5。插入式流量计的生产企业同时需要提供标准试验管道，以便将插入式流量计插入标准试验管道，转换成与管道式流量计相同的连接端面，配送至检定校准机构进行检定，参见图4-6。外夹式流量计可使用检定校准机构自身的直管段进行检定、校准，参见图4-7。我国可提供较大口径流量计检定校准服务的机构不多，大多省级计量院具备DN300及以下口径流量计的检定校准能力，少数具备DN1200及以下口径检校能力，个别具备DN2000及以下口径检校能力。目前检定装置覆盖口径范围最大的是由国家市场监管总局授权的国家水大流量计量站，检校能力可覆盖至DN3000。

　　在用流量计的口径通常较大，拆回实验室检定或校准的实施难度较大，一般可采用在线校准的方式进行计量准确度的验证。2011年国家住房和城乡建设部发布了行业标准《管道式电磁流量计在线校准要求》（CJ/T 364）。近年，上海、江苏等地市场监督管理局相继发布了《管道式电磁流量计在线校准规范》地方标准。2020年国家市场监管总局也发布了《管道式电磁流量计在线校准规范》征求意见稿。这些校准规范为大口径流量计在线校准提供了技术标准和法制管理依据。尽管有这些规范出台，但便携式超声波流量计的计量准确度受安装环境、操作人员水平的影响较大，且目前没有单位以便携式超声波流量计进行计量标准建设，用这种方式作为在线流量计的量值溯源方式显然存在一定的瑕疵。但由于流量计现场检测条件受限，除此之外，目前没有更合适的方式可以替代。在我国，用于大口径流量计的检定和校准的计量标准建设量不足，各地流量计量专业技术能力不尽相同，为了确保量值溯源的质量，建议通过比质比价的方式，采购本地或异地服务能力较强的机构来完成量值溯源。

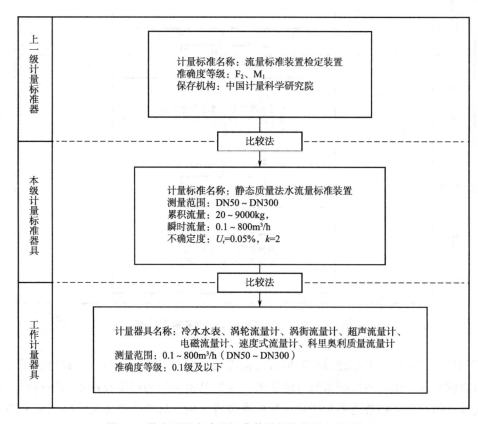

图 4-5　静态质量水流量标准装置量值传递和溯源框图

图 4-6　插入式流量计配备实验
管道进行检定校准

图 4-7　外夹式超声波流量计利用实验室
管道进行检定校准

第三节　检定、校准的实施

一、检定、校准的区别与联系

检定和校准是两种重要的量值溯源方法，目的都是为了实现计量单位制的统一和量值的准确可靠，但两者之间也有一定的区别，主要的区别如下。

(1) 对象不同

检定的对象主要是依法实施强制检定管理的计量器具，校准的对象则是强制检定管理以外的计量器具。

(2) 目的和内容不同

检定的目的是查明计量器具是否达到法定要求，是对被检对象的全面检查，要给出是否合格的结论并出具证书或加盖印记，要给出有效期或检定周期（检定合格的情况下）。校准是确定被校准对象的示值与对应的由测量标准所复现的量值之间的关系，只给出测量结果及其不确定度，不做合格与否的判定，校准周期由用户自行决定。

(3) 性质不同

检定属法制计量管理的范畴，具有强制性。校准属于组织自愿的溯源行为，不具有强制性。

(4) 依据不同

检定依据的是计量检定规程，校准依据的是计量校准规范和国家、国际或地区权威机构发布的标准和校准方法，也可采用经确认的自编的校准方法，计量检定规程也可作为校准依据使用。

(5) 量值溯源要求不同

检定必须按照国家计量检定系统表进行，要按照经济合理的原则实施属地管理，而校准可以由使用者自行选择合理的溯源途径。

(6) 执行主体不同

检定由依法设置或授权的法定计量检定机构执行，校准可以由法定计量检定机构、依法授权的计量检定机构和其他有能力的校准机构执行，其中经 CNAS 认可的校准机构能力得到普遍承认。

二、检定设备介绍

有关水计量仪表检定设备的计量技术规范主要有《液体流量标准装置检定规程》（JJG 164—2000）、《标准表法流量标准装置检定规程》（JJG 643—2003）和《水表检定装置检定规程》（JJG 1113—2015），这些技术规范明确了各类检定设备的计量性能指标和技术要求。

根据《液体流量标准装置检定规程》（JJG 164—2000）的描述，水计量仪表检定设备的用途是作为封闭管道液体流量量值的传递标准，可用于各种类型液体流量计的检定、校准和液体流量计量、测试方法的研究，主要构成有液体循环系统、试验管路、流量工作标准、实验启停设备和控制设备五个部分。按照流量量值工作标准的取值方式，可分为静态质量法、静态容积法、动态质量法、动态容积法和标准表法五种。

① 静态质量法：在静止状态下测量一段时间内注入容器中的液体质量，从而计算出流量。

② 静态容积法：在静止状态下测量一段时间内注入工作量器中的液体体积，从而计算出流量。

③ 动态质量法：在液体流动过程中，称量一段时间内注入容器中的液体质量的变化量，从而计算出流量。

④ 动态容积法：在液体流动过程中，测量一段时间内注入工作量器中的液体体积的变化量，从而计算出流量。

⑤ 标准表法：《标准表法流量标准装置检定规程》（JJG 643—2003）中，将以标准流量计为测量标准器即流量工作标准的流量标准装置独立出来进行规定。

《水表检定装置检定规程》（JJG 1113—2015）结合水表检定、校准和测试的应用实际情况，进行细化和分类，将水表检定装置按工作原理分为三大类，分别为收集法水表检定装置、标准表法水表检定装置和活塞式水表检定装置。其中收集法是最常见的水表检定装置，收集法水表检定装置依计量标准器和操作方法的各种组合而形成不同结构原理的具体装置型式，见表4-2。

表4-2   收集法水表检定装置分类表

序号	装置名称	计量标准器	操作方法
1	启停容积法水表检定装置	标准容积	启停法
2	换向容积法水表检定装置		换向法
3	启停质量法水表检定装置	衡器或电子天平	启停法
4	换向质量法水表检定装置		换向法

通过比较可以看出，水表检定装置也是液体流量标准装置的一种，本质上没有太大的区别，只是水表检定装置只有一种准确度等级，即0.2级。而用于检定流量计的液体流量标准装置有不同的不确定度，一般在0.05%～0.2%之间。

液体流量标准装置一般都是由水源系统、稳压系统、管道系统、工作标准、控制系统等部分组成。其中稳压装置是保证标准装置在检测过程中提供稳定的流量的关键因素，常见的稳压方式有溢流水塔、稳压罐、变频泵直给等。其中溢流水塔效果最好，但建设投资大，常用的是变频泵与稳压罐组合的方式。工作标准又分为标准量器、称重容器、标准表、活塞组件等几种。下面以水表检定装置为例说明几种检定装置的工作原理和特点。

1. 启停法装置

启停容积法结构示意图及实物图详见图4-8和图4-9。启停容积法装置由于启停效应的存在和自身检定原理的影响，检定用时较长，效率不高。《饮用冷水水表检定规程》（JJG 162—2019）对使用该方法进行水表检定需要满足的最少用水量进行了规定，详见表4-3。

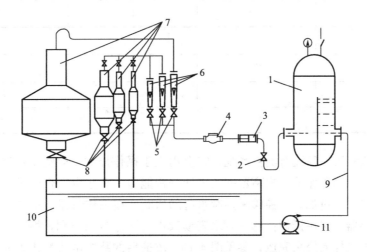

图4-8　启停容积法结构示意图

1—稳压容器；2—进水阀门；3—夹表器；4—水表；5—流量调节阀；6—瞬时流量指示器；
7—工作量器；8—放水阀门；9—管道系统；10—水箱（水池）；11—水泵

图4-9　启停容积法水表检定装置实物图

表4-3　启停法装置检定水表最少检定用水量规定

准确度等级	最少检定用水量
1级	检定标度分格或检定信号分辨力的400倍，且不少于检定流量下1min对应的体积
2级	检定标度分格或检定信号分辨力的200倍，且不少于检定流量下1min对应的体积

　　例如，DN15口径，量程比为100的水表的检定时长约为45min，计算详见表4-4，其中水表安装、拆下、排气、密封性检查、机电转换误差测试等环节所用时间统一归类到其他时间。

表 4-4   检定时长计算表

流量点	流量值/ (L/h)	用水量/L	用时/min
Q_3	2500	100	2.4
Q_2	40	10	15
Q_1	25	10	24
其他时间			约3.6
合计			约45

启停容积法装置一般没有测控系统，完全由人工操作控制。前些年，为了减少检定人员的抄写失误，减轻工作量，提高数据的统计分析能力，有些生产企业对启停容积法装置进行自动化改造，通过加装气控阀来控制水流的通断，在工作量器计量颈液位读数位置加装定值控制传感器，采用摄像传感器对水表读数进行图像自动识别，控制、信号反馈和数据采集等功能由测控系统来完成，参见图 4-10。改造后的装置虽然替代了人工抄读水表读数，但在实际应用过程中发现，由于水表的安装位置偏移或因水表表度盘存在气泡、指针安装不规范等问题，致使图像识别错误的发生率较高。对此，软件本身往往预留了人工修改功能，不利于对检定人员的诚信管理。另外，这种方法本身没有改变检定的工作原理，无法合理减少检定用时。

将称重容器代替工作量器，即为启停质量法。启停质量法装置应测量水的密度，将衡器或电子秤测得的水的质量换算成体积。

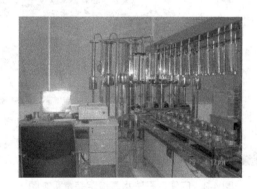

图 4-10   经过自动化改造的启停容积法水表检定装置

2. 换向法装置

启停法装置在检定水表过程中需要频繁操作阀门来控制流量的通断，在开关阀门的一瞬间，流体的动能和压力能相互转化，会产生水锤效应。在检定流量不大的情况下，由于流体的质量总量较小，总能量不高，产生的水锤效应破坏力不大。随着流量的增大，启停操作所带来的水锤效应破坏力会越来越大，必须加以防范。启停法装置通常适用于公称通径不超过 DN50、最大流量一般不超过 $30m^3/h$ 的场合。在检定大流量场合，一般采用换向法装置。换向法装置是利用控制换向器，将水流切换流进不同的计量容器，操作时，读取水表读数是在动态情况下进行，要求检定人员经验丰富。当人工读数引入的误差较大时，影响检定结果的质量。图 4-11 是换向容积法的实物图。

图 4-11　换向容积法装置实物图

3. 标准表法装置

标准表法水表检定装置应用于大口径水表检定具有较好的优势，流量上限容易向上扩展，而建造成本较收集法水表检定装置可以大大降低。为确保标准流量计的计量准确度，标准表法水表检定装置一般不能应用于启停法操作的场合，标准流量计的读数和水表的读数均需要在稳定流动状态下读取，因此，标准表法水表检定装置通常需要配备测控系统来完成数据采集。标准流量计的流量信号以脉冲或频率方式输出，水表的流量信号通常也要求以脉冲或频率信号输出，测控系统同时接收标准流量计和被检水表的流量信号，比较相等时间内两者累积流量的差异，从而计算出水表的示值误差。

大口径水表检定装置通常采用多种标准器组合的方式来进行建造。在较低的流量范围内（一般在 800m³/h 以下），采用换向质量法，以获取更高的计量准确度，扩展不确定度水平可以达到 0.05%。而更高的流量下，采用标准表法，以节约占地空间和投资资金。参见图 4-12。

图 4-12　质量法 + 标准表法水表检定装置实物图

4. 活塞式装置

活塞式水表检定装置在我国是近几年才出现的新型检定装置，具有自动化程度和检定效率高的特点。活塞式水表检定装置的结构示意见图 4-13。

活塞式水表检定装置的核心部件是由伺服电机、传动机构、活塞和活塞缸组成的活塞组件。活塞组件既是流量发生源，又是计量体。尺寸均匀的圆柱体活塞通过匀速运动等量置换出活塞缸内的水来获得水体积的参考量值，其标准体积模型为式（4-1）。

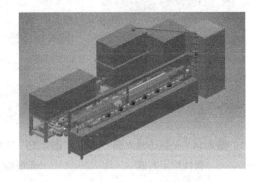

图 4-13　活塞式水表检定装置

$$V_{20} = \frac{\pi}{4} K_c \bar{d}^2 l \times 10^{-6} \tag{4-1}$$

式中，V_{20} 为活塞在 20℃下输出的标准体积，L；K_c 为修正系数，无量纲；$\bar{d}$ 为活塞平均直径，mm；l 为活塞移动距离，mm。

当活塞装置在偏离 20℃水温条件下使用时，应按式（4-2）将标准体积修正到实际水温条件下的体积。

$$V_a = \frac{\pi}{4} K_c \bar{d}^2 l \times 10^{-6} \left[1 + \beta_s(\theta - 20)\right]$$ (4-2)

式中，V_a 为活塞推出的流体的实际体积，L；β_s 为活塞材料的体积膨胀系数，℃$^{-1}$；θ 为实际水温，℃。

活塞式水表检定装置具有准确度水平高和流量稳定性好的优点，其流量稳定性要优于水塔溢流法装置。由于活塞组件需要通过精密机械加工形成，难以做成大型装置，一般只应用于小口径水表的检定。

三、智能水计量仪表的检定

1. 智能水表的检定

智能水表的检定按照现行有效的国家计量检定规程《饮用冷水水表检定规程》（JJG 162—2019）来执行，需要着重注意以下几个方面。

（1）机电转换功能的检定

为了便于计量检定机构进行机电转换功能的检定，供水企业在采购水表的时候需要明确统一的通信协议，并提供相应的检定辅助工具。目前检定无磁传感水表常用的通信方式有两种：一种是有线方式，见图 4-14；一种是无线方式，见图 4-15。检定有线光电直读水表一般用有线方式，见图 4-16。

图 4-14　无磁传感水表　　图 4-15　无磁传感水表　　图 4-16　光电直读水表
　　有线检定方式　　　　　　无线检定方式　　　　　　有线检定方式

有线方式可将通信模块集成到检定装置中，以提高检定操作的效率。无线方式主要通过近端通信方式，可采用专用的无线通信模块或手持操作设备，再与检定装置建立中继通信，实现数据的自动采集。

不同的水表制造商会采用不同的通信协议和数据格式，这不仅给水表检定带来不便，也给供水企业的表具管理带来不便，需要供水企业进一步协调水表制造商实现统一化和标准化。

(2) 水表的检定流程

水表的检定应严格执行《饮用冷水水表检定规程》（JJG 162—2019），其中比较容易混淆的是发生首次检定结果不合格时的处理流程。在实际的工作过程中，检定人员有尽量不出具不合格检定报告的心理，遇到首次检定不合格时，会多次重复检定，以某次检定合格的数据作为最终的检定记录，这样做容易把计量性能不稳定的水表当成合格水表来处理，这显然是不妥当的。根据《饮用冷水水表检定规程》（JJG 162—2019）关于"检定次数"的规定，制作检定流程图以供参考，详见图4-17。

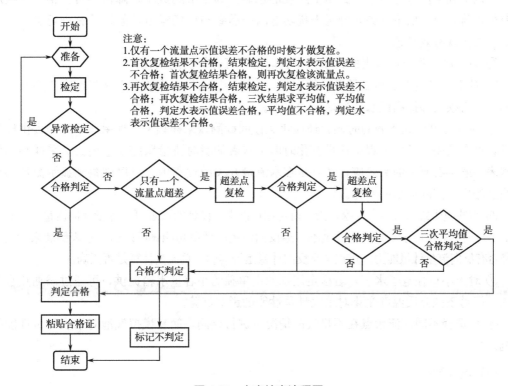

图 4-17　水表检定流程图

2. 智能流量计的检定

电磁流量计的检定按照现行有效的《电磁流量计检定规程》（JJG 1033）执行，超声波流量计按照现行有效的《超声波流量计检定规程》（JJG 1030）执行。

四、智能水计量仪表的测试

1. 实验室评测

(1) 水表

① 为了计算水表的计量效率，可以在实验室条件下增加流量点的检定。除了常规的 Q_1、Q_2、Q_3 和 Q_4 四个流量点外，还可以增加 $0.5Q_1$、$0.5(Q_1+Q_2)$、$0.5Q_2$、

$0.5(Q_3 + Q_2)$、$0.5Q_3$ 等流量点，也可以根据智能水表的应用平台统计出来的常用流量区间，筛选合适的流量点。例如，DN15 口径水表常用流量区间在 500～800L/h 之间，可以在此区间增加检测流量点，以便更好地评估水表在实际工作流量区间内的计量性能。每个流量点检定 4 次及以上，以确保检定结果的可信度。

② 对于电磁水表和超声波水表，可以在实验室条件下进行静磁场影响实验。虽然水表招标采购时，参与招标的生产企业提供的产品均有型式批准证书。但由于国内水表生产企业过多，质量良莠不齐，招标时低价竞争是普遍现象，这样不利于生产企业质量和服务的提升，也不利于供水企业采购到质量过硬的水表。为了节约成本，降低供货价格，一些厂家铤而走险，会提供不具备防静磁干扰功能的产品参与市场竞争，如果没有进行必要的实验，无法实现有效筛选。

③ 为了进一步评估水表的抗水力干扰能力，可进行扰流试验。

④ 对于小口径水表和变径设计的水表，可进行压力损失实验，以选择有利于降低供水管网上压力损失和提高供水流通能力的水表。

⑤ 在检测电子式水表的时候，还应该关注间歇测量采样频率。如果厂家无法提供检测设备，可在实验室环境下观察流量变化时电子水表的瞬时流量跟踪响应能力。采样频率低的水表一般会有测量滞后效应，尤其是在水流量开关的过程中，可以观察到显示流量的变化明显滞后于实际流量的变化。

⑥ 有些电子式水表生产厂家，为了避免用户偷水，设计的水表可以计量反向流量，但总用水量不自动减去反向水量，有些甚至不开通反向流量的计量功能。可以通过水表倒装来检测水表是否有反向流量计量能力。重点考察反向计量是否准确，总流量计算是否正确。

⑦ 对于小口径电子水表，若检定用水源由单独的小容量水箱提供，可通过添加热水的方式，简易模拟介质温度变化对水表计量性能的影响试验。

⑧ 可选择不同的流量点在不排气的情况下进行检测，简易模拟气泡对水表计量性能的影响。

(2) 流量计

① 流量计安装前，应充分掌握应用现场的流量范围，在实验室检定的同时，增加应用范围内的流量点进行校准。

② 对于电磁流量计，可要求生产企业提供专业实验室出具的传感器绝缘强度的测试报告，也可以由供水企业抽样自行送检。

③ 可在专用的耐压试验台上进行测量传感器的耐压密封性试验。

④ 可采购专业的电磁干扰仪器，测试电磁流量计的抗电磁干扰性能。

⑤ 可以通过检测流量计的零点漂移来评价长期稳定性。即首次检测后，放置一段时间，再次检测零点，较长时间内持续反复检测。

⑥ 可检测传感器的绝缘电阻。

2. 现场检测

(1) 水表

① 计量争议处置　能否对水表进行示值误差的使用中检查，需要结合水表的安装和使

用条件综合确定。检查在使用现场进行，应保持水表的初始安装状态，且管道正常通水。根据水表的安装和使用条件选择合适的检查设备，如标准量器、称重容器或标准流量计。标准流量计可采用电磁流量计、超声波流量计、涡轮流量计等。检查设备的测量不确定度一般应不大于水表使用中检查最大允许误差绝对值的1/2。检查的基本方法是：将流经水表的水收集到经校准的标准量器或称重容器中，或者使流过水表的水流过串联安装的标准流量计，在相同时间内比较水表的体积增量和检查设备所记录的体积增量，计算水表的示值误差。示值误差检查的流量值一般介于分界流量 Q_2 与常用流量 Q_3 之间的一个点，通常认为检查一个流量点下的示值误差能够反映水表计量性能的总体状况。如果计量性能发生偏离，高区的示值误差曲线一般是整体偏移。有条件时，也可以根据实际需要进行多个流量点的检查，检查期间的流量尽可能保持稳定。当采用标准流量计时，应确保标准流量计的工作条件和测量范围满足测量要求。有些大口径水表往往安装在水表井下，现有条件下很难进行示值误差试验。对于这种情况，建议采用管道带压开孔技术，在水表下游截止阀的入口管道上安装一路分支管道，见图4-18。

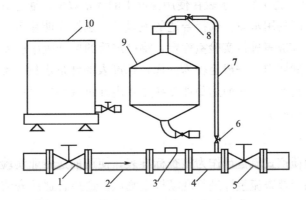

图 4-18　水表示值误差使用中检查图示

1—上游截止阀；2—上游直管段；3—水表；4—下游直管段；5—下游截止阀；
6—分支截止阀；7—分支管道；8—标准流量计；9—标准量器；10—称重容器

　　分支管道的大小一般为DN15～DN50，见图4-18的示例。如果水表为DN300及以上，采用标准流量计作为检查设备，分支管道也可以采用DN80及以上。表4-5是分支管道大小示例。

表 4-5　分支管道大小示例

水表口径	DN80	DN100	DN150	DN200	DN250	DN300
Q_3 / (m³/h)	100	160	250	400	630	1000
Q_3/Q_1	40	40	40	40	40	40
检查流量/ (m³/h)	>4	>6.4	>10	>16	>25.2	>40
分支管道最小口径	DN15	DN25	DN25	DN40	DN40	DN50

　　实际应用中，一些大口径水表的常用流量及量程比均比表格中取值要大得多，比如申

舒斯品牌的 WPD 水表，量程比一般为 $160 \sim 200$，常用流量一般为表 4-5 中后移一个口径的取值，比如，表中 DN80 口径的常用流量为 $100 \mathrm{m}^3/\mathrm{h}$，但 WPD 型号 DN80 口径水表的常用流量为 $160 \mathrm{m}^3/\mathrm{h}$。这个时候要计算出 $Q_2 \sim Q_3$ 之间的取值范围，参照表 4-5 选择合适的流量，根据流量选择需要安装的歧管（分支管道）的口径。

当使用中检查发现水表的计量性能发生了显著变化，为进一步查明是否由水表自身的计量性能变化引起，可将水表拆下，在实验室条件下进行示值误差试验。当水表发生计量纠纷时，第一时间应保护好水表以及相关管件的原始状态，再进一步通过分析检查等措施查明产生纠纷的原因。首先应通过现场察验查明水表的安装是否正确，了解用水工况、水质条件、环境条件等对水表计量性能可能产生的影响，分析水表型式与用水工况的匹配程度。在有条件的情况下对水表进行示值误差的使用中检查，进一步结合现场察验得到的信息进行分析。必要时拆下水表，检查管道、管件和水表是否存在障碍物部分阻塞的情况，水表的计量元件是否存在损坏、腐蚀等情况。可以进一步在实验室条件下对水表的计量性能进行试验，以帮助查明引起水表计量性能变化的具体原因。

② 计量效率评估　为了验证水表在使用情况下的计量效率，通过分析智能水表的流量区间，以及各流量区间的用水量。选择合适的流量点，选择性能稳定、计量准确度等级高的水表、流量计作为标准表进行实验室检定，将检定后的标准表串联安装在水表前后合适位置，通过计量一个周期内（一般至少为一周）标准表的计量水量，推算实际用水量，然后计算在用水表的计量效率，从而达到评测在用水表计量效率的目的。计量效率评估详细操作方法参见第五章第四节。

(2) 流量计

采购一台或多台便携式流量计作为核查标准表，使用前送专业实验室进行校准。流量计安装后，第一时间用核查流量计进行现场核查测试，选择合适的安装位置和方式记录核查数据并加以分析，以确定初次安装的流量计计量结果是否准确可信。后期应定期在同样的位置进行现场核查，以分析评估流量计性能的变化情况。

在无法采用便携式流量计进行性能评估的情况下，也可以通过核查流量计的工作参数以及通过模拟信号核查流量计输出响应等办法来进行评估。

在条件允许的情况下，可利用形状规则的蓄水池作为测量标准，通过测量流量计前端或后端蓄水池的液位变化来验证流量计的计量性能。蓄水池的蓄水体积可通过尺寸测量来确定。

第四节　测量不确定度的评定与表示

一、基本定义

(1) 测量不确定度
根据所用到的信息，表征赋予被测量量值分散性的非负参数。

有关不确定度可进一步结合下列说明来理解：

① 测量不确定度本身是关于随机影响的描述，但通常包括由系统影响引起的分量，如与修正量和测量标准所赋量值有关的分量及定义的不确定度。有时因各种原因，如无法有效分离，使得对估计的系统影响未作修正，而是当作不确定度分量进行处理。

② 此非负参数可以是诸如称为标准测量不确定度的标准偏差（或其特定倍数），或是说明了包含概率的区间半宽度。

③ 测量不确定度一般由若干分量组成。其中一些分量可根据一系列测量值的统计分布，按测量不确定度的 A 类评定方法进行评定，并可用标准偏差表征。而另一些分量则可根据基于经验或其他信息所获得的概率密度函数，按测量不确定度的 B 类评定方法进行评定，也用标准偏差表征。

④ 通常，对于一组给定的信息，测量不确定度是相应于所赋予被测量的测得值。该值的改变将导致相应的不确定度的改变。

⑤ 本定义是按 2008 版 VIM❶ 给出的。而在 GUM❷ 中的定义是：表征合理地赋予被测量之值的分散性，与测量结果相联系的参数。两者是等价的。

(2) 标准不确定度

以标准偏差表示的测量不确定度。

(3) 测量不确定度的 A 类评定方法（简称 A 类评定）

对在规定测量条件下测得的量值用统计分析的方法进行的测量不确定度分量的评定。

规定测量条件是指重复性测量条件、期间精密度测量条件或复现性测量条件。

(4) 测量不确定度的 B 类评定方法（简称 B 类评定）

用不同于测量不确定度 A 类评定的方法对测量不确定度分量进行的评定。

例如，评定基于以下信息：

① 权威机构发布的量值；

② 有证标准物质的量值；

③ 校准证书；

④ 仪器的漂移；

⑤ 经检定的测量仪器的准确度等级；

⑥ 根据人员经验推断的极限值等。

(5) 合成标准不确定度（全称合成标准测量不确定度）

由在一个测量模型中各输入量的标准测量不确定度获得的输出量的标准测量不确定度。

在测量模型中输入量相关的情况下，当计算合成标准不确定度时必须考虑协方差，即输入量的相关性影响。

(6) 相对标准不确定度（全称相对标准测量不确定度）

标准不确定度除以测得值的绝对值。

---

❶　VIM 是国际计量学词汇的英文缩写，英文全称为 International Vocabulary of Metrology，由国际标准化组织（ISO）和国际电工委员会（IEC）共同发布，最新发布版本为 ISO/IEC GUIDE 99：2007。

❷　GUM 是测量不确定度表示指南的英文缩写，英文全称为 Guide to the expression of Uncertainty in Measurement，由 ISO 和 IEC 共同发布，最新发布版本为 ISO/IEC GUIDE 98-3：2008。

相对标准不确定度是一个无量纲数，通常用百分数表示。

相对标准不确定度不适合测得值为零的情形，即除法运算的分母不能为零。

(7) 不确定度报告

对测量不确定度的陈述，包括测量不确定度的分量及其计算和合成。

不确定度报告应该包括测量模型、估计值、测量模型中与各个量相关联的测量不确定度、协方差、所用的概率密度分布函数的类型、自由度、测量不确定度的评定类型和包含因子。

(8) 扩展不确定度（全称扩展测量不确定度）

合成标准不确定度与一个大于 1 的数字因子的乘积。

定义中的数字因子指包含因子，取决于测量模型中输出量的概率分布类型及所选取的包含概率。

(9) 包含区间

基于可获得的信息确定的包含被测量一组值的区间，被测量值以一定概率落在该区间内。

理解该定义需要注意的是：

① 包含区间不一定以所选的测得值为中心。

② 不应把包含区间称为置信区间，以避免与统计学概念混淆。

③ 包含区间可由扩展测量不确定度导出。

(10) 包含概率

在规定的包含区间内包含被测量的一组值的概率。

理解该定义需要注意的是：

① 为避免与统计学概念混淆，不应把包含概率称为置信水平。

② 在 GUM 中包含概率又称"置信的水平（level of confidence）"。

③ 包含概率替代了曾经使用过的"置信水准"。

(11) 包含因子

为获得扩展不确定度，对合成标准不确定度所乘的大于 1 的数。

包含因子通常用符号 k 表示。

(12) 测量模型（简称模型）

测量中涉及的所有已知量间的数学关系。

测量模型的通用形式是方程：$h(Y, X_1, \ldots, X_n) = 0$，其中测量模型中的输出量 Y 是被测量，其量值由测量模型中输入量 X_1，X_2，$\cdots$，X_n 的有关信息推导得到。

在有两个或多个输出量的较复杂情况下，测量模型应包含一个以上的方程。

(13) 测量函数

在测量模型中，由输入量的已知量值计算得到的值是输出量的测得值时，输入量与输出量之间量的函数关系。

如果测量模型 $h(Y, X_1, X_2, \cdots, X_n) = 0$ 可明确地写成 $Y = f(X_1, X_2, \cdots, X_n)$，其中 Y 是测量模型中的输出量，则函数 f 是测量函数。更通俗地说，f 是一个算法符号，

计算出与输入量 x_1，x_2，…，x_n 相应的唯一的输出量值 $y = f(x_1，x_2，…，x_n)$。

测量函数也用于计算测得值 Y 的测量不确定度。

(14) 测量模型中的输入量（简称输入量）

为计算被测量的测得值而必须测量的，或其值可用其他方式获得的量。

例：当被测量是在规定温度下某钢棒的长度时，则实际温度、在实际温度下的长度以及该棒的热膨胀系数，为测量模型中的输入量。

定义中需要注意：

① 测量模型中的输入量往往是某个测量系统的输出量。

② 示值、修正值和影响量可以是一个测量模型中的输入量。

(15) 测量模型中的输出量（简称输出量）

用测量模型中输入量的值计算得到的测得值的量。

二、不确定度的意义

在液体流量计量检定系统表框图中，液体流量标准装置的最佳测量能力一般由包含概率为95%、包含因子 $k = 2$ 的扩展不确定度表示。不确定度是用于评价测量结果符合性评定是否可靠的重要指标，通常当 $U \leqslant \frac{1}{3}|\mathrm{MPE}|$，即扩展不确定度不超过最大允许误差绝对值的 1/3 时，认为测量结果符合性评定的结论是可靠的。检定工作通常要求满足该条件，如果检定结果不能满足 $U \leqslant \frac{1}{3}|\mathrm{MPE}|$，则应查找设备、方法、环境、人员等方面的原因，并加以改进，直到满足要求。

以图 4-19 为例，假定 a、b、c、d 四个测量点都满足 $U \leqslant \frac{1}{3}|\mathrm{MPE}|$，则点 a 判定合格的结论是可靠的；点 b 有不合格的可能，但大概率是合格的，故原则上结论判定为合格；点 c 有合格的可能，但大概率是不合格的，故原则上结论判定为不合格；点 d 判定不合格

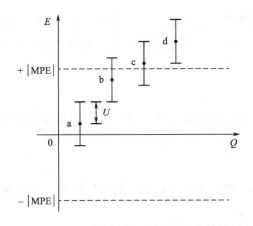

图 4-19　扩展不确定度与测量结果的有效性判定

的结论是可靠的。如果能进一步提高测量不确定度水平，使点 b 的测量结果考虑了不确定度后的估计值落在了最大允许误差之内，点 c 的测量结果考虑了不确定度后的估计值落在了最大允许误差之外，则点 b 和点 c 结果判定的可靠性又可以大大提高，这就是利用不确定度理论指导提高测量水平的意义所在。但由于水计量仪表本身就是一个测量系统，不同于实物量具，性能稳定性受多重因素影响，不同品牌多、不同型号具有不同的特性，且运输过程也可能会影响仪表性能，故评定的不确定度应合理，避免遗漏导致过小。供水企业所用水计量仪表，本身不属于非常精密的仪器，在实际应用中，扩展不确定度的评定满足检定规程要求即可。

三、测量不确定度的评定方法

测量不确定度评定依据《测量不确定度评定与表示》（JJF 1059.1—2012）确立的原则进行，主要包括建立测量模型、标准不确定度评定、合成标准不确定度计算、扩展不确定度的确定和测量不确定度报告等步骤，下面以水表示值误差的测量不确定度评定过程为例说明。

1. 建立测量模型

建立测量模型是测量不确定度评定的第一个步骤，在这一步骤中需要做好以下几项工作。

(1) 确立测量依据
水表检定的测量依据为检定规程《饮用冷水水表检定规程》（JJF 162—2019），规程中规定了具体的检定方法，有启停法、换向法和流量时间法，不同方法的测量模型有所区别。

(2) 确定测量设备
测量设备有启停容积法装置、启停质量法装置、换向容积法装置、换向质量法装置、标准表法装置、活塞式装置等，不同的设备给出参考量值的方式不同，检定操作的程序不同，测量模型相应也有所区别。

(3) 确定被测对象
被测对象水表有机械原理水表和电子原理水表，有小口径水表和大口径水表，有的水表有检定信号输出，有的水表没有检定信号输出。不同的水表需要选择不同的测量设备，采用不同的检定方法。

(4) 确定测量程序
根据被测对象特征，以及选定的测量设备，结合测量依据采用具体的检定方法，确定具体的测量程序。

(5) 建立测量模型
根据测量程序的描述，建立测量方法对应的测量模型。比如采用启停容积法装置检定水表，测量模型为式（4-3）。

$$E = \left(\frac{V_i - V_a}{V_a}\right) \times 100\% \tag{4-3}$$

式中，E 为示值误差，也即测量结果；V_i 为水表的指示体积；V_a 为水实际的体积，由检定装置确定。

如果测量设备采用启停质量法装置，则式（4-3）中的 V_a 用式（4-4）代替。

$$V_a = c \times \frac{M_a}{\rho} \tag{4-4}$$

式中，M_a 为电子秤指示的质量值；c 为空气浮力修正系数，通常取 1.0011；ρ 为水的密度。

如果测量设备采用换向容积法装置，水表的检定信号为脉冲信号，测量方法采用双时间测量法，则测量模型为式（4-5）。

$$E = \left(\frac{V_i t_a}{V_a t_i} - 1\right) \times 100\% \tag{4-5}$$

式中，t_a 为测量 V_a 对应的时间；t_i 为测量 V_i 对应的时间。

V_i 表示为式（4-6）。

$$V_i = CN \tag{4-6}$$

式中，C 为每个脉冲所代表的体积量，或称为脉冲当量，m^3 或 L；N 为检定期间记录的脉冲总数。

如果测量设备采用换向质量法装置，测量方法也采用双时间测量法，则式（4-5）中的 V_a 用式（4-4）代替。

测量设备采用流量时间法装置，测量方法也采用双时间测量法时，则测量模型为式（4-5）。

测量模型是关于输入输出量之间的函数关系，是测量方法的数学表达。所有输入量的测量不确定度均影响输出量，即测量结果的不确定度。

建立测量模型之后，下一步要在测量模型的基础上建立不确定度传播律。

(6) 建立不确定度传播律

在建立不确定度传播律之前，首先要确定各输入量之间的测量是否有相关性，如式（4-3）中的各输入量是不相关的，而式（4-5）中的 t_a 和 t_i 的测量是相关的，建立的不确定度传播律要考虑相关性。

以式（4-3）测量模型为例，各输入量之间的测量不相关，不确定度传播律见式（4-7）。

$$u_c(E) = \sqrt{c_1^2 u^2(V_i) + c_2^2 u^2(V_a)} \tag{4-7}$$

式中，$u_c(E)$ 为示值误差 E 的合成标准不确定度；$u(V_i)$ 为水表示值测量引入的标准不确定度；$u(V_a)$ 为水表检定装置参考体积测量引入的标准不确定度；c_1，c_2 为灵敏系数。

灵敏系数是输出量关于输入量的偏导数，本质是各输入量引入的标准不确定度分量的权重系数。式（4-7）中 $c_1 = \dfrac{1}{V_a}$，$c_2 = -\dfrac{V_i}{V_a^2}$。

式（4-5）的测量模型中，t_a 和 t_i 由同一测量设备测量，故相关，且正相关。其他输入量均不相关，不确定度传播律见式（4-8）。

$$u_c(E) = \sqrt{c_1^2 u^2(V_i) + c_2^2 u^2(V_a) + c_3^2 u^2(t_a) + c_4^2 u^2(t_i) + 2c_3 c_4 r(t_a, t_i) u(t_a) u(t_i)}$$
$$\tag{4-8}$$

式中，$u(t_a)$ 为时间 t_a 测量引入的标准不确定度；$u(t_i)$ 为时间 t_i 测量引入的标准不确定度；$r(t_a, t_i)$ 为 t_a 和 t_i 的相关系数，当用同一台仪器测量时两者强相关，取 1；c_1，c_2，c_3，c_4 为灵敏系数，$c_1 = \dfrac{t_a}{V_a t_i}$，$c_2 = -\dfrac{V_i t_a}{V_a^2 t_i}$，$c_3 = \dfrac{V_i}{V_a t_i}$，$c_4 = -\dfrac{V_i t_a}{V_a t_i^2}$。

2. 标准不确定度评定

建立不确定度传播律后，需要结合测量程序确定每一个输入量的不确定度来源，从而确定每一个输入量引入的标准不确定度分量。

以式（4-7）为例，输入量 V_i 的不确定度来源有：

① 测量重复性引入的标准不确定度 $u_1(V_i)$；

② 水表读数分辨力引入的标准不确定度 $u_2(V_i)$。

输入量 V_a 的不确定度来源有：

① 检定装置体积测量引入的标准不确定度 $u_1(V_a)$；

② 介质温度变化引入的标准不确定度 $u_2(V_a)$。

分析了每一输入量的不确定度来源后，对每一项不确定度来源采用 A 类或 B 类的方法进行评定。

需要注意的是，A 类和 B 类是两种不同的不确定度评定方法，并不是指有 A 类不确定度和 B 类不确定度之分。A 类和 B 类方法评定得到的不确定度性质是相同的，都是关于估计值的标准偏差。

例如，根据装置检定证书，检定装置的扩展不确定度为 $U_{rel} = 0.2\%$，$k = 2$，测量所用的工作量器为 100L，V_a 近似取 100L，则 $u_1(V_a) = \dfrac{0.2\%}{2} \times 100 = 0.1$（L）。这种方法的数据引用自有关证书和文献资料，归为 B 类评定方法。

例如，水表测量重复性引入的标准不确定度 $u_1(V_i)$ 可以采用 A 类评定方法进行评定，示值误差 E 的重复性测量结果见表 4-6。

表 4-6　示值误差 E 的重复性测量结果

测量次数	1	2	3	4	5	6
E_i /%	−0.05	−0.05	0.00	0.05	0.00	0.10

单次测量示值误差的实验标准偏差按贝塞尔公式进行计算：

$$s(E_i) = \sqrt{\frac{1}{n-1} \sum_{i=1}^{n} (E_i - \bar{E})^2} \times 100\% = 0.058\%$$

实际检定时取 1 次测量的平均值，故有：

$$u_1(V_i) = s(E_i) \times 100 = 0.058 \text{（L）}$$

因此，A 类评定是指评定所采用的数据引自实验结果的一种方法。

3. 合成标准不确定度计算

确定了每一项标准不确定度分量的来源及其大小后，即可进行合成标准不确定度计算。根据不确定度来源分析及每一项来源的标准不确定度评定，形成标准不确定度一览表。

仍以式（4-7）传播律为例，建立标准不确定度一览表见表4-7。

表 4-7　标准不确定度一览表

序号	标准不确定度分量	不确定度来源	$u_i(x_i)$ 的值		灵敏系数 c_i	$\lvert c_i u_i(x_i) \rvert$
1	$u(V_i)$	水表测量重复性	0.058L	0.08L	$0.01L^{-1}$	0.08%
		水表分辨力	0.058L			
2	$u(V_a)$	检定装置体积测量	0.1L	0.12L	$-0.01L^{-1}$	0.12%
		介质温度变化	0.058L			

根据式（4-7）的传播律，计算合成标准不确定度：

$$u_c(E) = \sqrt{c_1{}^2 u^2(V_i) + c_2{}^2 u_2{}^2(V_a)} = 0.144\%$$

标准不确定度一览表中详细列出的各输入量的不确定度来源及其标准不确定度大小，通过辨别每一项来源在合成标准不确定度中的贡献，可以有针对性地采取改进测量方法或提高测量设备的准确度水平等措施，来进一步提高测量不确定度水平。

4. 扩展不确定度的确定

不确定度评定过程中，理论上还需要进行合成标准不确定度的概率分布分析，但实践中是非常困难的，通常近似为正态分布，取包含概率为95%，包含因子$k=2$，扩展不确定度U按式（4-9）计算。

$$U = k u_c(E) \tag{4-9}$$

以表4-7的合成标准不确定度为例，扩展不确定度$U = 2 \times 0.144\% \approx 0.29\%$。

扩展不确定度的有效数字一般不宜超过2位，且与测量结果末位对齐，在数据处理过程中一般也不采用四舍五入的方法，而是采用宁进不舍的方法。

5. 测量不确定度报告

测量不确定度报告的内容包括测量结果以及测量结果的不确定度。例，某准确度等级2级的水表示值误差的不确定度报告见表4-8。

表 4-8　测量不确定度报告示例

测量点	示值误差 E	示值误差的扩展不确定度 U（$k=2$）
$Q_3 = 4.0\text{m}^3/\text{h}$	0.01%	0.29%
$Q_2 = 0.08\text{m}^3/\text{h}$	0.79%	0.42%
$Q_1 = 0.05\text{m}^3/\text{h}$	-0.33%	0.64%

结果报告的形式可以多种，但必须要有以下信息：

① 被测量（测量结果）的定义；

② 被测量的估计值，即测量结果以及测量结果的扩展不确定度，如果有量纲，应给出单位；

③ 给出扩展不确定度对应的包含因子 k 的值。

除了表 4-8 所列的分项表示，还可以用以下形式：

① $Q_3 = 4.0 \text{m}^3/\text{h}$ 测量点示值误差的测量结果为：$E = 0.01\% \pm 0.29\%$；$k = 2$。

② $Q_3 = 4.0 \text{m}^3/\text{h}$ 测量点示值误差的测量结果为：$E = 0.01(29)\%$；$k = 2$。

③ $Q_3 = 4.0 \text{m}^3/\text{h}$ 测量点示值误差的测量结果为：$E = 0.01\%(0.29\%)$；$k = 2$。

四、案例

用标准表法水流量标准装置校准电磁水表，评定电磁水表示值误差测量不确定度评定。

1. 概述

标准表法水流量标准装置的基本工作参数如下：

① 适用口径：DN80～DN300。

② 流量范围：6～1250 m^3/h。

③ 扩展不确定度：$U_{rel} = 0.2\%$，$k = 2$。

水流量标准装置选择主标准器为标准表时，就进入标准表法检定模式，以一台 DN100 的电磁水表为例，检定流量点为 160 m^3/h，输出信号为频率，采用基于双时间测量法的脉冲插值技术，分别测量和记录被检水表输出脉冲的时间、累积脉冲数和检定装置的测量时间、累积体积，以修正到相同的测量时间，计算示值误差。

2. 评定过程

(1) 测量模型

水表的示值误差定义为：

$$E = \left(\frac{V_i t_a}{V_a t_i} - 1\right) \times 100\% \tag{4-10}$$

式中，E 为相对示值误差，%；V_i 为水表的指示体积，L；V_a 为标准体积，L；t_i 为测量水表的指示体积 V_i 所对应的时间，s；t_a 为测量标准体积 V_a 所对应的时间，s。

由式（4-10）可知，示值误差 E 的不确定度来源主要为：

① 测量水表的指示体积引入的不确定度；

② 测量标准表法装置标准体积引入的不确定度；

③ 测量水表的指示体积所对应的时间引入的不确定度；

④ 测量标准体积所对应的时间引入的不确定度。

(2) 不确定度传播律

由不确定度传播律，示值误差的合成标准不确定度见式（4-11）。

$$u_c(E) = \sqrt{c_1^2 u^2(V_i) + c_2^2 u^2(V_a) + c_3^2 u^2(t_i) + c_4^2 u^2(t_a) + c_3 c_4 r(t_i, t_a) u(t_i) u(t_a)}$$

$$\tag{4-11}$$

式中，$u_c(E)$ 为示值误差 E 的合成标准不确定度，%；$u(V_i)$ 为水表的指示体积 V_i 测量结果引入的标准不确定度，L，$u(V_a)$ 为标准表法装置标准体积 V_a 测量结果引入的标准不确定度，L；$u(t_i)$ 为测量水表的指示体积 V_i 所对应的时间 t_i 测量结果引入的标准不确定度，s；$u(t_a)$ 为测量标准体积 V_a 所对应的时间 t_a 测量结果引入的标准不确定度，s。

灵敏系数分别为：$c_1 = \dfrac{t_a}{V_a t_i}$，$c_2 = -\dfrac{V_i t_a}{V_a^2 t_i}$，$c_3 = -\dfrac{V_i t_a}{V_a t_i^2}$，$c_4 = \dfrac{V_i}{V_a t_i}$。

t_i 和 t_a 正强相关，$r(t_i, t_a) = 1$。

(3) 各分量不确定度的主要来源

① 测量标准表法装置标准体积引入的标准不确定度 $u(V_a)$。

a. 标准表法装置体积测量引入的标准不确定度 $u_1(V_a)$；

b. 介质温度变化引入的标准不确定度 $u_2(V_a)$；

c. 标准表脉冲计数引入的标准不确定度 $u_3(V_a)$；

② 水表的指示体积引入的标准不确定度 $u(V_i)$。

a. 测量重复性引入的标准不确定度 $u_1(V_i)$；

b. 被测水表输出脉冲频率计数引入的不确定度 $u_2(V_i)$。

③ 水表指示体积 V_i 的测量时间引入的标准不确定度 $u(t_i)$。

a. 计时准确度引入的标准不确定度 $u_1(t_i)$；

b. 计时分辨力引入的标准不确定度 $u_2(t_i)$。

④ 标准体积 V_a 的测量时间引入的标准不确定度 $u(t_a)$。

a. 计时准确度引入的标准不确定度 $u_1(t_a)$；

b. 计时分辨力引入的标准不确定度 $u_2(t_a)$。

(4) 评定示例的条件和参数

被测对象：电磁水表，型号 LXEWS-100，准确度等级为 2 级。

测量设备：标准表法水流量标准装置。

环境条件：环境温度 23.5℃，湿度 68%RH，介质温度 21.2℃。

检定流量点：$Q_3 = 160\text{m}^3/\text{h}$，以 Q_3 为典型评定示例。

检定用水量：3200L，检定时间为 72s。

(5) 各标准不确定度分量评定

① 水表检定装置标准体积引入的标准不确定度 $u(V_a)$

a. 水表检定装置体积测量引入的不确定度 $u_1(V_a)$。由装置检定证书可知，标准表法水装置的相对扩展不确定度为：$U_{rel} = 0.2\%$，$k = 2$。所用体积约为 3200L，得：

$$u_1(V_a) = \frac{0.2\%}{2} \times 3200 = 3.2 \text{ (L)}$$

b. 介质温度变化引入的不确定度 $u_2(V_a)$。在一次校准试验期间，实验室实际水温控制变化 Δt_w 不超过 5℃，水温的变化将引起水体积的变化 ΔV，则有：

$$\Delta V = V_a \beta_w \Delta t_w \tag{4-12}$$

式中，β_w 为水体积膨胀系数，取 $2 \times 10^{-4}/℃$。

V_a 近似取 3200L，温度变化 $\Delta t_w = 5℃$，得 $\Delta V = 3.2$ (L)。

将体积变化视为均匀分布，则有：

$$u_2(V_a) = \frac{3.2}{\sqrt{3}} = 1.85 \text{ (L)}$$

$u_1(V_a)$ 和 $u_2(V_a)$ 不相关，则有：$u(V_a) = \sqrt{u_1^2(V_a) + u_2^2(V_a)} = 4.52$（L）。

② 水表的指示体积引入的标准不确定度 $u(V_i)$

a. 测量重复性引入的标准不确定度 $u_1(V_i)$。示值误差 E 的 3 次重复测量结果见表 4-9。

表 4-9　重复测量 3 次的示值误差

测量次数	1	2	3
$E_i/\%$	−0.57	−0.44	−0.88
平均示值误差 $\bar{E}/\%$	−0.63		

单次测量示值误差的实验标准偏差为：

$$s(E_i) = \sqrt{\frac{1}{3-1}\sum_{i=1}^{3}(E_i - \bar{E})^2} = 0.23\%$$

实际检定时取 2 次测量的平均值，故有：

$$u_1(V_i) = \frac{s(E_i)}{\sqrt{2}} \times 3200 = 5.20 \text{ (L)}$$

b. 被测水表脉冲计数测量结果引入的标准不确定度 $u_2(V_i)$。采用双时间法测量被检水表的累积脉冲整周期个数时，单次计数误差趋近于 0。因此，$u_2(V_i) = 0.00$（L）。

综上所述，$u(V_i) = u_1(V_i) = 5.20$L。

③ 水表指示体积 V_i 的测量时间引入的标准不确定度 $u(t_i)$　标准装置测量被检表检定时间引入的标准不确定度由两部分组成：a. 计时准确度引入的标准不确定度 $u_1(t_i)$；

b. 计时分辨力引入的标准不确定度 $u_2(t_i)$。由于计时器的准确度优于 1×10^{-7}，远小于计时分辨力带来的不确定度，因此，计时准确度引入的标准不确定度可忽略不计。

t_i 的计时分辨力为 0.001s，其半宽为 0.0005s，按均匀分布考虑：

$$u(t_i) = u_2(t_i) = \frac{0.0005}{\sqrt{3}} = 2.9 \times 10^{-4} \text{ (s)}$$

④ 标准体积 V_a 的测量时间引入的标准不确定度 $u(t_a)$　标准装置的测量时间引入的标准不确定度由两部分组成：a. 计时准确度引入的标准不确定度 $u_1(t_a)$；b. 计时分辨力引入的标准不确定度 $u_2(t_a)$。由于计时器的准确度优于 1×10^{-7}，远小于计时分辨力带来的不确定度，因此，计时准确度引入的标准不确定度可忽略不计。

t_a 的计时分辨力为 0.001s，其半宽为 0.0005s，按均匀分布考虑：

$$u(t_a) = u_2(t_a) = \frac{0.0005}{\sqrt{3}} = 2.9 \times 10^{-4} \text{ (s)}$$

(6) 合成标准不确定度的评定

① 标准不确定度　检定点 $Q_3 = 160\text{m}^3/\text{h}$ 标准不确定度一览表见表 4-10。

表 4-10　标准不确定度一览表

序号	标准不确定度分量	不确定度来源	输入量的标准不确定度 $u_i(x_i)$		灵敏系数 c_i	$\|c_i u_i(x_i)\|$
1	$u(V_i)$	水表测量重复性	5.21L	5.21L	$\dfrac{1}{3200}\,\text{L}^{-1}$	0.163%
		水表频率输出脉冲计数	0.00L			
2	$u(V_a)$	标准装置体积测量	3.2L	4.52L	$-\dfrac{1}{3200}\,\text{L}^{-1}$	0.141%
		介质温度变化	3.2L			
3	$u(t_i)$	测量水表的指示体积所对应的时间	$2.9\times10^{-4}\,\text{s}$	$2.9\times10^{-4}\,\text{s}$	$-\dfrac{1}{72}\,\text{s}^{-1}$	0.000%
4	$u(t_a)$	测量标准体积所对应的时间	$2.9\times10^{-4}\,\text{s}$	$2.9\times10^{-4}\,\text{s}$	$\dfrac{1}{72}\,\text{s}^{-1}$	0.000%

② 合成标准不确定度　由式（4-11）可得：$u_c(E)=0.22\%$

(7) 扩展不确定度

取 $k=2$，故扩展不确定度 $U=ku_c(E)=2\times0.22\%=0.44\%$。

(8) 测量不确定度报告

被测对象 LXEWS-100 型电磁水表在 $160\text{m}^3/\text{h}$ 流量点的平均示值误差为 -0.63%，测量结果的扩展不确定度：$U=0.44\%$，$k=2$。

第五章
水计量仪表评测

思维导图

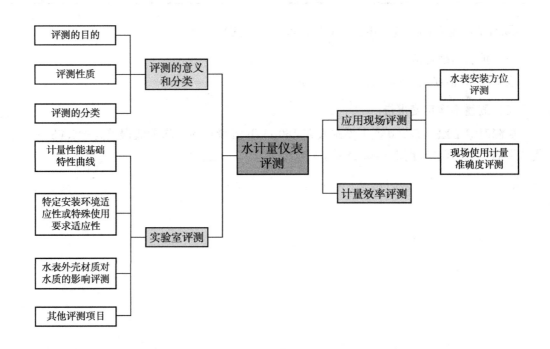

第一节 评测的意义和分类

一、评测的目的

《计量法》及相关法规规定，贸易结算的水表、流量计安装前需进行强制检定或非强制检定、校准以保证计量准确，供水企业在使用水计量仪表前一般会按照计量检定规程进行实验室检定或校准。而水计量仪表的现实安装环境往往千差万别，存在很多不够理想的情况，很难达到实验室条件，仅按照检定规程进行检定和校准，不能保证仪表性能与使用环境匹配，会出现实际使用效果与实验室条件下的结果有很大的差异性。要选到合适的仪表类型，最大限度地保证计量准确，还需要结合使用要求进行多维度的评测。《饮用冷水水表型式评价大纲》（JF 1777—2019）规定了饮用冷水水表基础性能详细的评测内容和评测方案。供水企业可参考该大纲的评测方法和程序，有针对性地增加评测的项目和内容，并提高评测的要求。总之，评测的原则是结合实际应用需求设计评测方案，评测要求要高于相关标准规定，以便更好地为水表的采购、使用和管理提供决策依据。

二、评测性质

评测是评价和测试的合称，与检测之间既有联系，又有区别。检测通常指用工具、仪器或其他分析方法检查各种原材料、半成品、成品是否符合特定的技术标准、规格的工作过程。检测以技术标准为依据，以符合性判定为目的。评测则是以是否满足预期用途为目标所开展的评价和测试的工作过程，既可以采用检测的方式，也可以采用主观评定的方式，还可以采用两者相结合的方式。

评测的技术要求可以自主设定，既可以采用公开发布的标准，也可以超越标准设定特定要求。当评测采用公开发布的标准时，称之为标准方法，当评测采用自主制定的方法和要求时，称之为非标准方法。一般认为公开发布的标准是产品质量、功能和性能的底限要求，而非标准方法则可以决定产品质量、功能和性能的上限，以满足用户需求为导向，是推动产品品质和性能提升的另一种动力。

由于评测本身是为了评价是否满足个性化的特定要求所开展的一项工作，因此必然带有一定的主观性，不具有普遍意义上的社会公正性，只能局限于内部的管理措施，其结果一般只供内部使用。然而当评测所采用的非标准方法得到供应商的普遍承认时，完全可以转化成标准方法得到普遍遵循。

三、评测的分类

评测的主要方式有实验室评测、现场使用评测、计量效率分析等。其中实验室评测主要内容为计量性能基础特性曲线、特定安装环境或特殊使用要求的适应性、水表材质对水质的影响等。现场使用评测内容主要有安装方式和方位影响、实际应用计量准确度等。

为保证评测结果具有一致性和可比较性，评测人员通常应编制评测大纲。评测大纲一般应明确以下内容。

① 适用范围，即评测大纲所适用的评测对象，必要时应明确具体的名称、型号规格以及有关参数。

② 评测目的，阐述评测活动开展的动机以及所要达到的目标。

③ 评测的项目和要求，以目标为导向设定评测的项目，并明确阐述项目所对应的具体要求。评测项目可以涵盖质量、功能、外形、材质、成分、性能、性状等方面，既可以基于标准要求，也可以基于应用的特定要求。

④ 评测方法和程序，对每一个评测项目规定具体的评价或测试方法以及实施的程序。评测方法既可以采用标准规定的方法，也可以采用基于实践和研究总结得到的经验方法，

还可以采用模拟应用场景的方法。

⑤ 评测结论，给出每一个项目评测后与要求相对应的结果或论断。评测结论可以是定性的，也可以是定量的，还可以采用等级分类的方法进行描述。

需要注意的是虽然评测带有一定的主观性，但仍然应注重科学性。也即应确保评测的目的和动机是明确的，评测的方法和程序是可实施的，评测结论具有良好的一致性和可复现性。为保证评测大纲的可执行性，评测大纲实施前应组织相关领域的专业人员进行评审，必要时对一些评测方法进行验证，以便评测人员充分理解评测大纲的相关要求和操作方法。

本章以下内容主要以深圳水务集团在水表、流量计使用管理过程中为提升管理水平、把关招标采购质量所做过的评测为案例来说明评测具体的操作方法和意义。

第二节　实验室评测

一、计量性能基础特性曲线

计量性能基础特性曲线即水计量仪表在测量范围内的示值误差曲线。通常评测两个方面内容：①测量区间内示值误差曲线；②测量区间内示值误差重复性。示值误差曲线是评价水计量仪表质量的重要指标，也是评价水表计量效率的基础。同一批次水计量仪表示值误差曲线的一致性，反映出生产企业的制造工艺控制水平。对电子式水计量仪表来讲，好的产品示值误差曲线相对平滑，围绕在零点附近波动，在计量高区近乎一条直线。而品质一般的产品，虽然示值误差落在允许的范围内，但示值误差曲线表现为上下较大幅度的波动。分别如图 5-1 和图 5-2 所示。显然示值误差波动越大，水计量仪表特性控制的难度也越大，计量效率的评估也越困难。

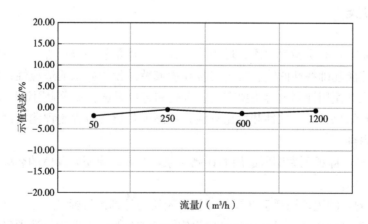

图 5-1　良好示值误差曲线形状

在理想的使用场景下，示值误差只要满足相关检定规程或标准、规范的要求即可，但在某些特殊应用场合，示值误差重复性则显得更为重要。如，在我国供水管网上使用的流量计流速偏低是比较常见的现象，流量计在全测量范围内的测量重复性，尤其是低流速

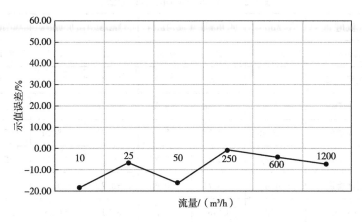

图 5-2　不良示值误差曲线形状

（$v<0.2\text{m/s}$）下的测量重复性是十分重要的评价指标。即使在低流速范围内计量误差偏大，其重复性表现优异，还可以进行人工数据修正。若重复性表现不理想，则不具备数据修正的可行性，数据可靠性难以保证。

深圳水务集团在 2021 年流量计招标评测中，就充分利用了该指标。设定测量重复性、平均示值误差、表前 U0 流量扰动等指标，对评测结果进行综合评判，最终挑选出综合性能优越的产品。评测结果详见表 5-1 和表 5-2。

表 5-1　投标样表重复性评测统计　　　　　　　　　　单位：%

品牌	流速	7.2m/s	4.8m/s	2.4m/s	1m/s	0.2m/s	0.1m/s	0.05m/s
A	U10/D10	0.18	0.07	0.09	0.04	0.20	0.35	0.56
A	剖面扰流	0.12	0.09	0.09	0.17	0.37	1.03	2.79
B	U10/D10	1.70	0.04	0.03	0.07	0.24	0.44	0.85
B	剖面扰流	1.58	0.05	0.05	0.08	0.26	0.53	0.79
C	U10/D10	0.39	0.24	0.13	0.69	1.80	2.49	26.40
C	剖面扰流	0.02	0.04	0.05	0.13	0.18	50.32	109.54
D	U10/D10	0.03	0.04	0.04	0.17	0.25	0.81	0.89
D	剖面扰流	0.03	0.03	0.04	1.89	0.21	0.40	0.69
E	U10/D10	0.33	0.42	0.17	0.49	0.93	1.69	3.29
E	剖面扰流	0.54	0.30	0.40	0.10	0.44	1.16	3.06
F	U10/D10	0.43	0.86	0.71	0.49	0.70	1.77	2.09
F	剖面扰流	0.90	0.97	0.60	1.01	0.17	1.50	0.72
G	U10/D10	0.04	0.06	0.03	0.04	0.16	0.19	0.00
G	剖面扰流	0.03	0.03	0.04	0.09	0.19	0.32	0.00

表 5-2   投标样表平均示值误差统计   单位:%

品牌	流速	7.2m/s	4.8m/s	2.4m/s	1m/s	0.2m/s	0.1m/s	0.05m/s
A	U10/D10	0.35	0.25	0.50	0.32	0.19	6.15	4.25
	剖面扰流	0.25	0.35	0.50	0.64	0.41	6.27	5.92
B	U10/D10	−11.33	−8.36	−8.32	−8.36	−8.35	−7.12	−7.56
	剖面扰流	−12.95	−8.34	−8.28	−8.36	−8.04	−7.16	−6.83
C	U10/D10	0.07	−0.14	−0.26	−0.11	0.44	−2.87	−79.29
	剖面扰流	−0.66	−0.71	−0.68	−0.29	−0.44	67.52	0.00
D	U10/D10	0.19	0.46	1.42	3.71	20.25	41.15	81.10
	剖面扰流	0.19	0.45	1.47	4.42	20.24	41.05	81.44
E	U10/D10	−0.32	−0.56	−0.25	−1.26	−4.71	−13.03	−18.28
	剖面扰流	0.17	0.70	0.60	−0.12	−5.42	−14.46	−25.58
F	U10/D10	−0.31	0.61	1.24	2.83	11.38	16.89	35.93
	剖面扰流	0.03	0.35	0.68	1.89	10.48	15.71	34.43
G	U10/D10	0.01	0.08	0.45	0.98	4.50	7.46	−100.00
	剖面扰流	0.02	0.11	0.49	1.06	4.61	7.45	−100.00

从表 5-2 可以看出,投标样表在流速 $v < 0.2 \text{m/s}$ 时,示值误差表现均不够理想,从表 5-1 可以看出,有部分品牌在全评测范围内,示值误差的重复性表现均较好,故从中可以挑选出适合低流速场合下的流量计。

在进行水计量仪表的选型、招标前,应认真分析仪表的技术特性,有针对性地进行计量性能基础特性曲线评测,合理分配评测项目的权重比例,采购到理想的水计量仪表。

二、特定安装环境适应性或特殊使用要求适应性

在实际应用中,常见的特定安装环境主要有三个方面:①安装空间不足,不能安装足够的直管段来消除弯头等造成的流场畸变;②高层楼宇由于二次加压设备形成的管道内脉动流或空气残留造成的水表自转;③水温变化影响,我国南方地区,水表户外安装,阳光直射下管道内水温超过仪表的额定温度,而在北方,冬季表内水流温度过低。

1. 流动扰动评测

《饮用冷水水表型式评价大纲》(JJF 1777—2019)10.12 条描述了流动扰动实验的试验目的、试验条件、试验设备及试验程序等内容。其规定在 $0.9Q_3 \sim Q_3$ 流量下,分别采用 1 型、2 型和 3 型扰动器进行示值误差测量,参见图 5-3。其中 1 型和 2 型扰动器分别产生向左(左旋)和向右(右旋)旋转流速场(漩涡),这类流动扰动在直接以直角连接的两个 90°弯管的下游很常见。3 型扰动器可产生不对称速度剖面,通常出现在突入的管道接头或

未全开的闸阀下游。在应用评测中,通常参照《饮用冷水水表型式评价大纲》(JJF 1777—2019)的要求,在仪表的典型用水流量区间内选择更多的代表性流量点进行评测。

(a)1型扰动器—左旋漩涡发生器　　(b)2型扰动器—右旋漩涡发生器　　(c)3型扰动器—速度剖面畸变发生器

图 5-3　1型、2型、3型扰动器

深圳水务集团 2021 年出台了水表安装图集。在图集正式发布之前,为了合理确定水表的安装前后直管段长度,保证在安装空间不足的情况下合理选用水表,对在用的三款 DN80 口径水表进行了抗流动扰动性能评测,见图 5-4。下面以此次评测结果为例,说明流动扰动评测的过程及必要性。

本次评测选用了深圳水务集团在用的 4 只 DN80 口径水表,分别是某品牌水平螺翼式水表、垂直螺翼式水表各一只,电磁水表

扰流器
扰流实验

图 5-4　U0 扰流实验

两个品牌各一只,评测用的流量点为 Q_3 和 $\frac{1}{3}Q_3$,扰动器型式分别为左旋、右旋和剖面,放置的位置分别为表前/表后 0 倍直管段、3 倍直管段、5 倍直管段。水表的最大允许误差为 $\pm 2\%$,在无扰动部件的情况下,这 4 只水表的检定结果均为合格。安装扰流器后,在不同流量点和不同位置出现了不合格的情况,表 5-3 和表 5-4 分别为表前和表后扰流实验不合格情况出现的水表类型、流量点、扰流形态分布表。

表 5-3　表前扰流实验不合格情况分布表

水表型式	流量点	扰流形态	无直管段(D0)平均误差	3倍直管段(D3)平均误差	5倍直管段(D5)平均误差
水平螺翼式水表	Q_3	左旋		-2.45%	
		右旋	$+3.39\%$	$+2.01\%$	
		剖面	$+2.06\%$		
	$\frac{1}{3}Q_3$	左旋	-2.67%	-2.47%	-2.27%
		右旋	$+2.62\%$		
		剖面		-2.15%	

表 5-4　表后扰流实验不合格情况分布表

水表型式	流量点	扰流形态	无直管段（D0）平均误差	3 倍直管段（D3）平均误差	5 倍直管段（D5）平均误差
水平螺翼式水表	$\frac{1}{3}Q_3$	左旋	−2.15%		
		右旋		−2.11%	
		剖面			−2.17%

从表 5-3 和表 5-4 可以看出，相比垂直螺翼式水表，水平螺翼式水表对流场扰动比较敏感，且表前的敏感度要强于表后。若按照《饮用冷水水表和热水水表　第 2 部分：试验方法》（GB/T 778.2—2018）要求仅在 Q_3 流量点进行试验，则无法发现水表在其他流量区间对流场扰动的敏感性。因此实际评测应立足实用，可参考相关国家和行业标准，但应高于国家和行业标准。实验表明，在表前直管段空间不足的情况下，优先考虑使用对表前直管段要求相对较低的垂直螺翼式水表或电磁水表。

需要说明的是，实验中所用的水表均为计量性能较为可靠的水表，仅供参考，并不能作为普遍现象。2020 年深圳水务集团招标采购电磁水表，11 个参与投标样表，仅 5 只样表通过 U0D0 评测，评测不合格的水表基本上都存在采样频率不足，流量变化跟踪能力不强的缺陷。因此，供水企业应根据自身使用的水表情况，有针对性地进行评测。同时也说明，在招标采购时，增加流场扰动性实验是评判水表品质的重要手段。

2. 水表正反向计量性能评测

高层楼宇水表自转造成计量失准在城市用户投诉原因中占比较高，一般是用户发现月水量偏高，然后去察看水表，发现在不用水的时候水表仍在转动，于是怀疑计量失准而投诉。解决此类问题的方法有两种，一是在表后安装止回阀，阻止水表自转。二是选择可以正反向计量的水表，虽然有正反转的现象，但仍能保证计量准确。二种方式各有利弊，方式一解决了用户的疑虑，但会增加压力损失。方式二不增加压力损失，但用户查看时会疑虑。尽管水表仍会出现不用水的情况下正反向计量，而正反向均可准确计量，用户实际用水量并不会出现明显波动。用户主动察看水表的动力也不足，无需过分担忧因怀疑水表质量问题而投诉的情况。

2022 年 8 月，我们选择了三个品牌常用的公称通径为 15mm 的旋翼式水表进行正反向安装示值误差测试，详见表 5-5。

表 5-5　机械式水表正反向计量示值误差测试结果

品牌	水表型式		示值误差/%				
			26L/h	42L/h	150L/h	700L/h	2375L/h
A	旋翼式水表	反向	−42.36	−42.54	−45.81	−47.42	−45.86
		正向	1.61	1.11	−2.18	−0.76	0.31
		差额	43.97	43.65	43.63	46.66	46.17

续表

品牌	水表型式		示值误差/%				
			26L/h	42L/h	150L/h	700L/h	2375L/h
B	旋翼式水表	反向	−42.53	−38.59	−38.86	−40.36	−40.92
		正向	−0.68	−0.82	−1.27	−0.75	−0.12
		差额	41.86	37.77	37.59	39.60	40.80
C	旋翼式水表	反向	−48.85	−46.45	−48.67	−50.04	−43.02
		正向	−0.84	−0.78	−0.74	−0.55	0.45
		差额	48.01	45.67	47.94	49.49	43.47
D	容积式水表	反向	0.22	0.39	1.4	—	−0.8
		正向	0.3	0.6	1.2	—	−0.76
		差额	0.08	0.21	−0.2	—	0.04

由表 5-5 可以看出，旋翼式水表计量反向水流时偏慢，水表的正向计量与反向计量误差相差约 45%。意味着水表安装在高层楼宇时，水流由于压力波动原因进行正反向循环运动时，旋翼式水表会多计水量。试验数据表明旋翼式水表无法计量反向流，表现为这种计量特性由其工作原理和结构特征所决定。旋翼式水表是一种速度式水表，冲击叶轮的水流速度和方向由叶轮盒控制。叶轮盒具有正向导流和反向阻流的结构特征，使得叶轮在正向流下所受到的水流冲击力要远远大于反向流下所受到的水流冲击力。因此在相同的流量条件下，反向流时叶轮因受力小具有更小的转速，测量误差表现为偏负。

容积式水表正反向计量误差表现出了良好的一致性，这是由于容积式水表是一种定排量工作原理的水表，无论是正向流还是反向流，计量腔的容积是固定的，活塞运动一周所排出的体积相等，因此从原理上来讲，水流方向与计量准确度无关，实验的结果也充分验证了这一点。

理论上来讲，超声波水表可以实现正反向准确计量，但在进行评测验证时发现两个问题，一是某品牌超声波水表在反向流量低于 700L/h 时不计量，二是反向计量时，累积流量值不减少反而增加，因此需要特别关注此类水表引起的用户计量争议纠纷。这也表明采购前的评测是非常有必要的，可以及早发现这类水表在设计和工艺方面存在的缺陷，从而在采购环节予以避免。

3. 压力损失测量

目前市面上的电子式水表为了保证计量性能，往往进行一定程度的管径形状改变，为的是获得更为理想的水流测量条件，带来不利的另一方面影响就是水流的实际流通截面积缩小，压力损失增大，可能会影响用户的用水体验。另外，为了解决高层楼宇的水表自转问题，有的水表安装了止回阀，也会导致压力损失增大。为了评测影响，我们参照《饮用

冷水水表型式评价大纲》(JJF 1777—2019) 10.14 规定的压力
损失测量实验的程序，分别对中大口径水表和小口径水表进行
了压力损失测试，参见图 5-5。

(1) 中大口径水表压力损失测试

我们对市场上应用量较大的两个品牌缩径设计的电磁水表
和申舒斯品牌的水平螺翼式、垂直螺翼式水表一起进行压力损
失测量，口径为 80mm。在本次的测试中，选取了 6 个代表性
流量点，测量结果详见表 5-6。

图 5-5　压力损失实验

表 5-6　压力损失测量结果比较

流量点	压力损失值/kPa				
	A 品牌电磁水表	WSD 机械式水表	WPD 机械式水表	B 品牌电磁水表	E＋H 电磁流量计
Q_1	2.41	1.04	0.77	1.65	2.36
Q_2	1.73	0.97	0.75	1.95	2.35
$\frac{1}{3}Q_3$	7.26	3.61	3.65	4.15	2.91
$\frac{1}{2}Q_4$	18.90	13.84	9.36	10.12	6.50
Q_3	45.44	30.40	23.63	21.92	13.66
Q_4	66.14	52.98	30.53	32.02	18.69

表中以直通式 E＋H 电磁流量计模拟管道压力损失，四个类型水表的压力损失值为测
得值减去 E＋H 电磁流量计的压力损失值所得结果。从表中可以看出，在流量点附近，A
品牌口径缩小幅度较大的电磁水表压力损失显著大于申舒斯品牌 WPD 型宽量程机械式水
表和 B 品牌口径缩小的电磁水表。表明水表的压力损失主要取决于有效流通面积，而并不
仅仅取决于是否有可动部件。因水表的流通直径和压力损失影响表后管道的流通能力，故
在某些特殊应用场景应慎重选择口径缩小幅度较大的水表。在深圳水务集团的实际应用
中，就发生过安装口径缩小幅度较大的水表导致表后供水压力不足，遭用户投诉，重新更
换其他型号水表的案例。

(2) 小口径水表压力损失测试

目前户用小口径水表中常用的止回阀型式有 4 种，参见图 5-6。

我们选用了常见的几种 DN15、DN20、DN25 口径水表在加装塑料内装式止回阀情况
下进行压力损失测量，根据对深圳本地 DN15 口径水表用水量的观察，发现最常用流量区
间为 180～1270L/h，故我们选取四个流量点 720L/h、1250L/h、1560L/h、2500L/h 作为
典型流量点进行压力测量，测量结果见表 5-7。

（a）塑料内装式止回阀

（b）塑料内装式止回阀

（c）金属内装式止回阀

（d）金属外装式止回阀

图 5-6　止回阀

表 5-7　压力损失测量结果

口径	水表型式	压力损失值/kPa			
		$0.72m^3/h$	$1.25m^3/h$	$1.56m^3/h$	$2.5m^3/h$
DN15	NB	4.33	13.60	19.43	50.26
	普通机械	3.95	12.75	17.73	49.58
	有线光电	4.29	12.61	18.83	48.74
DN20	NB	3.27	6.77	8.94	21.77
	普通机械	1.66	5.25	7.81	21.35
	有线光电	3.29	6.74	9.12	21.56
DN25	NB	0.88	2.55	3.75	9.89
	普通机械	0.38	1.74	2.69	7.22
	有线光电	1.47	3.64	5.25	12.95
DN15 止回阀	（a）型止回阀	19.08	29.26	37.28	66.82
	（b）型止回阀	15.27	25.40	34.74	84.87

从表 5-7 可以看出，不加止加阀情况下，常用流量值及以下各类型水表压力损失值无明显差异。安装止回阀后，在 $1.6m^3/h$ 附近达到国家标准规定的上限值（63kPa）。

4. 静磁场实验

常用的干式磁传动水表以及电磁或超声水计量仪表，都易受到静磁场干扰，造成计量失准甚至停止工作。虽然水表招标采购时，参与招标的生产企业提供的产品均有型式批准证书。但由于国内水表生产企业过多，质量良莠不齐，招标时低价竞争是普遍现象。尤其随着 DN50 以上的水表国家不再列入强制管理目录，这种现象更为普遍，既不利于生产企业提升质量和服务，也不利于供水企业采购到质量过硬的水表。为了节约成本，降低供货价格，一些厂家铤而走险，会提供不具备防静磁干扰功能的产品参与市场竞争，如果不进行必要的评测把控，便无法实现有效筛选。在电子水表的招标采购中，静磁场实验是需要重点考虑的评测项目。深圳水务集团在 2020 年进行电磁水表的招标评测中，参照该规定进行了静磁场实验，11 个投标品牌，仅有 4 个品牌的样表通过该项目评测，结果不容乐观。

《饮用冷水水表型式评价大纲》(JJF 1777—2019)
6.12 规定，水表应不受静磁场的影响。所有机械部件易
受静磁场影响的水表和所有装有电子元件的水表在静磁场
存在的情况下均应满足计量误差要求，设计的功能均不失
效。大纲 10.11 条款详细规定了静磁场试验的方法程序。
在实验室进行水表评测时，将安装好的水表以稳定的流量
进行通水，试验人员用图 5-7 所示的标准磁环在水表表体
缓慢移动，同时观察水表表盘瞬时流量的变化情况。当发
现瞬时流量突变时（一般是下降），此位置即为该水表的
磁干扰防护弱点，可将磁环固定在该位置进行示值误差检
测，评估磁干扰对水表计量性能造成影响的程度。

图 5-7　静磁场干扰试验磁环

三、水表外壳材质对水质的影响评测

国家标准《饮用冷水水表和热水水表　第 1 部分：计量要求和技术要求》（GB/T
778.1—2018）6.1.3 条规定：水表内所有接触水的零部件应采用通常认为是无毒、无污
染、无生物活性的材料制造。水表的涉水部件主要指浸没在水中的计量机构和壳体，机械
式水表计量机构的主体材料为工程塑料，能够满足无毒、无污染、无生物活性要求，因此
水表涉水部件的焦点是壳体材料。目前国内机械式水表表壳以球墨铸铁加内外喷涂防护涂
层为主，部分一线城市（如北京、上海）使用了几十万只无铅铜和高性能工程塑料壳体的
水表。电子式水表的外壳则以不锈钢和铝合金为主。大口径水表在表壳内喷涂防护材料相
对容易喷涂均匀，造成水质风险的概率较低。但 DN15～DN25 多流速旋翼式小口径户用水
表流道结构较为复杂，内表面涂覆保护的工艺可靠性不高，在水中任何微小的瑕疵均会导
致铸铁材料与溶解氧和含氯消毒剂发生化学反应，进而腐蚀面积逐步扩大，静置期间容易
产生少量的泛黄水。户用水表使用 6 年以后，外观也会显得残旧，影响观感，参见图 5-8。

图 5-8　使用 6 年后的球墨铸铁水表

随着人民生活水平的不断提高，提高饮用水品质势在必行。深圳水务集团计划 2025 年实现全市自来水达到直饮标准，提高水表表壳材质标准被提上日程。为了选择合适的表壳材质，我们委托第三方实验室进行了水表材质对水质影响的实验室评测。评测样本 8 只，均为未使用过的新水表，表壳材质分布如表 5-8 所示。

表 5-8　水表样本分布情况表

水表表码	干式/湿式	壳体材质	涂层材质	涂层是否完整
19-08157713	湿式	球墨铸铁	无涂层	无涂层
19-08157727	湿式	球墨铸铁	阿克苏	完整
01115190698470	湿式	球墨铸铁	环氧树脂	完整
01115190443140	干式	球墨铸铁	环氧树脂	完整
19-08157725	湿式	59-1 铜	阿克苏	部分未喷涂
19-08157719	湿式	无铅铜	无涂层	无涂层
19-08157736	湿式	316 不锈钢	无涂层	无涂层
19-08157735	湿式	塑料	无涂层	无涂层

本次检测的判定依据为《饮用水水表卫生安全评价规范》，检测依据为《生活饮用水标准检验方法　感官性状和物理指标》（GB/T 5750.4—2006）、《生活饮用水标准检验方法　金属指标》（GB/T 5750.6—2006）、《生活饮用水标准检验方法　有机物指标》（GB/T 5750.8—2006）、METHOD827OD：2014，检测结果见表 5-9 和表 5-10。

表 5-9　球墨铸铁壳体不同喷涂材质对水质的影响

项目	标准要求	样本水表表码			01115190443140
		19-08157713	19-08157727	01115190698470	
样本水表型号	—	LXS-15F	LXS-15F	LXS-15F	LXS-15F
样本水表类型	—	水平旋翼式湿式水表	水平旋翼式湿式水表	水平旋翼式湿式水表	水平旋翼式干式水表
样本水表壳体材料		铸铁内部无涂层	铸铁内部全喷阿克苏涂层	铸铁内部全喷环氧树脂	铸铁内部全喷环氧树脂
臭和味	浸泡后水无异臭、异味	浸泡后水无异臭、异味	浸泡后水无异臭、异味	浸泡后水无异臭、异味	浸泡后水无异臭、异味
浑浊度/NTU	≤1.0	**206**	**0.16**	**5.42**	**0.3**
铍/（mg/L）	≤0.002	<0.0002	<0.0002	<0.0002	<0.0002
铝/（mg/L）	≤0.2	<0.002	<0.002	<0.002	<0.002
铬/（mg/L）	≤0.1	<0.001	<0.001	<0.001	<0.001
锰/（mg/L）	≤0.1	<0.001	<0.001	**0.0015**	<0.001

续表

项目	标准要求	样本水表表码			01115190443140
		19-08157713	19-08157727	01115190698470	
铁/（mg/L）	≤0.3	＜0.002	＜0.002	＜0.002	＜0.002
镍/（mg/L）	≤0.02	＜0.0002	＜0.0002	＜0.0002	＜0.0002
铜/（mg/L）	≤1.0	＜0.002	＜0.002	＜0.002	＜0.002
锌/（mg/L）	≤1.0	**0.0044**	**0.006**	**0.0018**	**0.0074**
砷/（mg/L）	≤0.01	＜0.0002	＜0.0002	＜0.0002	＜0.0002
硒/（mg/L）	≤0.01	＜0.0002	＜0.0002	＜0.0002	＜0.0002
镉/（mg/L）	≤0.005	＜0.0002	＜0.0002	＜0.0002	＜0.0002
锡/（mg/L）	≤0.02	＜0.0002	＜0.0002	＜0.0002	＜0.0002
锑/（mg/L）	≤0.005	＜0.0002	＜0.0002	＜0.0002	＜0.0002
钡/（mg/L）	≤0.7	＜0.002	**0.12**	**0.019**	**0.0082**
铊/（mg/L）	≤0.0001	＜0.00002	＜0.00002	＜0.00002	＜0.00002
铅/（mg/L）	≤0.01	＜0.0002	＜0.0002	＜0.0002	＜0.0002
邻苯二甲酸二丁酯 DBP/（mg/L）	—	＜0.05	＜0.05	＜0.05	＜0.05
邻苯二甲酸丁苄酯 BBP/（mg/L）	—	＜0.05	＜0.05	＜0.05	＜0.05
邻苯二甲酸二（2-乙基）已酯 DEHP/（mg/L）	—	＜0.05	＜0.05	＜0.05	＜0.05
邻苯二甲酸二辛酯 DNOP/（mg/L）	—	＜0.05	＜0.05	＜0.05	＜0.05
邻苯二甲酸二异壬酯 DINP/（mg/L）	—	＜0.05	＜0.05	＜0.05	＜0.05
邻苯二甲酸二异癸酯 DIDP/（mg/L）	—	＜0.05	＜0.05	＜0.05	＜0.05

检测结果显示，球墨铸铁壳体在内部不做喷涂和湿式水表内部喷涂环氧树脂时浑浊度超标，但另一只干式水表内部喷涂环氧树脂浑浊度未超标，由此判断导致湿式水表内部喷涂环氧树脂样品浑浊度超标的原因可能是喷涂不完整而有部分球墨铸铁裸露引起。内部喷涂涂层时难以避免结构死区和气孔、沙眼等，因此球墨铸铁壳体材质水表在服役一定年限后会出现内部锈蚀情况。锈蚀极易导致污染杂质堆积，进而影响水表的计量准确度。虽然球墨铸铁本身不会引起水质的重金属物质污染，但浑浊度指标下降后仍无法达到直饮水标准。

表 5-10　其他壳体材质对水质的影响

项目	标准要求	样本水表表码			
		19-08157725	19-08157719	19-08157736	19-08157735
样本水表型号		LXS-15F	LXS-15F	LXS-15F	LXS-15F
样本水表类型	—	水平旋翼式湿式水表	水平旋翼式湿式水表	水平旋翼式湿式水表	水平旋翼式湿式水表
样本水表壳体材料		59-1 铜内部部分喷涂阿克苏	无铅铜内部无涂层	316 不锈钢内部无涂层	塑壳内部无涂层
臭和味	浸泡后水无异臭、异味	浸泡后水无异臭、异味	浸泡后水无异臭、异味	浸泡后水无异臭、异味	浸泡后水无异臭、异味
浑浊度/NTU	≤1.0	0.15	<0.01	0.08	0.04
铍/（mg/L）	≤0.002	<0.0002	<0.0002	<0.0002	<0.0002
铝/（mg/L）	≤0.2	0.0016	<0.002	0.0023	<0.002
铬/（mg/L）	≤0.1	<0.001	<0.001	<0.001	<0.001
锰/（mg/L）	≤0.1	<0.001	0.0012	<0.001	<0.001
铁/（mg/L）	≤0.3	<0.002	<0.002	<0.002	<0.002
镍/（mg/L）	≤0.02	0.0011	<0.001	0.0028	<0.0002
铜/（mg/L）	≤1.0	0.01	0.0056	<0.002	<0.002
锌/（mg/L）	≤1.0	0.22	0.37	0.0036	0.0044
砷/（mg/L）	≤0.01	<0.0002	<0.0002	<0.0002	<0.0002
硒/（mg/L）	≤0.01	<0.0002	<0.0002	<0.0002	<0.0002
镉/（mg/L）	≤0.005	<0.0002	<0.0002	<0.0002	<0.0002
锡/（mg/L）	≤0.02	<0.0002	<0.0002	<0.0002	<0.0002
锑/（mg/L）	≤0.005	<0.0002	0.0008	<0.0002	<0.0002
钡/（mg/L）	≤0.7	0.14	<0.002	0.002	<0.002
铊/（mg/L）	≤0.0001	<0.00002	<0.00002	<0.00002	<0.00002
铅/（mg/L）	≤0.01	0.004	0.0033	<0.0002	<0.0002
邻苯二甲酸二丁酯 DBP/（mg/L）	—	<0.05	<0.05	<0.05	<0.05
邻苯二甲酸丁苄酯 BBP/（mg/L）	—	<0.05	<0.05	<0.05	<0.05
邻苯二甲酸二（2-乙基）已酯 DEHP/（mg/L）	—	<0.05	<0.05	<0.05	<0.05
邻苯二甲酸二辛酯 DNOP/（mg/L）	—	<0.05	<0.05	<0.05	<0.05
邻苯二甲酸二异壬酯 DINP/（mg/L）	—	<0.05	<0.05	<0.05	<0.05
邻苯二甲酸二异癸酯 DIDP/（mg/L）	—	<0.05	<0.05	<0.05	<0.05

根据检测结果，59-1 铜壳体内部部分喷涂阿克苏涂层和无铅铜、316 不锈钢、塑料内部无涂层壳体各项检测指标均未超标。59-1 铜壳体虽然内部大部分喷涂阿克苏涂层，但检测到的金属析出最多。而且铅的析出量比无铅铜壳体内部未进行喷涂处理的析出量高，随着水表服役年限的不断增长，若内部涂层出现脱落，可能会引起铅超标，因此不建议选用。

综上所述，从对水质的影响角度判断，在可保证材料质量的情况下，建议优选无铅铜、316 不锈钢、高性能工程塑料壳体的水表。

四、其他评测项目

除了以上比较容易实现的实验室评测项目，供水企业还可以根据条件进行如下评测，用于增强对电子水表评测的全面性。

① 间歇测量采样频率。如果厂家无法提供检测设备，可在实验室环境下观察流量快速变化时电子水表的瞬时流量跟踪响应能力。采样频率低的水表一般会有测量滞后效应，尤其是在水流量快速变化的过程中，可以看到显示流量的变化显著滞后于实际流量的变化。

② 温度影响试验。对于小口径电子水表，尤其是超声波水表，有必要进行温度影响试验。若检定用水源由单独的小容量水箱提供，可通过加热或制冷方式调节水箱内水温，模拟介质温度变化对水表计量性能影响的试验。

③ 气泡影响试验。可选择不同的流量点在不排气的情况下进行检测，简易模拟对比气泡对水表计量性能的影响。

第三节　应用现场评测

一、水表安装方位评测

一般 DN40 及以上口径的水表安装相对规范，且能保证水平安装。而户用水表因水表组高度问题，为方便水表的抄读，一般会将水表倾斜安装。早些年，深圳水务进行了户用小口径水表安装方位的整改工作，但效果不理想。于是进行了小口径水表安装方位的评测工作。过程如下。

1. 实验室样本示值误差检测

为研究各类型旋翼式机械水表不同倾斜角度安装对计量所产生的影响，深圳水务分别对样本水表在倾斜 0°、倾斜 15°、倾斜 30°、倾斜 45°时进行了多流量点（25L/h、40L/h、180L/h、300L/h、1250L/h、2500L/h）误差校准，如图 5-9～图 5-11。

从图 5-9～图 5-11 可明显看出，有线光电直读远传水表、NB-IoT 无磁传感远传水表、普通机械水表在 180L/h 及以下流量点的示值误差都随着倾斜角度的增加逐渐负向扩大，且趋势高度一致。因此，对于 DN15 口径多流束旋翼式机械水表，在倾斜安装时对计量水量的影响可使用全体样本在各流量点的平均示值误差变化进行测算。

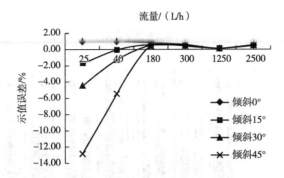

图 5-9 有线光电直读远传水表［旋翼式（干式）］倾斜安装对计量的影响

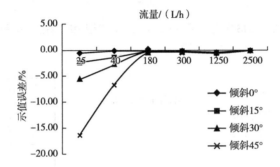

图 5-10 NB-IoT 无磁传感远传水表［旋翼式（湿式）］倾斜安装对计量的影响

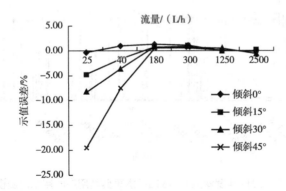

图 5-11 普通机械水表［旋翼式（湿式）］倾斜安装对计量的影响

2. 旋翼式多流束机械水表倾斜时对计量水量影响的测算

(1) 深圳 DN15 口径居民用户用水消费模式

2013 年，水表计量检定中心与南澳供水公司合作，选取了 14 个安装了 DN15 口径旋翼式多流速机械水表居民用户进行了用水消费模式的测量工作（见图 5-12），测量结果与 2011 年在罗湖某小区的结果相近（见图 5-13）。所以，本次将使用 2013 年在南澳测量的 DN15 口径水表用户用水消费模式代表深圳市安装 DN15 口径水表居民用户用水消费模式参与后续的倾斜安装对计量水量影响的测算。

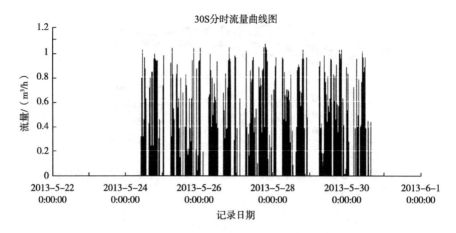

图 5-12   2013 年南澳某 DN15 口径水表典型用户的用水消费模式

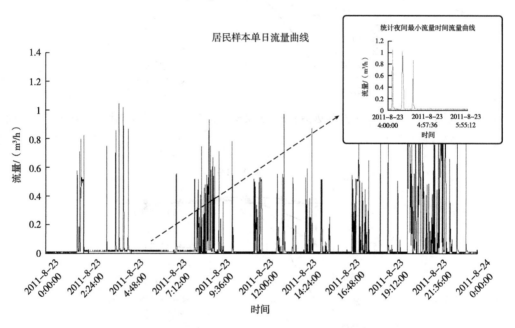

图 5-13   2011 年罗湖某 DN15 口径水表典型用户的用水消费模式

将 2013 年测量的 14 个 DN15 口径居民用户用水消费模式进行汇总得知，深圳 DN15 口径居民用户的绝大部分用水区间在 180～1270L/h 之间，占总用水量的 88.38%；在 0～180L/h 区间的用水量占总用水量的 11.44%；在 1270～2500L/h 区间的用水量占总用水量的 0.17%（见图 5-14），若

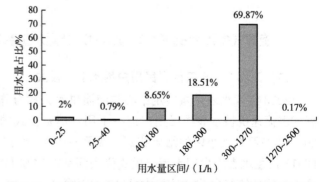

图 5-14   深圳 DN15 口径水表居民用户各用水流量区间水量占比

按照深圳小口径居民用户用水量 15m³/月测算，上述三个用水区间的月用量分别约为 13.26m³、1.72 m³和 0.026m³，详见表 5-11。

表 5-11 DN15 口径居民用户按月均水量 15m³ 测算时各用水区间的水量及占比

流量区间/（L/h）	用水量占比/%	用水量/L
0～25	2	300
25～40	0.79	118.5
40～180	8.65	1297.5
180～300	18.51	2776.5
300～1270	69.87	10480.5
1270～2500	0.18	27
合计	100	15000

（2）旋翼式多流束机械水表不同倾斜角度安装相比水平时各流量点示值误差的残差情况及影响水量测算

经过对 8 只不同类型的旋翼式多流束机械水表在不同倾斜角度安装时的多流量点误差校准，得到相比水平时在各流量点的示值误差残差数据，见表 5-12。

表 5-12 不同倾斜角度安装相比水平示值误差的残差情况

倾斜角度	流量点/（L/h）					
	25	40	180	300	1250	2500
倾斜 15°	−2.27%	−1.37%	−0.27%	−0.13%	−0.02%	0.04%
倾斜 30°	−5.53%	−2.83%	−0.29%	−0.02%	0.03%	0.05%
倾斜 45°	−15.82%	−6.94%	−0.52%	−0.27%	−0.07%	−0.02%

从表 5-12 看出，随着倾斜角度的增加，180L/h、40L/h、25L/h 流量点的示值误差开始规律性地负向增加，在 40L/h、25L/h 时尤其明显，再结合所测算的深圳 DN15 口径居民用户在各流量区间的月用水量，测算出多流束旋翼式机械水表分别在倾斜 15°、倾斜 30°、倾斜 45°时相比水平时对计量水量的影响，见表 5-13。

表 5-13 不同倾斜角度安装相比水平时对计量水量的影响

流量区间/（L/h）	用水量占比/%	用水量/L	倾斜 15°	倾斜 30°	倾斜 45°
			水量增量/L	水量增量/L	水量增量/L
0～25	2	300	−3.41	−8.29	−23.73
25～40	0.79	118.5	−2.16	−4.95	−13.48
40～180	8.65	1297.5	−10.67	−20.23	−48.39
180～300	18.51	2776.5	−5.57	−4.38	−10.95

续表

流量区间/（L/h）	用水量占比/%	用水量/L	倾斜15°	倾斜30°	倾斜45°
			水量增量/L	水量增量/L	水量增量/L
300～1270	69.87	10480.5	−7.88	0.20	−17.45
1270～2500	0.18	27	0.00	0.01	−0.01
合计	100	15000	−29.69	−37.64	−114.01

经测算，DN15口径多流束旋翼式机械水表在倾斜15°、倾斜30°、倾斜45°时，单表每月分别少计量水量约29.69L、37.64L和114.01L。

二、现场使用计量准确度评测

水表（尤其是DN40及以上口径水表）的安装使用环境比较复杂，实验室难以精确模拟温度、湿度、流场等现场实际情况，在使用现场是否还能保持优良的计量性能，需要实际条件下进行验证。下面以深圳水务集团的现场验证案例说明验证的步骤和必要性。

2020年深圳水务集团通过实验室综合评测，选出两个品牌性能表现最为优异的电磁水表，经过与在用的WPD宽量程机械式水表相比，在低区计量上表现出更具有优势。为了全面评测电磁水表的实际应用效果，我们进行了实验室计量性能评测和现场串联实验。现场验证选择的是用量最多的DN80和DN100口径水表，第一步进行实验室计量性能评测，第二步进行现场串联安装对比。进行水表串联安装时，要注意水表的流速场敏感度等级是否能够达到U0D0水平，水表之间是否会互相影响计量准确度。一般来讲，性能可靠的电磁水表可达到U0D0的技术指标，而超声波水表和机械式水表均很难达到U0的技术指标，尽量把电磁水表串联在机械水表和超声波水表的下游，且保障机械水表和超声波水表表前有足够长度的直管段，尽可能不小于U10的长度。

1. 实验室计量性能评测

(1) DN80口径水表计量性能实验室对比

我们随机抽取了2只A品牌电磁水表、6只B品牌电磁水表、5只WPD宽量程机械水表开展了实验室计量性能对比，通过实验发现，在$0.5m^3/h{\leqslant}Q{<}0.8m^3/h$的流量区间电磁水表相比WPD宽量程机械水表，可提升计量效率2.2%～3.63%。

(2) DN100口径水表计量性能实验室对比

我们随机抽取了2只A品牌电磁水表、2只B品牌电磁水表、4只WPD宽量程机械水表开展了实验室计量性能对比，在$0.8m^3/h{\leqslant}Q{<}1.28m^3/h$的流量区间电磁水表相比WPD宽量程机械水表，可提升计量效率2.58%～3.42%。

(3) DN150口径水表计量性能实验室对比

我们随机抽取了2只A品牌电磁水表、1只B品牌电磁水表、1只WPD宽量程机械水表开展了实验室计量性能对比，在$2m^3/h{\leqslant}Q{<}3.2m^3/h$的流量区间电磁水表相比WPD宽量程机械水表，可提升计量效率2.29%～3.67%。

通过实验室计量性能评测发现，理论上在计量低区，电磁水表的计量效率要优于机械式水表，主要是因为机械式水表在计量低区误差偏负，而电子水表通过软件算法，保证计量低区误差偏正。这一特征表现总体与电磁水表和机械式水表的工作原理相吻合，电磁水表具有比机械式水表更低的理论下限。尽管如此，仍要考虑实际使用过程中用户在计量低区的用水量占比通常较小，若仅为争取这部分水量收益更换价格更高的电子水表可能难以收回成本。另外，样本的品牌和数量有限，评测要根据自身的水表使用情况来进行。

2. 使用现场串联计量性能评测

分别选取小用水量、一般用水量和大用水量用户进行现场串联实验。经过一年的用水量统计发现，相比正常使用的 WPD 宽量程机械水表，B 品牌电磁水表中有 1 只少计量水量 0.72%，3 只多计量水量，幅度为 0.67%～2.65%。A 品牌电磁水表计量水量均有较大幅度减少，少计量水量 1.99%～6.68%。

针对这种情况，我们分析了这批水表的用水模式，用水区间均在水表的常用流量 Q_3 以下，不存在因超限导致电磁水表不计量的情况。另外，我们分析了 A 品牌少计量水量的月份和天气情况，发现在 6～11 月少计量水量最多，这段时间正是深圳高温多雨季节，因此怀疑该批次水表可能存在密封性方面的缺陷，高温或潮湿对计量产生较大影响。

通过现场评测发现，仅靠实验室评测很难准确衡量某种水表的使用效果，而现场评测可以进一步帮助发现潜在的风险。在进行水表型式的更新替代前，有目的地进行现场试用和评测是十分必要的。同时，现场试用和评测的结果，也为生产企业提供了很好的技术改进基本信息。

第四节　计量效率评测

计量效率是指水表在特定用水状态下计量水量的能力。假设某用户实际用水量为 $100m^3$，而该用户的水表计量的水量为 $98m^3$，则该用户水表的计量效率为 98%。由于在不同流量状态下，同一只水表的计量误差存在一定差异，所以在评估水表计量效率时就需要弄清楚该水表在某用户的实际用水流量区间下对应的计量误差值，再计算出各用水流量区间的真实水量，最后将水表计量的用户每个实际用水流量区间水量之和除以每个用水流量区间的真实水量之和得到水表计量效率，公式见式（5-1）。

$$\eta = \left(\frac{\sum v_i}{\sum V_i} \right) \times 100\% \tag{5-1}$$

式中，η 为水表计量效率；v_i 为用户水表计量的每个用水流量区间水量；V_i 为用户每个用水流量区间真实水量。

那么，计算水表在每个用水流量区间的真实水量，是水表计量效率评估的关键步骤。理论上是利用水表检定装置对用户水表在每个用水流量区间的计量误差进行检测，再结合水表在每个用水流量区间的计量水量进行计算得出，公式见式（5-2）。

$$V_i = v_i - v_i e_i \tag{5-2}$$

式中，e_i 为用户水表在每个用水流量区间的计量误差。

案例 1

  深圳市盐田区某物业公司使用 SENSUS 品牌型号为 WSD、口径为 DN50 的水表，月水量约 $3100m^3$，且该用户水表已使用数据记录仪记录了一周的用水过程数据。现根据记录的用户用水过程数据和水表计量误差评估该用户水表计量效率。

  步骤一，根据记录的用户一周用水过程数据计算出该用户每个用水流量区间和对应的用水量，如图 5-15 所示。

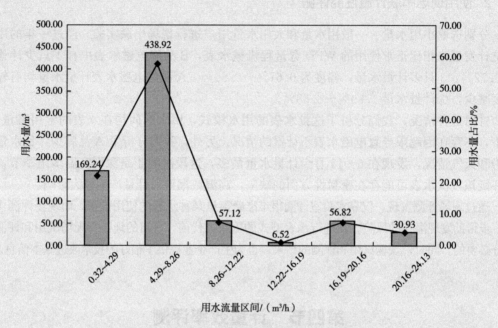

图 5-15 某物业公司用水流量区间和对应用水量

  步骤二，将该用户水表在对应的用户用水流量区间下的计量误差进行检测，在这里我们检测的流量点以流量区间的中值代表该流量区间的水表计量误差，如图 5-16 所示。

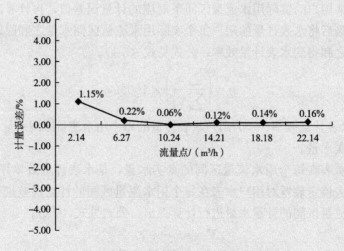

图 5-16 每个流量区间下水表计量误差

由于我们已经掌握了用户水表在每个流量区间的计量水量和计量误差，根据式 (5-2) 可以求得该用户水表在每个流量区间的真实水量以及所有流量区间的真实水量之和为 756.47m³，而实际水表所计量的水量之和为 759.55m³，因此该用户水表的计量效率为 759.55m³/756.47m³×100%＝100.41%。

水表计量效率评估实质上是衡量用户水表对用户的实际用水量计量的能力，在开展规模性计量效率评估时（比如对某供水公司某口径水表的计量效率评估），通常做法是按照品牌、型号分类，再根据月水量、行度分布等进行抽样工作，利用所选的样本代表整体开展计量效率评估。

第六章

智能水计量仪表的应用和维护

思维导图

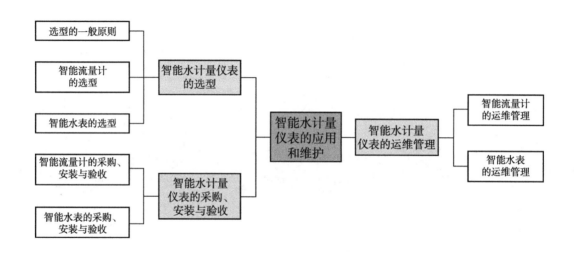

第一节　智能水计量仪表的选型

一、选型的一般原则

选型就是为不同的应用场景选择合适的仪表类型。水表和流量计的选型是采购前需要考虑的首要环节，选型是否合理，影响水计量仪表整个生命周期内的运行效率。选型合理，可以提高供水企业的收益和管理服务水平，反之，则会起到负向削弱的作用。

对供水企业而言，选型的目的，简要概括起来就是在符合法律法规的前提下，使得供水企业获得最大的净收益，包括更佳的计量效率，更少的客户投诉，更高的管理水平等。在充分了解仪表性能的前提下，水表和流量计选型至少需要综合考虑以下 5 个方面的因素，在有条件的情况下还需要借助性能评测等技术手段。

(1) 安装环境

水计量仪表要达到设计时的理想状态，必须考虑其安装和使用的环境因素。最常见的环境影响有上下游直管段长度、管网水质条件、气泡、电磁环境、温度和湿度、水淹、冰冻等。仪表的型号规格要与安装环境相适配，例如，在行车道边缘或下方安装流量计的选型，若选择安装计量准确度等级较高的管道式电磁流量计，则会面临道路开挖、片区停水等诸多困难。在此类情况下，可以优先考虑计量性能相对稳定、安装所需空间相对较小且可带压安装的插入式流量计。再如，供水管网末端，经常存在砂石等物质，若选择安装机械式水表，则存在叶轮被水流所夹带砂石击坏或卡死的风险，为减少水表故障带来的经济损失及频繁更换水表而导致的客户满意度下降，可以选择无机械运动部件的电子式水表。

(2) 使用工况

供水管网常因出厂压力、地势高低、管径尺寸、终端用户等造成不同区域的水流状况有差异，通常管径较大的管网中水流相对平稳，容易出现流速过低的情况。而管径较小的管网中水流变化幅度相对较大，对水计量仪表响应水流变化的能力要求也较高。在选择水计量仪表时，应考虑其对应工况下的适用能力。

(3) 管理需求

供水企业通常在发展的不同时期，对不同客户及不同场景下水计量仪表有着不同的管理需求。例如，水厂流量计和分区计量流量计、大口径工商业用户水表直接关系到供水企业的生产、调度、产销差控制的效果，对其进行远程实时监控，及时预警异常状况是十分必要的。而对于实际使用率很低的消防用表，在资金条件有限时可不必投入大量的财力、人力进行数据监控。因此，充分考虑管理需求也是水计量仪表的选型因素之一。

(4) 投入收益

一般来说，计量性能越优异，为后台管理提供越多数据支撑的水计量仪表，其价格也更昂贵。必要时，选型前应进行投入和产出收益分析、回报周期测算，根据企业自身经营情况进行选择。比如，早些年，智慧水务建设的起步期，在是否选用小口径智能水表时，就会充分比较人工抄表与自动抄表的成本，而在智慧水务建设成为当务之急时，智能小口径水表的成本不再是选型考虑的重要因素。

(5) 市场因素

近年来，市场中水计量仪表新技术、新产品不断出现。若新产品的制造企业数量不多，可供比较选择的范围较窄，此时应慎重选择大规模使用该产品。为了实时掌握水计量仪表的技术发展，为仪表选型积累应用经验，可结合性能评测进行小规模的新产品试用，为后续的科学决策提供可靠的经验支撑，并可避免因产品技术和质量不成熟导致的应用失败风险。

二、智能流量计的选型

供水企业流量计的使用数量不多，选型相对比较简单，可综合考虑流量计本身的计量性能和环境适应性两个方面来进行。

1. 计量特性

选型的前提是掌握不同类型仪表的基本性能特点。供水企业常用的流量计主要有三类，分别是：①管道式电磁流量计，一般用于水厂进出水和一级分区（供水公司级别）的计量；②多声道插入式超声波流量计，多用于不具备停水条件，无法占道开挖建设计量井的管道；③插入式电磁流量计，多用于不具备停水条件、无法占道开挖建设计量井的管道。根据本书第二章的内容，我们先简要比较一下供水企业常用流量计的性能特点，参见表 6-1。

表 6-1   常用三种流量计计量特性对比

流量计类别	小信号切除	最大允许误差（MPE）			重复性
		$0.2m/s{\leqslant}v{\leqslant}1m/s$	$1m/s{\leqslant}v{\leqslant}1.5m/s$	$v>1.5m/s$	
管道式电磁流量计	$v{\leqslant}0.05m/s$	±1%	±0.5%	±0.2%	$\leqslant\frac{1}{3}\mid MPE\mid$
多声道插入式超声波流量计	$v{\leqslant}0.1m/s$	±2%	±1%	±1%	$\leqslant\frac{1}{2}\mid MPE\mid$
插入式电磁流量计	$v{\leqslant}0.1m/s$	±4%	±2%	±2%	$\leqslant\frac{1}{2}\mid MPE\mid$

表中所列计量性能为参考市场中常规品牌可达到的性能水平，不排除有性能更加优异的产品。

2. 环境适应性

管道式电磁流量计、多声道插入式超声波流量计和插入式电磁流量计因结构不同，对环境的适应性也各不相同，参见表 6-2。

表 6-2   常用三种流量计环境适应性对比表

类别	流速变化	流场敏感性	水中带有悬浮物	安装要求	安装空间要求
管道式电磁流量计	适应度高	较低	适应	停水安装	大
多声道插入式超声波流量计	适应度较低	较高	不适应	带压安装	较大
插入式电磁流量计	适应度低	敏感	不适应	带压安装	小

通过计量特性和环境适应性的对比可知，管道式电磁流量计的计量性能最为稳定，且受流速变化、流场变化、水质影响较小，所以在重要的计量节点，以及具备停水条件且安装空间充足时应予以优先考虑。在管道式电磁流量计安装条件不足时，建议依次选择插入式多声道超声波流量计和插入式电磁流量计。

值得一提的是，供水企业流量计的应用总数量虽然较少，但更换和维护难度较高，一旦投入使用，基本上是终身服役。因此，价格因素不应是选型的考虑重点，应在相应的安装条件下，选择计量准确性和稳定性更为优异的产品。

三、智能水表的选型

有别于流量计的应用，供水企业使用的水表具有应用数量大、种类多的特点。供水企业是微利的公共服务行业，性价比是水表选型时需要重点关注的因素之一。因此需要根据不同类型的水表，综合考虑计量性能、价格、管理要求、使用环境等因素。供水企业通常将水表分为三个类别：①公称通径 15～25mm 的小口径水表，主要用于居民客户；②公称通径 32～50mm 的中口径水表，主要用于中小型商业客户；③公称通径 80～300mm 的大口径水表，主要用于中大型商业、工业和建筑业客户，以及消防和小区对照表等场合。

1. 中大口径智能水表的选型

随着智慧城市建设工作的推进，智慧水务建设也应声而起。国内电子式水表制造企业规模、数量得到爆发式增长，很多电子式水表产品标示零压力损失、量程比可达 400 倍以上，看起来相比机械水表优势非常明显。电子式水表也有应用效果较为理想的成功个案，为降低产销差作出了极大贡献，但更多的供水企业并未取得理想的应用效果，很大的原因是未经科学选型的盲目决策所致。因此，中大口径水表的选型也需要综合考虑各方面的因素来科学决策。

(1) 计量性能及特点比较

目前，中大口径智能水表可供选型的技术方案主要有机械式水表加装数据采集和传输模块、远传超声波水表和远传电磁水表这三种。通常情况下，数据采集频次要求至少为每 15min 1 次，数据上报频次至少为每日 2 次。当前中大口径智能远传水表的数据传输方案均采用移动通信运营商的 2G、4G、NB-IoT 等公共网络，选型的侧重点应聚焦于水表的计量性能和环境适应性，在此基础上再综合比较价格。下面从几个方面简要比较宽量程机械式水表（$R \geqslant 200$）、电磁水表、超声波水表的优劣。

① 压力损失比较　中大口径水表通常安装在一个供水片区的总进水管上，若压力损失过大，往往会影响表后用户的用水体验，因此我们需要重点关注《饮用冷水水表型式评价大纲》（JJF 1777—2019）中 7.6 压力损失部分规定，制造商应按表 6-3 所列的数值选取压力损失等级。对于给定的压力损失等级，在最小流量 Q_1 至常用流量 Q_3 之间，流过包括过滤器、过滤网和流动整直器等所有整体水表构成部件在内的压力损失，应不超过规定的最大压力损失。

表 6-3　压力损失等级

等级	最大压力损失/MPa
$\Delta p63$	0.063
$\Delta p40$	0.040
$\Delta p25$	0.025
$\Delta p16$	0.016
$\Delta p10$	0.010

电子式水表制造企业通常以宽量程、零压力损失、无运动部件等来宣传产品。但值得注意的是，当前众多电子式水表的宽量程是通过提高常用流量或缩小测量管内径来实现的，缩径形式见图 6-1 和图 6-2 所示。在实际应用时，过高的常用流量意义不大，并且由于测量管内径的缩小产生的压力损失相比同口径采用动平衡技术的机械式水表压力损失可能更高。

图 6-1　渐进式缩径

图 6-2　直接缩径

② 价格和有效测量范围比较　为了避免水表供应企业通过提高常用流量和缩小水表流通直径来提高量程比的行为，在选型时应约定常用流量的数值和不允许缩小水表口径。在此前提下，我们选取目前市场上的主流产品比较其量程比和价格，参见表 6-4。

表 6-4　常用大口径水表性能价格对比

类型	DN80		DN100		DN150		DN200		DN300	
	R	单价/元	R	单价/元	R	单价/元	R	单价/元	R	单价/元
宽量程机械水表	200	4000	200	4500	200	5000	200	6500	160	13000
电磁水表	≥160	12000	≥160	13000	≥160	14000	≥160	15000	≥160	20000
超声波水表	≥160	7500	≥160	8000	≥160	9000	≥160	9500	≥160	11000

注：表中机械式水表的价格已包含水表和远传终端，价格为市场调研价格取整后的参考价格，其中电磁水表和超声波水表量程比为通径情况。

从表 6-4 可以看出，当前电子水表相比宽量程机械式水表在量程比上未体现出明显优势，且价格更为昂贵，电子式水表的性价比优势并不突出。

③ 环境适应性比较　影响水表计量性能的安装环境因素比较多，我们选取比较常见的现象进行比较。

a. 电磁环境。机械水表由于无电子器件，对安装环境中的电磁干扰不敏感，而电子式水表对电磁环境的要求相对较高。

b. 水汽影响。机械式水表可以适应水淹等恶劣环境，根据第三章阐述内容可知，电子水表不宜安装在易积水或长期潮湿阴暗的水表井内。当电子水表长期处于潮湿环境下时，水和潮气容易侵入电子线路板，会引起电池电量快速消耗甚至导致电路故障，从而影响计量结果直至水表完全不工作。

c. 安装直管段不足影响。现场安装条件常常存在安装空间不足的问题，在特殊情况下，需要选择对流场敏感度较低的水表。可参照第五章的评测方式，评测不同水表的适应情况，为不同的水表进行适应性画像，方便管理部门进行合理选择。

d. 其他特殊应用场景选型。在一些特殊场合，例如在水表下游使用高扬程水泵为水池、储水箱供水，因频繁或者过大的水力冲击会对机械式水表产生极大的损害，轻则加速磨损，重则导致叶轮碎裂。而且故障水表在进行水量推算时，容易与客户产生矛盾，频繁地更换水表不但影响客户的满意度，也直接增加供水企业水表的使用成本。针对此类特殊应用场景选型时，建议综合评估使用工况，高精度机械式水表不能长期正常使用时，可考虑改用电子式水表。

e. 小结。从以上对比分析可以看出，宽量程机械式水表与电子式水表相比，具有价格较低，性能可靠，管理维护简单的优点，目前仍是比较理想的水表型式。但电子式水表可以做到计量、数据采集和传输一体化设计，智能化功能扩展也更加方便，理论上可以实现自动化生产，有利于保证产品的一致性，代表了未来的发展趋势。从深圳水务集团近几年对电子水表产品的发展跟踪情况来看，国内电子水表产业发展迅猛，技术也进步明显。可以预见随着技术的更加成熟，价格成本的不断降低，越来越多的供水企业将逐步推广电子式水表的应用。

(2) 确定型号流程

水表选型的首要目标是准确计量，但水量计量的准确不仅与水表自身性能相关，还与客户的用水消费情况息息相关。一般来讲，水表是可控因素，供水企业可通过市场调研、计量评测、使用中抽检等手段把控产品质量。客户的用水消费情况是供水企业无法控制的，只能通过测量其实际的用水流量曲线来进行评估（详细过程参见本书第六章第一节内容），然后再根据所测量的实际客户用水消费情况来匹配合适的水表。

选择型号时，最为关键的一点是要尽可能保证客户的用水瞬时流量集中在水表的计量高区，即 $Q_2 \sim Q_3$ 的流量高区。通常在流量高区水表的示值误差曲线更加平直，误差更趋向于 0，供水企业与客户之间的贸易结算更加公平。尤其是电子式水表，可以通过软件修正等手段，使其示值误差趋近于 0。而水表在 $Q_1 \sim Q_2$ 流量低区，以及低区以下的流量区间，示值误差曲线变化趋快，误差随流量减小越向于负值，直至测量死区。典型的机械式水表示值误差曲线如图 6-3 所示，水表选型时应避免客户主要用水时段的流量落在额定流量低区及以下的区间，还应避免落在过载流量区及以上的区间。

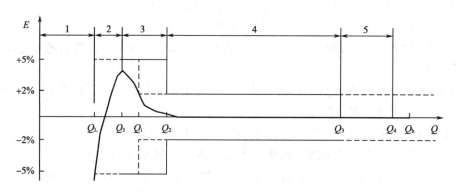

图 6-3　典型机械水表流量误差曲线图

1—测量死区；2—非额定流量低区；3—额定流量低区；4—额定流量高区；5—过载流量区

案例

深圳水务集团 40mm 口径水表选型

2013 年以前，深圳水务集团使用的 40mm 口径水表为旋翼式多流束水表（LXS型）。我们将所有的 40mm 口径水表按用水量、使用年限进行区间划分，按比例随机在各区间抽取一定数量的水表作为评估样本。将选定的样本水表更换为具备数据采集功能和通信接口的 420PC 型高精度机械水表，以获取客户的用水瞬时流量数据。经统计发现多数 40mm 口径水表客户的用水瞬时流量长期处于 LXS 型水表的流量低区。结合更换下来的 LXS 型样本水表各流量点示值误差，评估当时在用的 LXS 型 40mm 口径水表的计量效率较低，还有很大的提升空间。我们提出两种选型方案，一是将 LXS型水表由 40mm 口径降低至 25mm，二是选择量程比更宽的 420PC 型高精度机械水表，LXS-40、LXS-25、420PC-40 型水表技术参数对比见表 6-5。

表 6-5　LXS-40、LXS-25、420PC-40 型水表技术参数对比

型号	口径	Q_3/Q_1	Q_1 / (m³/h)	Q_2 / (m³/h)	Q_3 / (m³/h)
LXS-40	40mm	80	0.2	0.32	16
420PC-40	40mm	160	0.1	0.16	16
LXS-25	25mm	80	0.07875	0.126	6.3

经对比，420PC-40 和 LXS-25 型水表的 Q_1 和 Q_2 流量点相比 LXS-40 型水表大幅降低，而且 420PC 型水表的量程范围更宽。为确保方案的合理性，我们又设计了方案的验证实验和投入产出测算。

（一）实验方案

① 选择可能存在"大马拉小车"现象的在用 LXS-40 型水表样本；

② 选择 420PC-40 型高精度机械水表作为实验标准表对样本水表进行替换；

③ 将所选择的 420PC-40 型标准表和 LXS-40 型样本水表进行多流量点误差校准；

④ 利用数据记录装置采集样本水表客户的用水瞬时流量数据；

⑤ 量化"口径改变变化水量"和"降低老化变化水量"，通过改变水表量程而导致的计量水量变化定义为"口径改变变化水量"，通过改变水表计量误差而导致的计量水量变化定义为"降低老化变化水量"；

⑥ 测算投入产出。

(二) 实验结果

1. 标准表适用性分析

为验证结果，使用 420PC-40 型水表作为标准表，来模拟将原有 40mm 口径 LXS 型水表降低至 25mm 口径水表的适用性，我们分别选取一定数量的 420PC-40 和 LXS-25 型水表进行多流量点的示值误差校准，并且将示值误差的中值进行比较，见表 6-6。

表 6-6 标准表和 LXS-25 型水表中值误差对比

型号	流量点/ (L/h)					
	16000	8000	160	120	100	50
420PC-40	0.57%	−0.04%	2.55%	1.45%	1.75%	−2.35%
LXS-25	0.16%	0.21%	1.62%	1.40%	2.05%	−3.65%

经对比，420PC-40 型水表与 LXS-25 型水表在各流量点处的中值误差基本相符合，所以实验所选用的标准表比较合理，并且误差状况良好。

2. LXS-40 型样本水表误差情况

为后续测算 LXS-40 型样本水表计量效率，我们将 LXS-40 型样本水表进行了多流量点的示值误差校准，见表 6-7。

表 6-7 LXS-40 样本水表示值误差情况

水表表码	水表行度/m³	各流量点 (L/h) 对应的示值误差/%							
		16000	9500	4750	1350	320	200	100	50
0806H003316	7531	−4.39	−4.26	−4.77	−6.44	−5.36	−6.24	−9.20	−19.80
0903H000070	7275	−1.76	−1.25	−1.94	−2.63	−0.54	−1.26	−10.90	−26.30
1005H004558	6960	1.79	1.78	1.43	0.74	1.01	0.38	−1.80	−19.20
0702H004022	14951	2.00	0.80	−0.10	−0.60	−2.60	−4.60	−15.00	−37.00
0903H001170	1481	−1.39	−0.74	−0.71	−0.92	−1.98	−4.17	−9.80	−23.50

3. 客户用水消费模式测量和标准表、样本水表计量效率评估

利用具备数据采集功能的标准表对样本水表客户用水的瞬时流量进行记录，根据 LXS-40 型水表对应的流量高区和流量低区范围，统计样本水表在两个流量区间的用水量，结合标准表和 LXS-40 型水表多流量点示值误差校准数据，评估两种水表分别在 LXS-40 型水表 Q_2（320L/h）以下流量区间和 Q_2（320L/h）以上流量区间的计量效率，见表 6-8。

表 6-8 样本水表客户理论用水量和标准表、样本水表计量效率

LXS-40 型水表表码	420PC-40 型水表表码	Q_2 以下标准水量/m³	Q_2 以上标准水量/m³	LXS-40 型计量效率/%		420PC-40 型计量效率/%	
				Q_2 以下	Q_2 以上	Q_2 以下	Q_2 以上
0702H004022	130847436	10.67	25.79	92.13	99.46	101.96	102.02
0903H001170	130847441	7.99	9.81	91.86	98.90	102.13	102.20
0903H000070	130847438	10.32	24.64	94.96	97.48	102.13	102.07
1005H004558	130847437	3.01	44.23	97.67	100.86	102.66	102.31
0806H003316	130847439	10.39	12.40	92.20	93.79	102.41	102.10

从表 6-8 中明显看出，LXS-40 型样本水表的计量效率普遍偏慢，尤其在 Q_2 以下流量区间，而 420PC-40 型标准表的计量效率表现明显要好得多。以 420PC-40 型标准表的计量结果为基准，LXS-40 型的计量结果偏差在 -4.9%~-10.1% 之间，平均值为 -8.3%。

4. "口径改变变化水量"和"降低老化变化水量"量化

（1）样本水表改造后整体变化水量情况

根据样本水表客户的用水消费模式，结合所评估的标准表计量效率推算客户在采样期间（2013.8.16—2013.8.20）的标准用水量，并根据评估的 LXS-40 型样本水表计量效率推算样本水表在采样期间的计量水量以及改造为标准表的变化水量，见表 6-9。

表 6-9 样本水表理论计量水量、标准表计量水量与水表改造变化水量

客户名称	标准用水量/m³	标准表计量水量/m³	样表计量水量/m³	变化水量/m³
DN40-1	36.46	37.19	35.49	1.7
DN40-2	17.8	18.19	17.04	1.15
DN40-3	34.96	35.69	33.82	1.87
DN40-4	47.24	48.34	47.55	0.79
DN40-5	22.79	23.3	21.21	2.09
合计	159.25	162.71	155.11	7.6

经统计，通过"不匹配"改造后的标准表的计量水量比LXS-40型样本水表的计量水量有明显提升，5只标准表在采样期间（2013.8.16—2013.8.20）增收水量7.6m³，增收幅度4.9%。

（2）"口径改变变化水量"情况

根据样本水表客户的用水消费模式，结合标准表在Q_2流量点（LXS-40）以下的计量效率推算客户在采样期间（2013.8.16—2013.8.20）的Q_2流量点（LXS-40）以下的标准用水量，并根据评估的LXS-40型样本水表在Q_2流量点（LXS-40）以下的计量效率推算样本水表在采样期间（2013.8.16—2013.8.20）的Q_2流量点（LXS-40）以下的计量水量以及"口径改变变化水量"，见表6-10。

表6-10　样本水表理论计量水量、标准表计量水量与"口径改变变化水量"

客户名称	标准用水量/m³	标准表计量水量/m³	样表计量水量/m³	变化水量/m³
DN40-1	10.67	10.88	9.83	1.05
DN40-2	7.99	8.16	7.34	0.82
DN40-3	10.32	10.54	9.80	0.74
DN40-4	3.01	3.09	2.94	0.15
DN40-5	10.39	10.64	9.58	1.06
合计	42.38	43.31	39.49	3.82

经统计，5只标准表在采样期间（2013.8.16—2013.8.20）因"口径改变变化水量"增收水量3.82m³，占整体增收水量的50.26%。

（3）"降低老化变化水量"情况

根据样本水表客户的用水消费模式，结合标准表在Q_2流量点（LXS-40）以上的计量效率推算客户在采样期间（2013.8.16—2013.8.20）的Q_2流量点（LXS-40）以上的标准用水量，并根据评估的LXS-40型样本水表在Q_2流量点（LXS-40）以上的计量效率推算样本水表在采样期间（2013.8.16—2013.8.20）的Q_2流量点（LXS-40）以上的计量水量以及"降低老化变化水量"，见表6-11。

表6-11　样本水表理论计量水量、标准表计量水量与"降低老化变化水量"

客户名称	标准用水量/m³	标准表计量水量/m³	样表计量水量/m³	变化水量/m³
DN40-1	25.79	26.31	25.65	0.66
DN40-2	9.81	10.03	9.70	0.6
DN40-3	24.64	25.15	24.02	1.13
DN40-4	44.23	45.25	44.61	0.64
DN40-5	12.40	12.66	11.63	1.03
合计	116.87	119.4	115.61	4.06

经统计，5只标准表在采样期间（2013.8.16—2013.8.20）因"降低老化变化水量"增收水量4.06m³，占整体增收水量的53.42%。

（4）实验结果印证

实验期间（2013.8.16—2013.8.20）的LXS-40型样本水表计量水量是根据样本水表示值误差和样本水表客户的用水消费模式推算的理论值。因此，为了印证实验结果的可信程度，我们选择样本水表客户在2013年7月份的实际抄表水量的日均水量与420PC-40型标准表日均水量进行对比，见表6-12。

表6-12   样本水表客户实际日均水量与420PC-40型标准表日均水量对比

客户名称	样表客户7月份抄表水量/m³	样表日均计量用水量/m³	标准表日均计量用水量/m³	实际日均变化水量/m³	理论计算日均变化水量/m³
DN40-1	203	6.55	7.92	1.37	0.34
DN40-2	84	2.71	1.99	−0.72	0.18
DN40-3	229	7.39	8.15	0.76	0.37
DN40-4	230	7.42	10	2.58	0.16
DN40-5	111	3.58	5.02	1.44	0.42
合计		27.65	33.08	5.43	1.47

经统计，通过"不匹配"改造后实际日均水量增加5.43m³，增收幅度19.64%。其中，4个样本的实际日均变化水量有不同程度的增收情况，说明实验结果可信程度较高。

（5）投入产出测算

我们针对40mm口径水表的两种选型方案进行投入产出测算，方案一是将LXS型水表由40mm口径降低至25mm，方案二是选择量程比更宽的420PC型高精度机械水表，见表6-13。

表6-13   两种选型方案的投入产出测算

改造方案	改造成本/（元/只）			平均计量效率提升增收/［元/（只·月）］	预计改造成本回收期/月
	合计	水表差价	改造费用		
改小口径（LXS-40改LXS-25）	32.16	−116.4	148.56	21.7	1.5
改新表型（LXS-40改420PC-40）	440	440	0	36	12.2

注：1. 改造成本计算中包括不同型号、不同口径水表的价格差额部分。

2. 改造成本＝水表差价＋改造费用（配件费用、人工费用、误餐费）。

（3）小结

中大口径水表是供水企业收益的主要贡献者，需要精细化的管理，做到水表科学选型，有必要掌握每一只水表的客户用水消费模式，为其配置最为合适的水表。

2. 小口径水表选型

小口径水表的服务对象以居民客户为主，应用数量占供水企业水表总数的 95% 以上，虽然应用数量大，但计量水量占比很少，而且又是影响供水企业供水服务形象的关键因素之一。因此，小口径水表的选型要在保证计量准确、质量可靠的基础上，平衡价格与管理因素。

（1）基表的选择

《饮用冷水水表检定规程》（JJG 162—2019）中规定，对于公称通径不超过 25mm 的水表只作安装前首次强制检定，使用期限不超过 6 年，到期更换。可理解为 25mm 及以下口径水表在首次强制检定合格后，6 年的期限内要保证计量准确。

目前主流的 25mm 及以下口径水表主要有旋翼式水表、容积式水表、超声波水表三种。旋翼式水表在我国已有 60 多年的发展历史，质量可靠且对流场相对不敏感，主流制造商均可做到 U0/D0 的直管段安装要求，价格也相对低廉（15mm 口径球墨铸铁表壳的水表单价在 60 元左右）。25mm 及以下口径智能水表的基表使用最多的依然是旋翼式机械水表。容积式水表具备计量精度高的特点，但相比旋翼式水表对水质要求也高，水中杂质容易使其卡顿甚至停止计数。超声波水表起步较晚，在近几年才有一定数量的推广应用，并且目前绝大部分供水企业都是以试用为主，目的是对新技术跟踪验证，超声波水表在 6 年周期内的质量可靠性有待验证。

（2）量程比的选择

当供水企业固定各口径水表的常用流量 Q_3 后，量程比（Q_3/Q_1）越大，意味着水表可测量的范围越宽，即水表越灵敏。目前，国内主流的 25mm 及以下小口径机械式水表的量程比通常为 $R100$（$Q_3/Q_1=100$），而电子式水表的制造商往往为突显其技术上的优势，将 25mm 及以下小口径水表量程比提高至 $R250$。凡事都有两面性，量程比越大，往往意味着灵敏度越高，抗干扰的特性相对较弱，需要综合比较后再进行取舍。

一般来讲，居民客户用水消费模式有别于工商业客户。洗手、洗衣、冲洗马桶等都是断续用水，一般连续用水时间短暂。经对居民客户长期的用水消费情况跟踪发现，深圳 15mm 口径居民水表的绝大部分用水流量区间在 40～1270L/h 之间（占总用水量的 97.21%）。对于量程比为 $R=100$ 的水表而言，用水主要集中在水表的计量高区，计量性能可以得到有效保障，如图 6-4 所示。

若选择量程比（$R250$）更高的超声波水表，主要有以下 2 个弊端：

① 量程比越大，意味着 Q_2 越小，《饮用冷水水表检定规程》（JJG 162—2019）中规定，准确度等级 2 级的水表在 $Q_1 \leq Q < Q_2$ 之间流量低区的最大允许示值误差为 ±5%，在 $Q_2 \leq Q \leq Q_3$ 之间流量高区的最大允许示值误差为 ±2%。如果水表的 Q_2 过小，使用中水表容易出现示值误差不合格的现象，从而易引起计量纠纷，对供水企业的服务质量体验不利，如表 6-14 和图 6-5 所示。

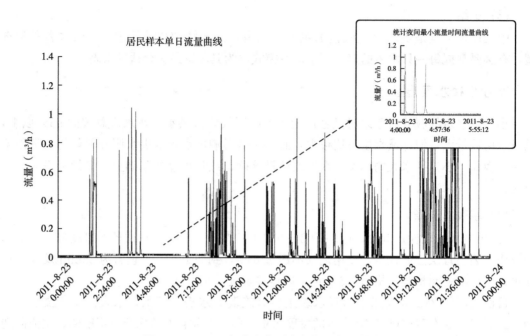

图 6-4   15mm 口径水表典型客户的用水消费模式

表 6-14   15mm 口径水表不同量程比下的技术指标

量程比（Q_3/Q_1）	Q_1 /（m³/h）	Q_2 /（m³/h）	Q_3 /（m³/h）
100	0.025	0.04	2.5
250	0.01	0.016	2.5

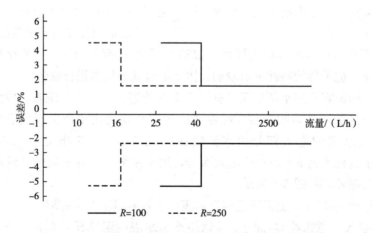

图 6-5   15mm 口径水表不同量程比下的误差要求对比图

② 水表的检定时间由用水量和流量决定，流量越小，检定耗时越长，大大降低了检定工作效率，提升了能源消耗和人力成本。

小口径超声波水表由于换能器的超声波反射支架突出于测量管道中，压力损失相对机械式水表并无明显优势。另外，小口径超声波水表目前仍无法彻底解决无效流动计量（俗称水表自转）问题。无效流动指管道内的水流并未真实流出，只在内部来回涌动。简单增加反向计量功能也难以解决此类情况，超声波水表一般也是采取加装止回阀来抑制水流涌动，减轻无效流动的状况。

随着各类型小口径水表制造工艺的提升，若高量程比的小口径水表可以保证在服役年限内计量合格，我们还是推荐优先选择高量程比的水表。前提是高量程比不是采用提高常用流量或测量管缩径方式换取，且计量性能长期稳定。

（3）数据采集和数据传输模式的选择

在本书第三章第二节，对不同的数据采集和数据传输方式进行了介绍，数据采集和数据传输方式的选择要与供水企业实际管理需求相匹配。比如，预付费水表的使用前提是先付费后用水的服务模式被允许，而选择有线传输方案相比无线传输方案，信号更为稳定且价格便宜，但使用的前提是可以方便地解决施工布线、接取市电等问题，小口径智能水表选型指引，见表6-15。

表 6-15　小口径智能水表（DN15～DN25）选型指引

项目	条件	选型	备注
水表周期更换	楼内设有水表井的高层小区水表	无源有线光电直读水表	
	其他情形安装的水表	NB-IoT 无磁传感智能水表	
新建小区	楼内设有水表井的高层小区水表	无源有线光电直读水表	1. 为方便抄表及水表管理，同一小区（或社区）内的小口径水表原则上选用同一品牌及型号的水表。
	其他情形安装的水表	NB-IoT 无磁传感智能水表	
社改小区		NB-IoT 无磁传感智能水表	
优饮小区	楼内设有水表井的高层小区水表	无源有线光电直读水表	2. 选用有线光电直读水表时应提前与厂家联系接线及安装事宜。
	其他情形安装的水表	NB-IoT 无磁传感智能水表	
故障更换和新报装	小区（或社区）内的水表	小区（或社区）内故障更换或新报装水表时，小口径水表选型原则上与小区（或社区）内的水表选型一致	
	小区外零星散表	NB-IoT 无磁传感智能水表	

注：原则上，城中村栋表选择口径不得超过 40mm；中高层加压供水的户表口径不得超过 20mm；市政直供的户表口径不得超 25mm。

总而言之，供水企业在准备大规模应用某种型号水表之前，应开展小规模的试用工作。建议规模较大的供水企业设立专业的部门来统筹管理水表的选型，避免各单位随意试用各种型号的水表。一是未经技术论证的重复试用容易造成资源的浪费；二是各自为政容易造成管理的混乱，导致对试用结论的评估缺乏客观性，缺乏普遍指导意义。供水企业有必要规定应用单位进行新型水表的试用前要向主管部门提出申请，写明试用的理由，包括但不限于试用水表型号的先进性、适应性、市场使用情况等，同时还要写明试用的规模、费用和时间。最关键的一步是要求试用结束后提交试用分析报告，供后续决策使用。

开展水表试用时，首先要进行安装前计量性能检测，防止使用过程中出现与供水特性有关的潜在问题。其次是被测水表必须在实际使用模式下进行性能评测。最后进行试验情况总结和收益成本分析，形成试用分析报告。

水表选型并不是一劳永逸的，若与之匹配的客户用水消费模式发生变化时，当初的测算就可能不够准确。在使用过程中，要密切关注水表的使用情况和客户的用水消费模式变化情况，应根据实际使用情况及时调整水表选型，保持水表的高计量效率，有效提升计量收益。

第二节　智能水计量仪表的采购、安装和验收

一、智能流量计的采购、安装与验收

1. 采购

采购实施之前应对自身的需求、供应商的质量保证能力和产品的技术特性进行充分的策划，形成可执行的实施细则，并进一步转化为采购文件的组成内容，为招标评审提供客观依据。必要时可对潜在供应商的产品进行性能评测，有利于更加客观地对产品质量作出评价。采购完成后，应将这些要求转化成合同约定，督促供应商履行合同约定，并作为验收标准的组成部分。

① 为采购到质量可靠的流量计，在采购文件中应要求流量计生产企业具备可覆盖所采购流量计口径和流量范围的生产设施、设备和标定装置。建立了 ISO/IEC 17025 实验室管理体系并通过实验室认可的生产企业被认为具有更好的质量保证能力，可列为优先选择的合格供应商。

② 应对流量范围、小信号切除流量、示值误差、重复性、信号输出、材质、电源、数据存储、数据传输等指标提出具体要求，以便作为产品质量验收的依据。

③ 招标前应对自身安装环境条件进行评估，掌握流量范围等用水工艺参数，并根据用水工艺参数约定流量计在不同流量范围内的计量性能指标要求。

④ 采购时还应要求供货商提供生产制造企业的质量保障承诺书，建议至少为十年。

⑤ 招标采购前应对潜在供应商的能力进行评价，必要时应要求投标方提供样品，送到有资质的实验室或自建实验室进行评测。评测的技术依据应将产品标准等技术文件的通用

要求和使用的特定要求相结合，必要时形成评测规范。

⑥ 对于插入式流量计和超声波流量计，仪表的重复性和线性度要比示值误差更为重要，可以在评标环节加重这些技术指标所占分值，以保障采购到质量可靠的产品。

2. 安装及验收

安装是与产品质量保证同等重要的质控环节。流量计在不同的水力环境条件下计量性能往往会表现出显著的差异，现场安装条件越接近实验室条件，计量性能越表现为固有特性，反之则容易在水力干扰下偏离固有特性。

① 流量计的安装必须符合制造商的说明，流向箭头方向与水流方向相同，且应注意防尘、防潮、防震、防撞、防磁。

② 为保障计量性能，一般要求管道式流量计的上游满足 10 倍管径的直管段（U10），下游满足 5 倍管径的直管段（D5）。对于性能特别突出的管道式电磁流量计，虽然技术指标声称 U0/D0 情况下仍能准确计量，但是在遇到上游存在弯头、变径管时，也应尽可能保证 U5/D2 的直管段长度。绝大多数插入式流量计由于以点流速代替面流速，对上下游直管段的长度要求会变得更高，尤其当上游存在表 6-16 所述的阻力件时，保证最短的直管段才能有效发挥插入式流量计的计量特性。

表 6-16　常见阻力件最短直管段要求

序号	阻力件类型	前直管段长	后直管段长
1	水泵	50D	5D
2	三通	50D	5D
3	阀门	30D	10D
4	弯头	30D	5D
5	渐扩管	30D	5D
6	渐缩管	10D	5D

注：D 为管径。

③ 安装精度是影响插入式流量计计量性能的关键因素之一，务必由专业人员使用专业工具进行安装。

④ 安装位置首选液体向上（或斜向上）流动的竖直管道，其次是水平管道，尽量避开液体向下（或斜向下）流动的管道，防止液体不满管。

⑤ 安装位置不应选择在管道走向的最高点，防止管道内因有气泡聚集而影响计量。

⑥ 流量计的安装位置示意详见图 6-6。

⑦ 单插式流量计的插入深度通常分为管道直径的 1/2 和 1/8，不同场景下要选择不同的插入深度，见表 6-17。

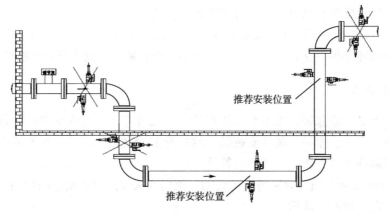

图6-6   流量计安装位置示意图

表6-17   单插式流量计插入深度性能对比

位置	1/2	1/8
优点	1. 流速范围适应性较好，能适应于层流和紊流条件 2. 测量精度对插入位置更不敏感	1. 振动幅度小 2. 能用于很大口径 3. 耐水力冲击能力更强 4. 对水中阻碍物敏感度降低
缺点	1. 受水力冲击和振动影响明显 2. 口径的限制 3. 对水中阻碍物更敏感	1. 测量精度对插入位置更为敏感 2. 层流条件的适应性差

⑧ 流量计的安装环境通常比较恶劣，为便于抄读和维护，应将二次仪表、数据传输模块、电池组等安装在地面以上的防护箱中，且避免雨水淋、浸水风险。

⑨ 流量计安装时所涉及的所属单位、流量计编号、流量计品牌、流量计口径、流量计类型、前后管道材质、壁厚、涂层材料、涂层厚度、前后直管段长度、流量计井的几何尺寸等相关信息应准确录入相关的管理信息系统，为后续的管理和现场校准提供基础资料。为确保资料准确，应提供现场测量照片。

⑩ 为确保计量数据不被篡改，流量计二次仪表部分（通常称作"表头"）应由管理单位安装防护箱，显示屏位置应选用透明材料，确保使用单位在不打开防护箱的情况下正常读取数据。

⑪ 城市供水管网在规划设计时，充分考虑了未来的发展规模，管径设计一般都偏大，导致管道内流速总体偏低。过低的流速对流量计的计量非常不利，尤其是插入式流量计。为了保障计量准确，流量计安装前还应在使用工况的流量范围内进行校准。安装前应使用外夹式流量计核查管道实际的流量范围，确定常用的流量范围，结合实测流量对需要安装的流量计进行校准和标定。该项工作可以在招标采购时写入采购合同，由生产企业负责完成，完成的质量由采购单位监督。

⑫ 流量计的检修和更换相对比较困难，建议有条件的水厂、污水处理厂采用一用一备方式，便于后续的维护。

⑬ 流量计验收需要关注设备（包括流量计二次仪表、数据传输模块、太阳能设施、电

池组的数量、线路敷设和连接、安装位置等）与安装清单和设计方案是否一致。还应关注抄读的准确率，应组织人员对相关系统采集的流量计状态信息、累积行度等数据与现场人工抄读结果比对，确保完全一致。

⑭ 验收人员应如实填写《流量计安装工程信息记录表和竣工验收单》，为了便于今后的精细化管理。尤其是保证使用中的现场校验，应详细准确地写明仪表前后管道的材质、壁厚，管道涂层的材质和厚度，仪表前后直管段的长度等，验收单应包含足够多的信息，参见表 6-18。如果有条件，可要求保存现场验收图片，以避免过场式验收。

表 6-18 流量计安装工程信息记录表和竣工验收单

客户名称				安装地址		
流量计基础信息	生产厂家			品牌		
	仪表型号			仪表表码		
	仪表规格			仪表口径		
	仪表分类			通讯方式		
	仪表参数			加密方式		
	供电方式			检定/校准结果		
	声道数量			插入深度		
	验收结果	□符合 □不符合		不符合项		
安装环境信息	品牌	类型	材质		距离/m	备注
表前阀门						
表后阀门						
表前阻力件						
表后阻力件						
管道材质				管道衬里材质		
管道厚度/mm				管道衬里厚度/mm		
表前距离仪表井壁/m				表后距离仪表井壁/m		
表左方距离仪表井壁/m				表右方距离仪表井壁/m		
表上方距离仪表井盖/m				表下方距离仪表井底/m		
验收结论						
验收人员签字确认						
验收时间						

填表说明：仪表分类指管道式电磁流量计、管道式超声波流量计、多声道插入式超声波流量计、单插式超声波/电磁流量计等。

二、智能水表的采购、安装与验收

1. 采购

智能水表采购环节的控制要求与流量计基本相同，但在具体的关注点上有不同的侧重。

① 采购时应固定水表的常用流量和量程比，以防制造厂商通过提高常用流量的方式来提高量程比指标。相同规格的水表，真正有价值的指标是水表的下限测量能力，绝大多数情况下管道的实际流量要明显小于水表标称的上限流量，因此提高常用流量指标在实际应用中没有实质性的价值。

② 采购电子水表时应约定工作模式和检定模式一致（或只允许一种计量模式）。目前很多品牌基于降低产品功耗的考虑，在水表检定时，采用较高的采样频率来保证计量性能检定合格，但实际使用时，采用工作模式来降低采样频率以达到省电的目的。这就无法保证实验室检定合格的产品在实际使用时仍可准确计量，尤其是流量变化幅度较大的场合，低的采样频率意味着容易产生较大的测量误差，造成计量漏损。

③ 采购时应约定最小显示分辨力和显示位数。最小显示分辨力影响检定效率，分辨力足够的情况下，可以满足启停法检定。显示位数不足，意味着水表在使用一定时间后需要重置读数，为后续管理带来不便。

④ 采购时应约定是否允许缩径，缩径意味着流通能力减小，压力损失增大。

⑤ 采购时应约定材质、长度、数据存储、数据传输、上下游直管段长度等指标。

⑥ 采购电子式水表时还应根据管理要求约定采样频率、检定输出信号、正反向计量、报警等功能和指标。

⑦ 为便于维护和管理，采购时要尽量保持水表型号或型式统一。

⑧ 招标采购时，应要求投标方提供样品，送到有资质的实验室或自建实验室进行评测。评标规则应提高技术指标所占权重，以保障采购到质量可靠的产品。

2. 安装

与流量计一样，安装对水表同样极为重要。规范安装可以帮助提高水表的计量准确度，减少故障发生率，延长使用寿命，节约维护费用。

① 水表及水表组的设计、安装应符合国家标准《饮用冷水水表和热水水表　第5部分：安装要求》（GB/T 778.5—2018）及企业自身规定的安装要求。深圳水务集团为进一步加强水表安装的规范性，编制了《大口径水表、水表组设计及安装规范》，作为指导安装和验收的标准，详见本书附录。

② 水表安装前应冲洗水管，防止杂物进入水表或供水管。智能水表或在线监控终端安装前应进行通信信号检测，确保通信准确可靠。

③ 中、大口径水表与上下游管道间应安装防盗铅封，防止在不明显损坏防护装置的情况下拆除水表。

④ 水表表组应粘贴用户编号、用水地址等标识，以满足后续的水表更换、抽检、核对等管理需求。

⑤ 水表安装后，应将用户编号、水表编号、用户名称、用水地址、水表表码、水表口径、水表型号、水表行度、设备编号、地理坐标等信息及时准确地录入相关管理信息系统。

⑥ 对于大口径电子水表，为避免人为破坏或利用电子手段篡改计量参数，建议安装防护箱，显示屏位置应选用透明材料，确保维护人员和用户在不打开防护箱的情况下正常读取数据。

3. 验收

验收不仅是一种管理监督机制，也是查漏补缺、改进提高的重要环节。验收应依据预先设定的标准和规范进行，验收过程中发现的问题应逐一整改到位。

① 水表验收时，所安装水表的品牌、型号、安装数量、安装位置等信息应与安装清单和设计方案一致，且水表和水表组应规范安装，智能水表验收时还应符合以下要求：

a. 远传水表及其电子设备（机电转换模块、数据传输模块、采集器、集中器等）的数量、编号、线路敷设和连接、安装位置等信息应与安装清单和设计方案一致。

b. 智能水表的电子装置（转换模块、数据传输模块、集中器、采集器等）都应安全、正确、牢固地安装连接，且不影响水表组的正常使用及更换。使用数据线连接的远传水表，数据线应使用不锈钢套管予以保护，接线盒应确保安装牢固。

c. 智能水表数据应准确、稳定和及时地传输到智能水表信息化管理平台，一次抄读成功率应达到100%。其中：

$$一次抄读成功率 = \frac{一次抄读成功的次数}{应抄读的总次数} \times 100\%$$

d. 智能水表的抄读正确率应为100%，即通过智能水表信息化管理平台所采集的水表表码、状态信息、水表行度等数据应与现场人工抄读的结果一致。

② 验收人员应如实填写《水表安装工程信息记录表和竣工验收单》，验收单应包含尽量多的信息，以便于后续的精细化管理，参见表6-19。

表6-19 水表安装工程信息记录表和竣工验收单

	客户名称		安装地址	
水表基础信息	生产厂家		水表数量/只	
	水表品牌		水表表码	
	水表型号		水表口径	
	水表分类		通信方式	
	安装角度	□水平　□倾斜≤15°　□倾斜15°~45°　□倾斜45°~90°		
	线路安装	□符合 □不符合 □不适用	采集器/集中器	□符合 □不符合 □不适用
	验收结果	□符合 □不符合	不符合项	

续表

配套设备信息	品牌	型号规格	材质	验收结果		备注
在线监控设备				□符合 □不符合 □不适用		
脉冲传感器				□符合 □不符合 □不适用		
软密封闸				□符合 □不符合 □不适用		
伸缩过滤器				□符合 □不符合 □不适用		
球阀和歧管				□符合 □不符合 □不适用		
截止阀				□符合 □不符合 □不适用		
直管段材质			表组立柱材质			
表前直管段长度/mm			表后直管段长度/mm			
表间隔高度/mm			抄表成功率		抄表准确率	
验收结论						
验收人员签字确认						
验收时间						

第三节 智能水计量仪表的运维管理

一、智能流量计的运维管理

运维是一项技术和管理相结合的工作，在水计量仪表的全生命周期中起着非常重要的作用，是保障供水企业有序开展生产经营活动的一项基础性工作。高效的运维管理，不仅能改善用户体验，提高供水服务的满意度，还能有助于减少计量漏损，提高经营效益。因此供水企业应努力创造条件，建立一支精干的运维管理团队专职从事水计量仪表的运维管理工作。

有关流量计的运维管理，下列措施的落实是必不可少的。

① 流量计的使用单位应安排专人每天对流量计的上报数据进行查阅、核实，作好记录，并将异常情况及时报告给管理职能部门。

② 使用单位和管理部门应建立或聘用专业的流量计维护团队及时处理流量计数据异常情况。

③ 流量计使用单位应安排专人每月对流量计的现场运行状况进行核查，并做好记录。核查内容包括核查日期、核查人、流量计编号、口径、安装位置、流量计运行情况、表井和相关设施情况、供电电源情况、通信线路和设备情况，并对流量计、表井和相关设施拍照存档，核查记录应保存一年以上。

④ 使用单位应确保流量计安装井不积水，供电电源和通信线路应处于正常状态。

⑤ 管理单位应每年编制流量计的校准核查计划，按计划实施校准和核查，分析总结校准核查结果，提出有关改进和完善的建议。这些建议包括：运维方法和措施方面的改进建

议、流量计选型和使用方面的建议、供应商管理方面的建议、工程设计和施工质量方面的改进建议等。

对流量计实施现场校准核查是运维管理的一项重要技术手段。常见的校准核查方法有清水池收集法和利用外夹式超声波流量计作为标准表的标准表对比法。清水池收集法适用于可以停水的水厂，外夹式超声波流量计由于操作方便，应用最为广泛。

目前国内一些省市计量技术机构牵头编制《大口径液体流量计在线校准规范》，为流量计的在线校准提供了详细的技术指导，其中最主要的技术手段是利用外夹式超声波流量计作为标准表进行对比核查，主要的技术要求如下：

① 外夹式超声波流量计使用前应在与被检流量计口径相同的管道上进行校准，确保测量误差满足最大允许误差±0.5%的要求，重复性优于0.1%。

② 校准流量点应尽可能覆盖被检流量计的常用流量范围（来源于日常管理统计）。

③ 尽可能避免在下限流速（0.5m/s以下）使用，除非经过定点校准，并经过必要的稳定性和重复性考核。

④ 由于校准的现场通常条件比较恶劣，前后直管段不足，应在校准前充分模拟校准现场条件，对外夹式流量计进行校核。如：将外夹式流量计安装在被校流量计的前后不同距离下，选用日常常用的流量点进行校准。

⑤ 选择合适的测量点。测量点前后直管段长度应适宜，便于操作。换能器安装位置选择在管道侧面，大管道优先采用Z法安装，小管道优先采用V法安装。

⑥ 用钢卷尺采用围尺法测量管道外周长，测量点应避开障碍物，取多点测量的平均值。

⑦ 用超声波测厚测量管道壁厚，必要时测量点处的表面应经打磨，确保平滑，取多点测量的平均值。

⑧ 将测量得到的管道外周长、壁厚、管道材料和换能器安装方法等参数，输入外夹式超声波流量计的主机，由主机自动计算出换能器安装尺寸。

⑨ 根据计算结果将换能器安装在管道上，仔细核对安装尺寸，V法安装的换能器连线与管道轴线平行，Z法安装的换能器连线穿过管道轴线。

⑩ 换能器安装完毕后将主机切换到测量模式，检查超声波信号质量和瞬时流量稳定性，确认处于正常状态后进行测量。

⑪ 为提高测量结果的可信度，可通过改变换能器安装位置的方式进行多次测量，取多次测量的平均值为最终结果。

当流量计的安装条件不适合采用外夹式超声波流量计进行校准核查时，每年至少安排一次由流量计生产企业的专业人员进行的仪表参数检测核查，如流量计的绝缘性能、零点漂移等。表6-20是科隆电磁流量计的检测报告摘要。

表6-20　科隆电磁流量计现场参数校准项目表

校验信号源：KROHNE GS8

校验方法：以GS8为基准测试KROHNE转换器的相对误差，用万用表测量传感器阻值的电参数法

校验设备：KROHNE GS8和万用表

传感器和转换器型号	IFS4000＋IFC110	
口径	DN1000	

续表

传感器常数	GK：3.6361		
励磁频率	1/36Hz		
满量程	7000m³/h		
报错信息	无		
传感器检测	IFS4000		
信号检测：①—②	24～28kΩ	正常	
①—③	24～28kΩ		
励磁检测：⑦—⑧	140Ω	正常	
信号检测：①—地	通路		
对地绝缘	大于 20MΩ	正常	
转换器测试	IFC110	GS-8	误差
零点	0	0	0%
检验点	5024m³/h	5140.25m³/h	−2.314%
结论	检查电磁流量计传感器阻值正常，用 GS8 检查转换器偏差较大，建议用户对转换器进行更换		
报告人	×××		
日期	2021-3-28		

供水企业有条件时可由培训合格的技术人员自行检测流量计参数，表 6-21 是某水厂自行检测参数表格摘要。

表 6-21　水厂自行检测流量计参数表

电磁流量计参数：

仪表编号		型号		口径		电极材料	NEOP
衬里材料	MO	GK 值		测量介质	水	使用日期	
使用位置							

电磁场流量计现场检查项目：

序号		检查内容	检查结果	备注
励磁线圈	1	线圈导通性		良好或差
	2	线圈阻抗（端子 7、8）		典型值：30～170Ω
	3	线圈对地绝缘（端子 1、8）		典型值：>20MΩ
电极	4	电极导通性		良好或差
	5	电极接液体电阻（端子 1、2 和 1、3）		典型值：1kΩ～1MΩ
	6	电极绝缘（端子 1、20 和 1、30 和 20、30 和 2、20 和 3、30）		典型值：>20MΩ

续表

序号		检查内容	检查结果	备注
转换器	7	励磁频率		设定励磁频率
	8	励磁电流		±237mA 误差 5%
	9	零点偏移		
	10	正向量程		设定量程
	11	正向流量		即时流量
	12	电流输出		即时电流输出
电缆	13	驱动屏蔽对地（端子 1 对地）		0Ω
	14	总屏蔽对地（电缆外屏蔽对地）		0Ω
	15	信号接地点对地（端子 20 和 30 对地）		0Ω

二、智能水表的运维管理

为确保智能水表长期稳定运行，必须进行有效的日常维护管理。水表运维信息化、数字化是智慧水务建设中不可或缺的重要内容。当前各大型供排水企业均开发了功能相对完善的水表运维作业信息化平台，目的是获取水表运维过程中的真实数据，考核运维人员的工作质量。智能水表对运维人员的技能提出了更高的要求，运维人员不仅需要了解智能水表的工作原理、分析排除工作故障，还要能将更换调试的水表接入管理信息化系统。若运营单位没有配备专业的维护人员，则需要在招标采购环节设置智能水表的维保约束条款。

相对于机械式水表，智能水表不仅要保持安装环境清洁，及时维修损坏的铅封，定期清洗管道过滤网等，还要对信息化管理平台提供的数据信息加以分析，及时处理各种异常情况，重点做好下列工作。

1. 抄表数据核查

虽然智能水表的水量信息已传输至后台信息管理平台，但为了确保抄读准确，减少计费失误，仍要定期人工对智能水表进行抄读核查，发现问题及时更正。核查时可以同时兼顾如下内容：

① 远传装置或基表是否完好无故障；
② 远传装置供电是否正常；
③ 智能水表基础信息是否准确、铅封是否完好；
④ 远传数据是否准确、上报是否及时。

下面以深圳水务集团管理范围内的一只施工水表的复核为例来说明核查工作的重要性。

案例 1

　　某用水性质为施工用水的客户，因施工用水量性质特殊，相对常规用户月水量不匀。某次现场复核发现，现场水表显示行度为 36115m³，与信息化平台显示数据 34952m³ 不符，但智能水表管理信息化平台未能判断并提示用水量异常情况。随后经工作人员现场维护确认数据采集模块故障，维修后数据恢复正常，如图 6-7 所示。倘若未采取定期复核措施，该水表故障期间的水量将无法及时回收，而且累积的时间越久，水量差异越大，很容易发生计量纠纷，甚至造成计量漏损。

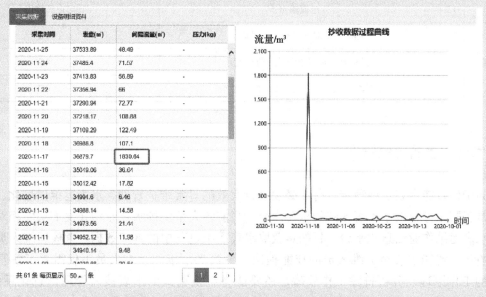

图 6-7　某施工用表的远传抄表数据及用水曲线

　　通过上面的案例可以看出，智能水表的定期核查是十分必要的。但是为了避免无效核查，不同的用户性质和水表口径，核查的频次应不同。下面是深圳水务集团采取的核查频次。

　　① 15～25mm 口径的智能水表上线首年每半年核查一次，第二年开始每年核查一次。

　　② 40～50mm 口径的智能水表上线首年每季度核查一次，第二年开始每半年核查一次。

　　③ 80mm 及以上口径的智能水表上线首年每月核查一次，第二年开始每季度核查一次。

　　数据核查要充分利用信息化手段，并且尽量采用分级督查的模式，即核查人员按要求去现场核查，更高级别管理人员随机抽检核查人员的工作质量，同时可以要求核查人员配带具备定位功能的手持机，作业时使用手持机扫描水表二维码或条形码读取水表的基础信息，通过拍照或其他方式填写核查信息。

2. 智能水表信息化管理平台的使用

　　智能水表信息化管理平台，可以提供丰富的智能水表运行信息。供水企业应安排专人负责监督管理这些信息，尤其是各种类型的报警信息，可以帮助供水企业及早发现问题，及时减少计量损失。

① 供水企业对于离线报警、电池电压不足报警、数据缺失、零用水量等设备或通信问题，应通知专业维护人员及时排除故障。无法排除或者反复出现的问题应重点跟踪，并及时报送上级管理部门。

案例 2

如图 6-8 和图 6-9 所示，智能水表数据管理平台对某客户的智能水表生成零水量报警，工作人员立即进行现场数据核实，发现该水表行度与平台远传数据不相符。经故障排查发现，由于通信线路被老鼠咬断，导致采集器与远传装置之间无法正常通信，造成数据异常。

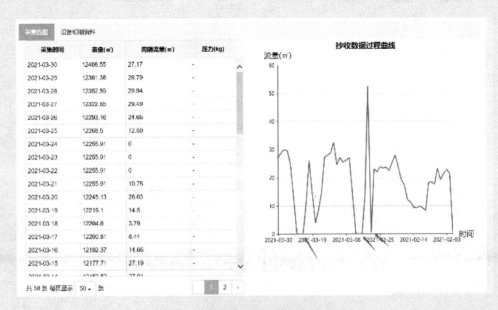

图 6-8　某客户水表远传数据为零水量

图 6-9　采集器通信线路被老鼠咬断

② 除显性的故障报警外，智能水表信息化管理平台还可以对水量波动异常、倒流

等异常用水情况进行报警。

案例 3

　　如图 6-10 和图 6-11 所示，智能水表数据管理平台显示，某客户智能水表数据存在波动异常，主要表现为日用水量时常出现负值，维护人员进行现场维护后，重新将远传数据设置为表盘读数，但用水量为负的情况又继续出现。维护人员无法定位具体故障，随即采取更换采集器的办法，使得远传数据恢复平稳。

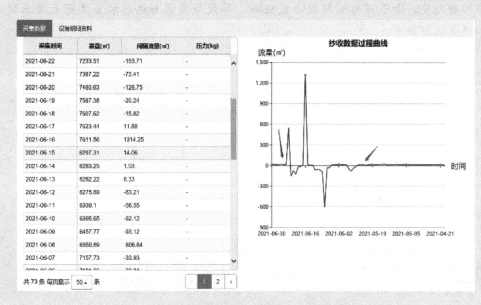

图 6-10 　远传抄表平台提示某客户水表数据波动异常

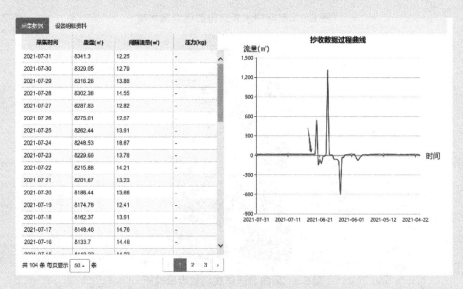

图 6-11 　更新采集器后用水量趋于平稳

案例 4

　　某客户的日平均用水量为 45m³，2021 年 2 月 28 日智能水表数据管理平台显示该客户用水量为 0m³、远传水表读数为 50054m³，3 月 1 日供水企业工作人员现场复核行度为 50081m³，与远传水表读数一致，排除了采集故障，继续观察监控数据。

　　如图 6-12 所示，3 月 2 日智能水表数据管理平台再次显示该客户用水量为 0m³，随即发起故障换表派工。3 月 4 日完成故障水表的更换和智能水表数据管理平台的数据调整。3 月 7 日平台提示该用户日用水量连续两天突增，供水企业随即提醒客户自查水表下游用水设施。3 月 10 日该客户日水量数据恢复正常。该案例说明，通过对智能水表的数据异常监测，供水企业不仅可及时发现和处理水表及配套设置的故障，减少计量损失，还可以提醒用户检查自身的用水设施，避免不必要的水量产生，提升了服务质量和用户的满意度。

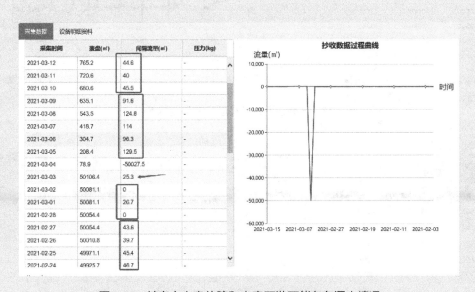

图 6-12　某客户水表故障和水表下游可能存在漏水情况

　　③ 智能水表数据管理平台通过客户夜间最小流量时段（一般在凌晨 2 点至凌晨 5 点之间）的水量数据变化监测，可以对夜间用水量较高的客户进行报警，提醒客户重点检查其管道系统和用水器具是否存在漏水状况。

案例 5

　　如图 6-13 和图 6-14 所示，某商住混合型小区，2020 年的日均用水量约 500m³，而 2021 年的日均用水量增加幅度较大，随即告知小区物业管理处，但未引起重视，小区物业管理处认为水量增加的原因为入住人员增加。2021 年 6 月，发现该客户水量明显突增，随即提醒该客户进行查漏和修复。经该客户排查，发现在其排水井中存在漏点。经开挖修复后，7 月 20 日该客户用水量开始明显下降，基本与上年同期水量吻。

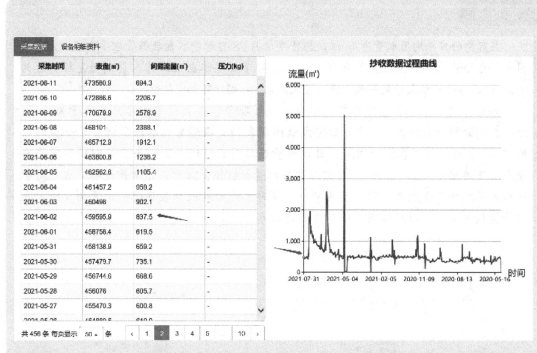

图 6-13　某商住混合型小区客户日用水量突增

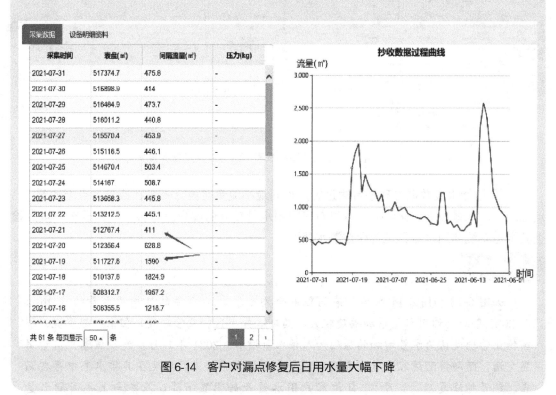

图 6-14　客户对漏点修复后日用水量大幅下降

④ 智能水表数据管理平台对小区 DMA 对照总表和客户分表的用水数据进行监测，可以帮助供水企业发现总分表对照关系的账册错误，确保漏损控制精准施策。

案例 6

　　如图 6-15～图 6-17 所示，某小区 DMA 的漏损率长期处于较高水平，约 27.47%，经多次探漏均未探明漏点。在分析小区对照总表流量和客户水表数据差异时，发现在小区对照总表和泵房之间存在一客户水表，当每次关闭阀门隔天再开启时，其流量数据波动规律与总分表数据差异值近似。因此怀疑前期在开展小区关阀测试时，该客户的水表很可能处于阀门关闭状态，造成该水表未被登记在小区 DMA 包含的水表账册上。遂再次对该小区进行关阀测试，最终确认此客户在该小区的对照范围之内。添加该客户水表信息后，此小区 DMA 在下一周期的漏损率下降至正常水平。

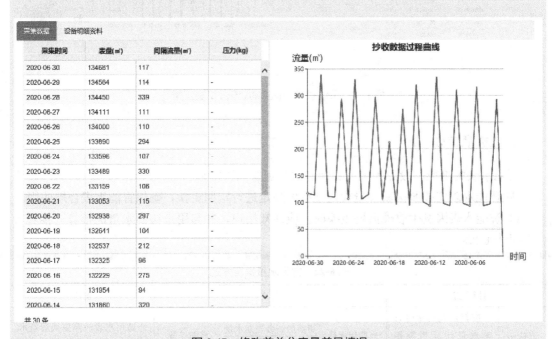

图 6-15　修改前总分表量差异情况

图 6-16　梳理账册且添加遗漏客户分表

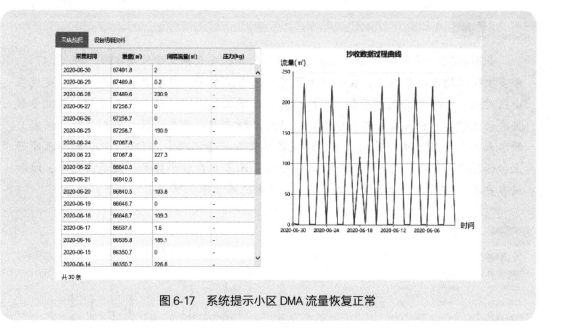

图 6-17　系统提示小区 DMA 流量恢复正常

3. 水表的更换

智能水表的更换一般分为定期更换和故障更换两种情形：

① 智能水表应按照国家计量检定规程的规定进行定期更换，确保智能水表合规使用。

② 智能水表因发生故障需要更换时，应通知用户，并与用户协商水量的推算，推算方法参见表 6-22。

表 6-22　常见水量推算方式

	计算方法	公式	备注
方法一	按新水表正常时日均水量计算当期用水	当期用水量=$\dfrac{更换的新表当期水量}{更换新表天数}\times$当期天数	适用水表故障更换后新水表使用时间大于 10 天的故障
方法二	按前三期平均水量计算		适用季节无变化的情况
方法三	按上期水量		上期水量异常的（水表故障或节假日）除外
方法四	按去年同期水量计算		适用于用水现状稳定的客户
方法五	按故障前水表正常时日均水量计算当期用水量		适用水表更换后新水表使用时间小于 10 天的情况
方法六	分段计量法	（1）月用水量=不稳定用水时段实际用水量（可推算）+稳定用水时段实际用水量（可推算） （2）月用水量=故障修复前时段实际用水量（可推算）+故障修复后运行时段实际用水量	公式（1）适用于节假日或用水在计量月不稳定、有明显变化的情况 公式（2）适用于故障修复后立即追收水量的情况

4. 计量争议的处理

(1) 法规依据

《计量法》第二十一条，处理因计量器具准确度所引起的纠纷，以国家计量基准器具或者社会公用计量标准器具检定的数据为准。

《计量法实施细则》第八章对计量调解和仲裁检定作出了如下规定。

第三十四条，县级以上人民政府计量行政部门负责计量纠纷的调解和仲裁检定，并可根据司法机关、合同管理机关、涉外仲裁机关或者其他单位的委托，指定有关计量检定机构进行仲裁检定。

第三十五条，在调解、仲裁及案件审理过程中，任何一方当事人均不得改变与计量纠纷有关的计量器具的技术状态。

第三十六条，计量纠纷当事人对仲裁检定不服的，可以在接到仲裁检定通知书之日起 15 日内向上一级人民政府计量行政部门申诉。上一级人民政府计量行政部门进行的仲裁检定为终局仲裁检定。

(2) 具体执行

据不完全统计，深圳原特区内每年对水表计量有异议的约有 500 只，如果全部按照仲裁检定处理，程序烦琐，是对政府行政资源的极大浪费。供水企业一般会主动化解矛盾，通过协商的办法处理计量争议问题。常见流程为：用户填写水表检定申请单→双方共同或委托供水企业员工将水表拆卸后送至当地水表计量检定机构检定→检定合格用户支付检定费用/检定不合格按照约定进行退补水费。

水表检定不合格，通常是某一个流量点不合格，其他两个流量点合格，如何合理确定退补水量不是一件容易处理的事情。2022 年，由上海市计量协会牵头组织编制的《民用水表、电能表、燃气表计量争议处置规范》团体标准正式发布。此项团体标准为"民用三表"计量争议处置工作提供了指导，成为全国首个民用三表领域规范计量争议处置工作的团体标准。该标准提供了常用的几种水量退补方法，非常实用。希望各地政府应尽早出台本地的处置规范，确保计量争议的处理有标准有依，可以极大地化解矛盾，维护社会和谐。

(3) 设想

智能水表既然可以记录用户的消费模式，那么争议水量的处理就可以参考计量效率评估的做法，结合检定数据和用水模式进行精细化的退补水费。

(4) 废旧水表的处理

① 中大口径的智能水表建议交由管理部门，进行重新检定分析。检定结果合格的水表可以继续使用，如用于水量消耗较少的消防表等，以实现资源利用最大化，同时可以用于综合分析研究水表的老化规律，进一步指导完善智能水表的管理措施。

② 小口径智能水表建议交由管理部门按一定比例抽检，统计分析水表老化规律，各品牌产品质量等，为完善供应商评价和招标政策提供客观依据，同时也为制定水表的有效使用年限积累统计数据。

③ 智能水表通常配置有电池、电路板，为防止污染环境，避免浪费，不可随意处置，可在采购前制定生产企业的回收机制。

第七章
智能水表的数据运用与分析

思维导图

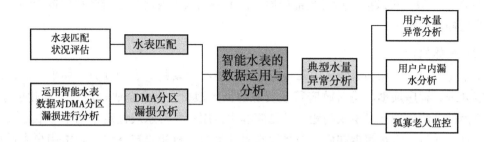

目前，智能水表在国内各供水企业得到了广泛应用，其价格是普通机械式水表的数倍。如何更好地应用智能水表所采集的水量数据来提高供水企业的业务管理水平，达到精细化管理的效果，显得尤为重要。

第一节 水表匹配

水表是否可以对用户的实际用水量进行准确计量，这不单取决于水表自身的计量性能，更为重要的是水表的测量范围是否可以很好地覆盖用户实际用水流量区间。这就像人们选择一件适合自己的衣服一样，不仅要看衣服的款式是否符合自己的审美，也要看衣服的码数是否与自己的身材相匹配。

在智能水表未得到广泛应用之前，供水企业通常的做法是根据所使用的水表技术参数计算出各品牌、各型号、各口径水表的适用水量区间，再与用户的实际水量进行对比来评判匹配状况。采取这种方法只能粗略地对水表匹配状况进行判断，是因为不同的用户用水特点不尽相同。例如生产制造业用户可能日均用水量不大，但某一工艺过程的用水瞬时流量却很大，如果仅依据日均用水量来判断水表是否匹配得出的结论就不准确。

目前，智能水表在国内各供水企业中得到广泛应用，通常都具备一定间隔时间的用水量数据记录和远程数据传输的功能。我们可以利用其记录和传输的间隔用水量数据来还原用户的用水消费模式，得到用户的实际用水流量区间，再结合用户水表的技术参数可准确判断匹配状况。在此基础上，我们还可以结合用户水表不同流量点的示值误差，进一步计算得到用户水表的计量效率。

一、水表匹配状况评估

我们在评估水表匹配状况时，要同时考虑水表的测量范围和用户的实际用水消费模式这两个关键因素。众所周知，水表的测量范围是由过载流量（Q_4）、常用流量（Q_3）、分界流量（Q_2）、最小流量（Q_1）四个特征参数来表征。我们以准确度等级为 2 级的水表为例，在《饮用冷水水表检定规程》（JJG 162—2019）中规定了在流量低区（$Q_1 \leqslant Q < Q_2$）的最大允许误差为±5%、流量高区（$Q_2 \leqslant Q \leqslant Q_4$）的最大允许误差为±2%（见图 7-1），因此我们要尽量保证水表所计量的用户用水流量区间处于水表的流量高区，以减小因水表测量误差导致的水量计量不准确。准确度等级为 1 级的水表最大允许误差请查阅《饮用冷水水表检定规程》（JJG 162—2019）。

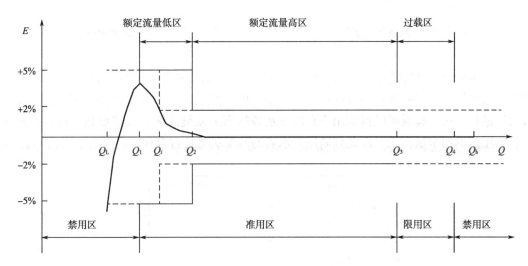

图 7-1　准确度等级 2 级、温度等级 T30 水表的测量范围示例

在实际应用时，虽然不同品牌、型号、口径的水表准确度等级和温度等级可能相同，但是过载流量（Q_4）、常用流量（Q_3）、分界流量（Q_2）、最小流量（Q_1）却不一定相同，通常我们可以通过水表制造商的产品手册或表盘标识来获取，如图 7-2 和图 7-3。

图 7-2 所示的产品手册可以直观地掌握某品牌、某型号的各口径水表过载流量 Q_4、常用流量 Q_3、分界流量 Q_2、最小流量 Q_1 等参数信息。图 7-3 所示为水表表盘印刷内容，可以了解到 SENSUSU 品牌、WPD 型号、DN150 口径的水表常用流量 Q_3 为 400m³/h，测量范围 R 为 200（即 $Q_3/Q_1=200$），因此我们可以计算出最小流量 Q_1 为 2m³/h。再根据《饮用冷水水表检定规程》（JJG 162—2019）中规定 Q_2/Q_1 为 1.6、Q_4/Q_3 为 1.25，计算出该水表的分界流量（Q_2）为 3.2m³/h、过载流量（Q_4）为 500m³/h。

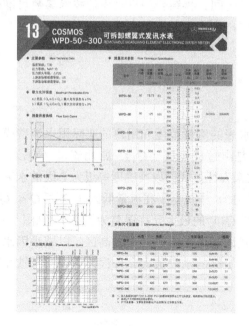

图 7-2　水表产品手册

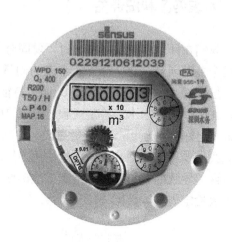

图 7-3　水表表盘标识

　　用户用水消费模式则是利用智能水表对用户用水量数据的记录功能进行还原。如图 7-4 所示，通常智能水表所采集的数据都包括采集时间、间隔水量或表盘读数等字段，再将这些数据进行二次计算就可以得到用户在对应水表的额定流量高区、额定流量低区以及限用区、禁用区的用水量占比，以此判断用户水表的匹配状况是否合理。

采集时间	表盘(m³)	间隔流量(m³)
2021-08-31 22:15:00	634126	15
2021-08-31 22:00:00	634111	16
2021-08-31 21:45:00	634095	15
2021-08-31 21:30:00	634080	14
2021-08-31 21:15:00	634066	14
2021-08-31 21:00:00	634052	14
2021-08-31 20:45:00	634038	13
2021-08-31 20:30:00	634025	13
2021-08-31 20:15:00	634012	13
2021-08-31 20:00:00	633999	13
2021-08-31 19:45:00	633986	10
2021-08-31 19:30:00	633976	11
2021-08-31 19:15:00	633965	9
2021-08-31 19:00:00	633956	10
2021-08-31 18:45:00	633946	9

图 7-4　智能水表所记录的用户用水量数据

案例

深圳市罗湖区某用户使用宁波品牌 WPD 型号 DN150 口径水表，8 月用水量仅 455m³。如果按照深圳水务集团推荐的《水表口径匹配快速核查表》要求的最低月水量 10249m³ 判断，该用户的水表属于严重的"大马拉小车"。那么，如果利用智能水表所采集的用户实际用水消费模式结合该水表的技术参数再次进行判断，结果会是如何呢？

首先，我们根据宁波品牌水表的产品手册查询得到该水表的流量高区（$Q_2 \leqslant Q \leqslant Q_4$）为 3.2～500m³/h、流量低区（$Q_1 \leqslant Q < Q_2$）为 2～3.2m³/h。意味着只要用户的实际用水流量在水表的测量范围以内，该水表都可以在一定程度上保障计量的准确性，当然最优的计量区间应为该水表的流量高区。

其次，我们利用智能水表所采集的用户实际用水量数据还原用户的用水瞬时流量区间，如图 7-5 所示。

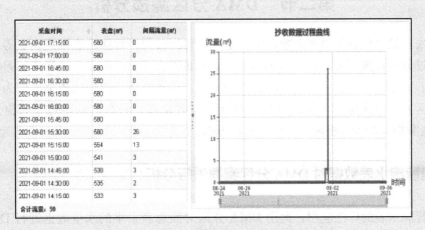

图 7-5　智能水表采集的用户实际用水数据

从图 7-5 我们清晰地看出，该用户多数时间下的用水量均为 0，仅在 9 月 1 日 10:15—15:30 出现了短时用水，接着我们将智能水表所采集的间隔水量数据进一步处理，以得到该用户在各流量区间的用水量占比情况，如图 7-6 所示。

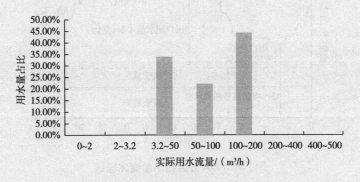

图 7-6　用户实际用水流量区间水量占比

从图 7-6 所反映的用户实际用水流量区间的水量占比可以明显地看出，该用户的全部用水区间在 3.2～200m³/h 之间，处于该用户所使用的宁波品牌、WPD 型号、DN150 口径水表的额定流量高区（3.2m³/h≤ Q ≤500m³/h），说明水表匹配状况很好，计量准确性可以得到保障。

二、本节小结

水表匹配状况评估实质上是衡量用户水表的测量范围是否可以合理覆盖用户的实际用水流量区间，其中水表的测量范围由所选的品牌、型号、口径决定。也就是说当出现用户水表与用户实际用水流量不匹配时，我们可以采取更换其他品牌、型号的水表或更新水表口径的办法予以解决。

第二节　DMA 分区漏损分析

近年来，越来越多的供水企业、水行业方案解决公司、智能水表制造企业等开展探索和实践通过分区计量（district metering area，用缩略语 DMA 表示）进行产销差控制的方法，其中 DMA 分区（通常指用户数量＜5000 户，用水性质为以居民或类居民为主的小规模计量分区）作为计量分区的最小分区单元，有数量多、分布广的特点，如何及时发现 DMA 分区漏损对产销差控制工作产生重要影响。

一、运用智能水表数据对 DMA 分区漏损进行分析

随着智能水表的广泛应用，运用 DMA 分区对照总表采集的水量数据进行 DMA 漏损分析和预警已成为目前国内主流的做法。如图 7-7 所示，通常 DMA 分区的用水变化呈现出双峰曲线形态。

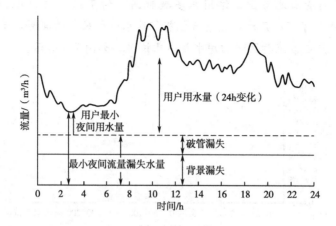

图 7-7　DMA 分区日水量变化曲线

（图片引自《无收益水量管理手册》）

从图 7-7 看出，DMA 分区对照总表的最小夜间流量（MNF）一般发生在凌晨 2:00—4:00 时间段内，出现一天 24h 中用水量最低值，当中的真实漏损（破管漏失）占总流量的比例最大，所以是对真实漏损分析最有意义的片段，可以通过智能化对照总表所采集的水量数据获得。除此以外，MNF 还包含了用户最小夜间用水量和背景漏失。背景漏失由于是个体事件且流量太小难以探测，所以在 DMA 分区漏损分析时可不考虑，而用户最小夜间用水量（也可理解为合法夜间流量 LNF）是指在 DMA 分区在最小夜间流量产生的时段内发生的少量合法夜间流量（例如冲厕、洗漱等），该指标等于单个用户合法夜间流量与户数的乘积。英国水协根据实地调研提供的经验数据是单个居民用户合法夜间流量为 1.8~2.5L/（户·h）。因此，我们可以利用已知条件对 DMA 分区的真实漏损（破管漏失）进行评估，公式如下：

净夜间流量（NNF）＝最小夜间流量（MNF）－合法的夜间流量（LNF）

其中：净夜间流量（NNF）即是真实漏损，也称破管漏失水量。

案例 1

如图 7-8 所示，深圳市福田区某居民小区对照总表数量 2 只、用户数量 1191 户，某抄表期的对照总表两月水量为 47312m³，用户水表两月水量为 29448m³，漏损率为 37.8%。

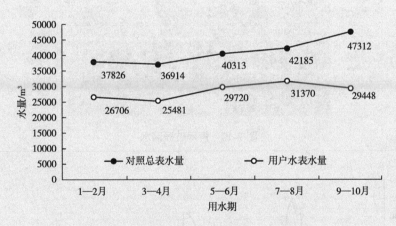

图 7-8　DMA 分区对照总表、用户分表抄表期水量对比

通过智能化对照总表所采集的水量数据可知该 DMA 分区最小夜间流量约 12.7m³/h（见图 7-9），同时根据用户数量 1191 户可估算出该 DMA 分区合法夜间流量约 2.86m³/h，以此推测该 DMA 分区存在真实漏损水量约 9.84m³/h。

通过真实漏损的评估，明确了该 DMA 分区的漏损控制方向为管网漏失。随即利用关阀试验结合探漏手段确定了漏点具体位置，经开挖确认是由于一条供管的接口位置出现破损（见图 7-10）导致的漏水。

经修复，再次观察对照总表所采集的水量数据得知最小夜间流量约 4m³/h，相比修复前下降约 8.7m³/h（见图 7-11），推算每月减少漏损水量约 6264m³。

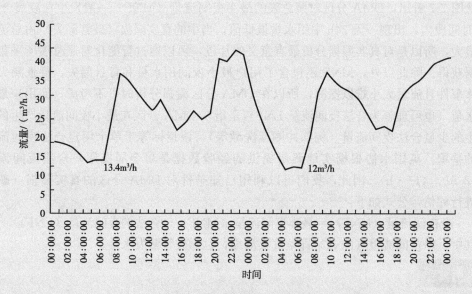

图 7-9　DMA 分区最小夜间流量

图 7-10　管网破损漏水

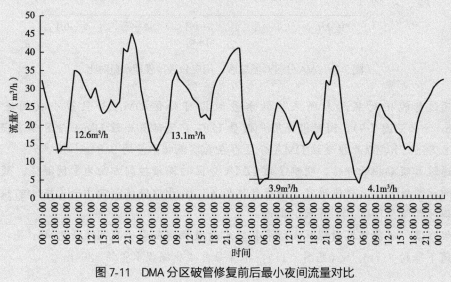

图 7-11　DMA 分区破管修复前后最小夜间流量对比

案例 2

　　深圳市福田区某居民小区对照总表数量 1 只、用户数量 217 户，某抄表期的对照总表月水量为 3957m³，用户水表月水量为 3339m³，漏损率为 15.62%。通过智能化对照总表所采集的水量数据观察该居民小区的最小夜间流量约 0.5m³/h（见图 7-12），结合用户数量推算该 DMA 分区存在真实漏损水量约−0.02m³/h，说明该居民小区实际上不存在管网破损的可能，导致漏损率较高的原因很可能是由于该小区对照总表与用户分表的对应关系差异造成。

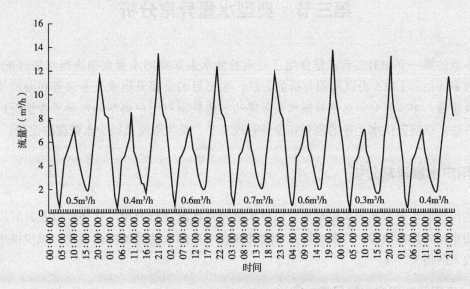

图 7-12　DMA 分区最小夜间流量

　　通过真实漏损的评估，明确了该 DMA 分区的漏损控制方向为总分表对照关系不准确。为此对该小区进行了零压测试，逐一排查对照总表和用户分表的对应关系，最终确定该小区有一栋居民楼的用户水表不在原对应关系之内，数量为 53 户。重新调整后，次月该小区的漏损水量为−182m³、漏损率为−4.60%，见表 7-1。

表 7-1　福田区某小区核对后的对照总表和用户分表对应数量

对照总表数量	分表数量	对照总表月水量	用户分表月水量	月漏损水量	月漏损率
1	270	3957m³	4139m³	−182m³	−4.60%

二、本节小结

　　本节介绍了利用智能水表所采集的水量数据进行 DMA 分区漏损分析的方法。相比传统人工抄表，若 DMA 分区对照总表使用智能水表将带来更及时、更细致的水量数据，再结合软件系统的应用将分析方法和预警条件等进行设定，可以做到每天监测 DMA 分区的漏损状况，指明 DMA 分区的漏损控制方向，以提高漏损控制效率和质量。传统的人工抄表模式通常是每月或两月进行一次 DMA 漏损统计，发现漏损增加的预警时间较长，无法明确 DMA 分区的漏损控制方向。

随着居民小口径智能水表的广泛应用，可以将用户智能水表的数据与对照总表的数据相结合进行更加深入的漏损分析。高层住宅小区中部分居民用水是通过水池间接供水，由于水池的特点为间歇性进水，对照总表对水池后居民用水数据不会直接反馈，判断水池后的漏损难度较大。若对用户智能分表采集的水量数据进行对比，可以评估这部分的漏损状况。

第三节　典型水量异常分析

本章的第一节和第二节着重介绍了运用智能水表采集的水量数据进行水表匹配评估、计量效率评估和 DMA 分区漏损分析的方法，主要目的是提升供水企业表务和漏损管理的水平及质量。本节将介绍运用智能水表采集的水量数据对用户典型的水量异常情况进行分析的方法，以提升供水企业的服务和业务管理水平，最大限度地减少水资源的浪费。

一、用户水量异常分析

利用智能水表采集的水量数据对用户水量异常状况进行分析，一是可以及时对用户的违章用水行为作出预警，二是可以及时辅助核查用户用水性质的变化情况，减少供水企业水量收入的损失。

1. 停用状态用户水量异常

传统人工抄表周期一般为每月或两月抄读一次用户水量数据，对停用状态用户私自开启阀门进行违章用水的发现周期较长，并且无法判断违章用水的发生时间。而智能水表的水量数据上报周期通常是每天一次或多次，且可以记录用水发生时间，因此可以在智能水表的管理系统中预置判断条件，以及时发现违章用水行为。

判断条件（参考）：停用状态用户水表连续 X 天的水量 $>0m^3$，且记录用水时间，X 值应根据智能水表的采集精度合理设置，例如：采集精度为"$1m^3$"的光电直读智能水表建议不低于 3 天。

2. 用户水量波动异常

用户用水性质的改变或者智能水表采集故障等，都可能引起水量的异常波动。为了能够及时对用户用水性质变化情况进行核准以及对智能水表故障进行排查，避免供水企业的合法收入损失，我们可以在智能水表管理系统中预置用户水量波动的判断条件来进行预警。

在传统人工抄表模式时，很多供水企业为了避免在计费时存在人工抄表错误的情况，一般会将用户的当期计费水量与上一期计费水量进行对比，然后将水量波动率超过限定值的用户水表筛选出来，再次安排人工现场复核，以排查人工抄表错误或用户用水性质改变的情况。

智能水表通常是每天一次或多次上报用户水量数据，所以智能水表的每期水量实际上是用户的每日水量。若仍采用人工抄表模式的当期水量与上期水量的波动率作为判断条件，很可能因日水量变化剧烈，产生大量无效预警。我们可以以"周"为周期，利用软件系统强大的数据计算能力，计算出所有智能水表用户当日水量的上一个周期的日水量均值和标准偏差，再结合统计学方法，利用用水量正态分布的特点（正负3倍标准偏差的概率为99.7%，见图7-13）来设定水量波动异常预警的判断条件。

判断条件（参考）：查询当日水量＞前7日平均水量＋3倍前7日水量标准偏差或查询当日水量＜前7日平均水量－3倍前7日水量标准偏差。

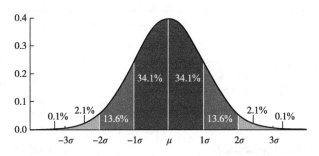

图 7-13　正态分布中 1~3 倍标准偏差概率图

二、用户户内漏水分析

用户户内漏水的分析是针对 DN25 及以下口径水表的用户进行，这个范围的用户通常是居民或小型商业户（例如：便利店、理发店、餐馆等），其用水特点是每天都会存在一定时间的无用水情况（见图7-14）。如果为这类用户选用采集精度高（建议为1L）、信息采集频次高（建议频次为半小时一次）的智能水表结合预置在系统中的判断条件，就可以对这些用户的户内漏水情况进行预警，及时提醒用户修复，减少用户不必要的水量损失，提升供水企业的服务质量。

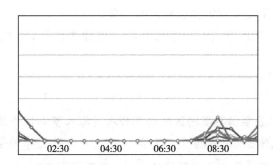

图 7-14　居民用户凌晨无用水曲线（文后彩图 7-14）

判断条件（参考）：连续 X 天，用户水表所有采集时间的用水量＞0，X 值建议不低于2天。

深圳水务集团坪地供水公司在 2018 年 3 月 12 日为某别墅住宅居民小区部署了 NB-IoT 无磁传感智能水表。3 月底通过系统的数据分析发现某用户的用水量持续不归零，疑似用户表后存在漏水情况，漏失水量约 $50 m^3/d$，坪地供水公司工作人员通知该用户进行排查和修复。4 月 4 日用户对其院子内的漏水点进行了修复，经系统复核该用户用水量恢复至 $0.3 m^3/d$（见图 7-15），及时帮助用户避免了不必要的水量损失。若按该小区人工抄表周期每月一次测算，此次提醒至少为用户挽回 8 千元的损失。

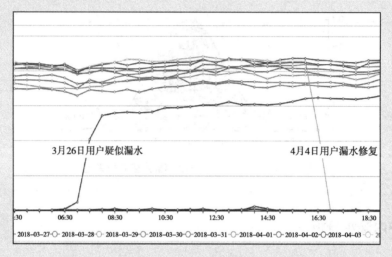

图 7-15   某用户户内漏水时水量曲线（文后彩图 7-15）

三、孤寡老人监控

人口老龄化趋势下的独居长者，一直以来都是社会重点关注的对象。国内部分城市供水企业与地方政府民政部门配合，运用智能水表及时上报的水量数据对独居长者的用水情况进行监测，利用科技手段来守护独居长者的安全。

判断条件（参考）：独居老人 12h 用水量 < 2L 或独居老人 12h 用水量 > 500L。

2021 年，深圳水务集团与罗湖区政府工作人员深入罗湖区街道开展独居老人居家养老情况调研，聚焦独居老人居家突然晕倒、洗澡时在浴室摔倒等问题。综合独居老人用水规律，针对性制定了 12h 用水量小于 2L 或者大于 500L 时，就判断为异常，从而触发预警（见图 7-16）。通过"事件通"掌上平台，第一时间将预警信息分发到对应社区，并转至负责的民政专干或网格员，通过电话联系、上门核实等方式查看独居老人情况，及时处置预警情况，并将处置结果通过掌上平台进行反馈，构成预警信息处置"全闭环"。

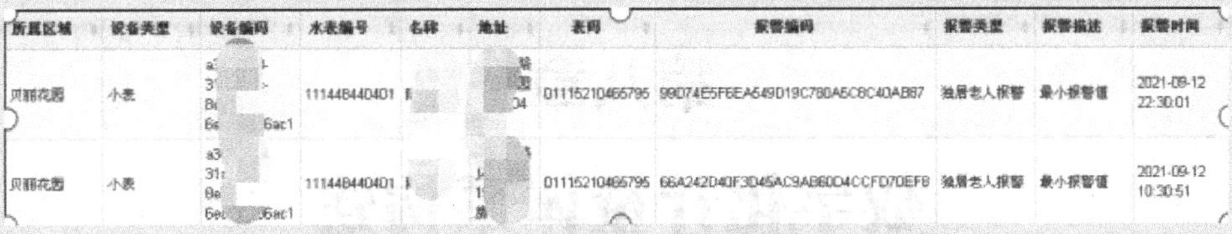

图 7-16 独居老人用水异常预警

四、本节小结

智能水表收集的水量数据具备采集分辨力高（可至"升"位）、采集频次高（小口径水表一般 0.5～24h/次、中大口径水表一般 5～15min/次）和信息上报频次高（一般 1～4 次/d）的特点，可极大提高数据统计分析的精度和实时性。运用智能水表应不仅局限于替代人工抄表，更为重要的是如何运用收集到的高质量数据提升供水企业的服务及业务水平。本节抛砖引玉地介绍了几种用户典型的水量异常分析方法，希望能给予读者启发。

第八章
数字化计量体系构建

思维导图

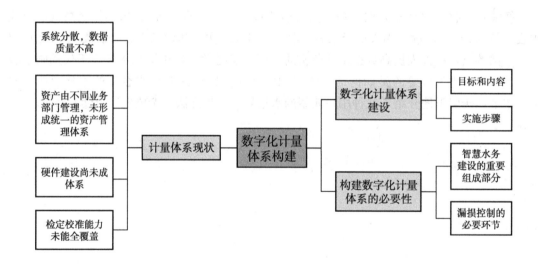

第一节　构建数字化计量体系的必要性

一、智慧水务建设的重要组成部分

　　构建数字化计量体系是积极响应建设"数字中国"的国家战略需要。党的十九大作出了建设"数字中国"的重要部署，"数字中国"首次写入 2018 年政府工作报告。2020 年 10 月 29 日，党的十九届五中全会通过的《中共中央关于制定国民经济和社会发展第十四个五年规划和二〇三五年远景目标的建议》正式将"加快数字化发展"、建设"数字中国"写入其中，标志着"数字中国"建设进入全面加速期。

　　随着物联网、大数据、云计算及移动互联网等新技术不断融入传统行业。国家大力提倡智慧城市、"互联网＋"概念，并陆续出台《关于促进智慧城市健康发展的指导意见》《"十三五"国家战略性新兴产业发展规划》等支持政策。而供水作为城乡居民生活及生产的基础保障，被列入重点智慧化行业。《"十四五"规划和 2035 远景目标纲要》提出要分级分类推进新型智慧城市建设，将物联网感知设施、通信系统等纳入公共基础设施统一规划建设，推进市政公用设施、建筑等物联网应用和智能化改造。同时还强调要构建智慧水利体系，以流域为单元提升水情测报和智能调度能力，推进农村水源保护和供水保障工程建设。

　　智慧水务是智慧城市的重要组成部分，水务数字化转型势在必行。数字水务是数字经济的重要组成，是提升公共服务和社会治理等数字化、智能化水平的基础板块。在国外，特别是发达国家，尤其重视水务数字化转型，力求结合数字优化技术、水务业务系统建设，实现水务精益化管理。根据《城镇水务 2035 年行业发展规划纲要》发展目标，"到 2035 年，基本建成安全、便民、高效、绿色、经济、智慧的现代化城镇水务体系"。

　　智慧水务是通过新一代信息技术与水务技术深度融合，充分发掘数据价值和逻辑关系，实现水务业务系统的控制智能化、数据资源化、管理精确化、决策智慧化，保障水务设施安全运行，使水务业务运营更高效、管理更科学、服务更优质。水计量仪表是智慧水务建设当中数量最为庞大的感知层设备，为智慧水务建设提供流量检测，兼容了压力测试、水质检测等功能的新型智能水计量仪表还可以提供在线水质、水压监测信息，其资产的数字化管理是智慧水务建设不可或缺的一个基础板块。

二、漏损控制的必要环节

　　漏损不仅浪费水资源、增加供水企业成本，而且影响供水水质，给饮用水安全带来隐患。根据国家住建部统计数据：2020 年中国城市公共供水管网漏损率为 13.39%。2020 年，中国共有 12 个地区城市公共供水管网漏损率超全国平均值。与国际先进国家相比，我国公共供水管网的漏损率较高。提高管网管理能力、降低漏损率具有十分重要的经济价值和社会意义，是我国供水企业的当务之急。

　　2022 年 1 月 19 日，国家住房和城乡建设部办公厅、国家发展改革委办公厅联合发布了《关于加强公共供水管网漏损控制的通知》（以下简称《通知》），目标是到 2025 年，城市和县城供水管网设施进一步完善，管网压力调控水平进一步提高，激励机制和建设改造、运行维护管理机制进一步健全，供水管网漏损控制水平进一步提升，长效机制基本形成。城市公共供水管网漏损率达到漏损控制及评定标准确定的一级评定标准的地区，进一步降低漏损率；未达到一级评定标准的地区，控制到一级评定标准以内；全国城市公共供水管网漏损率力争控制在 9% 以内。

　　《通知》中强调了五个方面的工作任务，其中有三项任务中涉及供水计量的内容。

　　① 推动供水管网分区计量工程。依据《城镇供水管网分区计量管理工作指南》，按需选择供水管网分区计量实施路线，开展相关工程建设。在管线建设改造、设备安装及分区计量系统建设中，积极推广采用先进的流量计量设备、阀门、水压水质监测设备和数据采集与传输装置，逐步实现供水管网网格化、精细化管理。实施"一户一表"改造，完善市政、绿化、消防、环卫等用水计量体系。

　　② 开展供水管网智能化建设工程。推动供水企业在完成供水管网信息化基础上，实施智能化改造。供水管网建设、改造过程中可同步敷设有关传感器，建立基于物联网的供水

智能化管理平台。对供水设施运行状态和水量、水压、水质等信息进行实时监测，精准识别管网漏损点位，进行管网压力区域智能调节，逐步提高城市供水管网漏损的信息化、智慧化管理水平。推广典型地区城市供水管网智能化改造和运行管理经验。

③ 完善供水管网管理制度。建立从科研、规划、投资、建设到运行、管理、养护的一体化机制，完善制度，提高运行维护管理水平。推动供水企业将供水管网地理信息系统、营收、表务、调度管理与漏损控制等数据互通、平台共享，力争达到统一收集、统一管理、统一运营。供水企业进一步完善管网漏损控制管理制度，规范工作流程，落实运行维护管理要求，严格实施绩效考核，确保责任落实到位。加强区域运行调度、日常巡检、检漏听漏、施工抢修等管网漏损控制从业人员能力建设，不断提升专业技能和管理水平。鼓励各地结合实际积极探索将居住社区共有供水管网设施依法委托供水企业实行专业化统一管理。

《通知》充分体现了国家对漏损控制的重视，也突显了流量计量在漏损控制工作中的重要性。水计量仪表为漏损的量化分析提供了基础数据，是进行漏损测量和控制的基石。有了准确的、系统化的计量体系，可及时准确定位漏损产生的区域以及量化物理漏损、表观漏损的大小，为漏损的控制指明方向，有效避免盲目投资，缩短漏点修复时间，减少漏损损失。因此，计量体系建设是实施漏损控制的必要环节之一。

第二节　计量体系现状

一、系统分散，数据质量不高

相比供电企业，我国的水务行业长期以来具有地方垄断性强、规模化不足、产权结构单一、行业集中度低等特点。大部分供水企业仍处于智慧水务建设基础阶段，早期发展的水务公司工作重点在部署软件平台、新型传感器与智能水表；数字化程度高的公司逐步应用 VR、大数据、人工智能技术，制订智能化方案。总之我国智慧水务建设尚处于初步探索阶段，计量体系相关的基础设施、人员专业化水平和技术装备总体较为薄弱，数字化建设的路径有待进一步完善。

很多水司围绕流量计、水表的使用和管理，建设了抄表收费系统、智能水表管理系统、漏损控制系统等信息化业务平台。各层级的计量数据分布在不同的业务平台，互不统属，未发挥联动效能。各平台对于不同计量数据的管理虽然从职能上看没有重叠现象，但计量数据管理分散，未有效形成联动和统一管理。在信息化系统建设过程中，还普遍存在着数据质量不高、数据格式不统一等问题，使得平台之间的互联互通存在困难。比如在水表的不同管理环节，都需要录入水表的基础信息，由于目前信息多半是人工录入，存在水表表码录入不规范、型号规格不准确等问题，影响水表的精细化管理。初期建设的信息化系统，需要借助数据治理手段，规范数据共享和使用，提高数据质量，以充分发挥数据的价值。数据清洗是目前常用的一种数据治理手段，通过数据清洗工作，识别并改善数据重复、数据缺失、数据异常等问题，提升数据质量。但数据清洗不能彻底解决数据质量问题，提高数据质量还需在系统开发之初，充分考虑各干扰因素，流程闭环设计，减少和避免数据错误。

要最大程度发挥数字化的效用，必须要打破信息孤岛，使不同平台之间的数据能够有效流通起来，在实现信息共享的同时进一步提高数据的准确性、唯一性和有效性。这就需要供水企业从战略上重视数字化建设，进一步加强理论研究和战略规划，将数字化建设和管理转型、组织变革结合起来，贯彻业务管理的规范化、流程化和标准化思维，从全局统一的高度做好顶层架构设计。因此，从某种角度来看，数字化建设的过程等同于一场重大的变革。

二、资产管理分散，缺乏统一体系

典型的供水企业中，一般水厂进出水流量计由生产运营部门统筹管理，分区计量的流量计由管网管理部门统筹管理，水表则由客户服务或营销部门统筹管理。不同的管理部门对计量的认识角度不同，管理需求不同，制约着数据的统一、共享和在不同业务系统中的流转、交互、使用。各层级计量资产由不同业务部门管理，缺乏主导部门对所有计量资产进行系统化管理。现实中水表、分区流量计存在水浸、安装不规范等常见现象。不规范的安装不仅影响计量准确，也使得在线校准无法开展，导致计量准确性保障不足。另外，一般供水企业都有相对完善的水表管理制度，但流量计方面缺少相应的选型、安装、验收、管理、维护等标准。因此，实施统一的资产管理体系，有利于计量资产的统筹协调，提高标准化管理水平。

三、硬件建设尚未成体系

目前，国内供水企业基本上都完成了出厂水流量计、贸易结算水表的部署，主要是因为这两项计量硬件涉及水费回收和生产成本控制，是保障供水企业运转的根本要素，也是供水企业正常进行生产经营的基础。但不同供水企业之间，水计量仪表的管理水平和质量仍有着相当大的差别。建设小区DMA对照水表、分区流量计等辅助产销差和漏损控制的计量仪表，需要耗费大量的人力、物力（尤其是流量计的安装，涉及停水、开挖路面等工作，工程进展耗时较长）。实力较强的供水企业完成得较好，技术能力和经济能力较弱的供水企业则难以完成，故很好实现计量体系建设的供水企业仍不多。典型的计量体系建设内容及其重要性按从1到5递减排序见表8-1。

表8-1　计量体系内容及重要度排序

属性		出厂水流量计	一级分区流量计	二级分区流量计	计量分区对照表	大用户水表	居民水表
计量目的		系统（管网）供水量	系统（管网）供水量	片区（供水所）供水量	小区供水量	计费水量	计费水量
重要性	收入	3	3	4	4	1	2
	漏损控制	1	1	3	2	4	5
校准能力覆盖		不足	不足	不足	已覆盖	已覆盖	已覆盖

续表

属性	出厂水流量计	一级分区流量计	二级分区流量计	计量分区对照表	大用户水表	居民水表
现场校准（检定）方法与实施	水厂运行数据跟踪；容积法校准；标准表比对	标准表法校准	标准表法校准	检定	检定	检定

四、检定校准能力未能全覆盖

目前我国各县级以上城市基本都建设有小口径水表的检定实验室，小口径水表的检定能力基本可以全覆盖，大口径水表的检定能力则主要集中在地市级以上城市和经济实力较强的县级城市，县级城市的能力覆盖总体相对较弱。流量计的检定校准能力建设各地情况不一，相比水表差异更大，大部分供水企业实现流量计安装前和使用中的检定和校准不太容易。而流量的检定、校准能力是保证流量计量数据质量的首要环节，若无法进行有效的检定、校准，很难高效发挥计量体系的作用。

第三节　数字化计量体系建设

一、目标和内容

数字化计量体系的建设总体目标是整合计量资产与数据，建成统一的数字化计量体系，更好地支持供水企业产销差管理、计量收费管理、计量资产管理、漏损控制等业务，提升企业的计量管理效能。计量体系建设的主要任务有：

① 建立统一的资产管理账册，实现计量资产从采购到报废的全生命周期管理，确保资产清晰，账册准确。

② 建设统一的计量数据分析平台，建成覆盖供水企业全业务流程的计量基础数据中心，提供产销管理的准确基础数据，开展计量数据应用研究，为管理决策提供数据支撑。

二、实施步骤

1. 智能化计量仪表的安装

结合用水性质，进行流量计、智能水表的规范化、标准化安装，包括分区计量仪表的安装及分区界限的明确，完成智能流量监测设备的统一部署。

2. 信息化系统的建设与集成

(1) 常见信息化系统介绍

当前，国内供水企业围绕水表、流量计的资产管理，完成了一部分信息化系统的建设。因水计量仪表中主要以水表为主，流量计占比较少，下面以水表的资产管理为例来介绍当前国内主要计量信息化系统情况，详见图01。

① 外业系统　部分供水企业为了提高外出作业人员的作业质量、量化工作效率，建设了外业系统，以某工作为例说明，如图8-2所示。

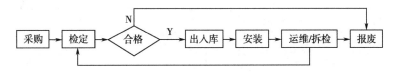

图 8-1　典型的水表资产管理示意图

图 8-2　外业系统故障换表工单

② 智能水表管理平台　目前应用智能水表的供水企业基本上都有自主开发的智能水表数据管理平台。通过该平台，可实现智能水表的账册管理、抄读管理、故障预警、水量异常波动预警等，如图8-3～图8-5所示。

所属区域小区	所属分公司	水表编号	条码	厂商设备编号	路数	用户名称	故障描述	水表类型	水表子类型	水表型号	水表口径	水表用途	贸结算类型
梅林苑	福田分公司	113338810101	1505026440	620400010012	1			小表	-	LXS-15F	DN15	普通表	普通表
梅林苑	福田分公司	113338820101	1505026441	620400010013	1			小表	-	LXS-15F	DN15	普通表	普通表
梅林苑	福田分公司	113338830101	1505026670	620400010014	1			小表	-	LXS-15F	DN15	普通表	普通表
梅林苑	福田分公司	113338840101	1505026481	620400010021	1			小表	-	LXS-15F	DN15	普通表	普通表
梅林苑	福田分公司	113338850101	1505026602	620400010022	1			小表	-	LXS-15F	DN15	普通表	普通表
梅林苑	福田分公司	113338860101	1505026484	620400010023	1			小表	-	LXS-15F	DN15	普通表	普通表
梅林苑	福田分公司	113338870101	1505026478	620400010024	1			小表	-	LXS-15F	DN15	普通表	普通表
梅林苑	福田分公司	113338800101	1505026470	620400010031	1			小表	-	LXS-15F	DN15	普通表	普通表
梅林苑	福田分公司	113338810201	1505026573	620400010032	1			小表	-	LXS-15F	DN15	普通表	普通表
梅林苑	福田分公司	113338820201	1505026623	620400010033	1			小表	-	LXS-15F	DN15	普通表	普通表
梅林苑	福田分公司	113338830201	1505026674	620400010034	1			小表	-	LXS-15F	DN15	普通表	普通表

图 8-3　智能水表账册管理

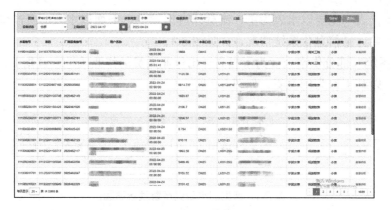

图 8-4　智能水表抄读管理

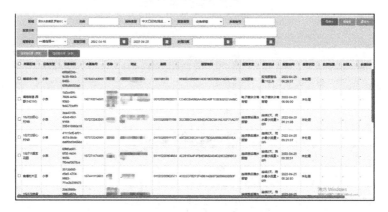

图 8-5　故障、水量波动异常预警

③ 抄表收费系统　抄表收费系统是供水企业售水收入的保障，通常抄表收费系统具备人工抄读水表、智能远传水表的抄表数据收集和记录、阶梯水价计算、营业收费、报表统计等功能，如图 8-6 和图 8-7 所示。

用水类别

用水类别	指标	用水比率（%）
居民用水	22	100
合计	22	

用户水表

水表编号	表码	口径	状态	抄表片区	位置描述	水表厂家	水表型号	水表用途	抄表周期	消防表类型	最近装表日期	安装行度
[illegible]	01115170702798	DN15	正常	111845	[illegible]	宁波水表股份有限公司	LXSY-15EZ	普通表	双月	普通表	2017-10-09	
各状态水表数		正常 1										

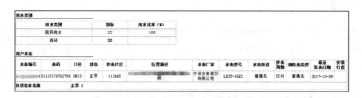

图 8-6　抄表收费系统客户用水性质、抄表周期等管理

总水费

		水费						污水费					垃圾费						
年月	抄表日期	用水量	总水费	税金	缴纳情况	收缴人	缴纳日期	污水量	总污水费	缴纳情况	收缴人	缴纳日期	总垃圾费	缴纳情况	收缴人	缴纳日期	小计	减免水量	用水天数
202204	2022-04-06	25	66.75		银行代收		2022-04-26	23	20.70	银行代收		2022-04-26	13.57	银行代收		2022-04-26	101.02	0	59
202202	2022-02-06	16	42.72		银行代收		2022-02-23	14	12.60	银行代收		2022-02-23	8.26	银行代收		2022-02-23	63.58	0	62
合计		41	109.47	0				37	33.30				21.83				164.60		

分类水费

			水费						污水费								垃圾费					
年月	用水类别	用水指标	减免水量	用水量	水费单价	优惠水费	优惠天数	水费	减免水量	排水率	污水量	污水单价	补贴天数	补贴退费	退费状态	污水费	减免水量	排水率	污水量	垃圾单价	月数	垃圾费
202204	居民用水1	22	0	25	2.67	0	0	66.75	0	0.9	23	0.90	0	0		20.70	0	0.9	23	0.59	2	13.57
202202	居民用水1	22	0	16	2.67	0	0	42.72	0	0.9	14	0.90	0	0		12.60	0	0.9	14	0.59	2	8.26
合计		44		41			0	109.47			37		0	0		33.30			37			21.83

图 8-7　抄表收费系统抄表数据、营业收费管理

④ 资产管理系统　一般来讲，由于水表价格较低且数量庞大，各供水企业的精细化管理程度也有所不同。多数供水企业通常的做法是将水表资产管理与抄表收费系统相结合，即在抄表收费系统中记录客户水表的品牌、型号、口径、表码、更换记录等信息且支持查询统计功能，而少数供水企业已实现利用信息化手段对水表资产进行精细化管理，即水表采购、检定、入库、出库、仓储、库存调配、更换、报废各环节实现电子化管理。

(2) 当前计量信息化系统存在的主要问题

目前在用的水表全生命周期管理的信息化系统类似生产企业的 ERP 系统，忽略了水表自身的应用属性，这种水表全生命周期管理系统存在两大问题。

① 无法有效保障水表基础信息的录入准确　水表基础信息的准确是智慧化管理的基石，而在供水企业中，水表基础信息的录入通常是由不同的工种、不同的员工，在不同的地点、不同的时间随机产生，对信息录入员工的监督也是由不同的人负责。这种情况下，极易造成信息生成不闭环，即使通过培训也达不到理想效果。

② 智慧化程度不足　水表作为设备有其设计使用寿命，不同的水表使用的工作状况也有所差异，造成不同水表的实际使用寿命有差别。如何实时辨识这些水表的生命状况，保障水表在高效率阶段运行，提供切实可信的水表更换策略是水表全生命周期管理系统所需要的、但目前尚未实现的短板。

(3) 理想的数字化计量体系

① 总体架构　理想的数字化计量体系，首先是达到流量计量仪表的全生命周期的资产管理，其次是对各个生命状态实现数字化管理，消除不同系统平台之间的信息孤岛，最后通过分析流量计量仪表在各个生命环节所产生的数据，自动评定流量仪表的计量状况，提供切实可信的水表更新策略，见图 8-8。

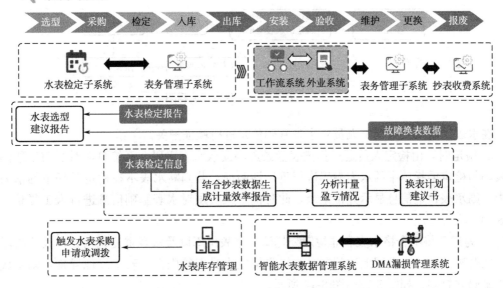

图 8-8　数字化计量体系示意图

② 水表基础信息质量提升措施　在水表入库时，应准确获取水表的基础信息，比如：水表品牌、型号、口径、常用流量、量程比、水表类型（普通机械式水表、NB-IoT 无磁传感远传水表、有线光电直读远传水表、电磁水表、超声波水表等）、生产厂家等字段。要求水表制造企业在表盘印刷与表码匹配的条形码，在水表整个生命周期中通过手持终端扫描水表条形码，调用水表资产数据库，自动获得水表的基础信息，避免人工录入造成的不准确，如图 8-9 所示。为进一步提高基础信息的规范性，供水企业有必要采用标准化的技术手段加以定义，并将这些要求通过采购环节反馈给供应商，由供应商从源头上予以保证，在随后的验收环节作为接收的必要条件。

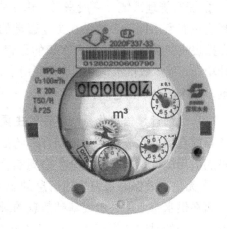

图 8-9　水表表码条形码

深圳水务集团通过管理标准化和流程再造等措施实现了水表基础信息的唯一准确，具体的方法和措施如下。

深圳水务集团水表计量检定中心（以下简称水表检定中心）负责水表的检定、评测、计量研究等工作。水表生产厂商将各分公司订单水表配送至水表检定中心，水表检定中心将水表基础信息在信息化系统中与委托单号绑定，检定人员将检定合格的水表进行编箱，且生成箱二维码（包含箱内所有水表表码），同时水表基础信息自动导入深圳水务集团水表资产库。水表在仓储流转中，可通过扫描表箱上的二维码，自动获取出入库水表表码以及基础信息，在新装、更换时可通过扫描表盘条形码更新各信息系统的水表基础信息，各环节不再人工录入水表基础信息，如图 8-10 所示。

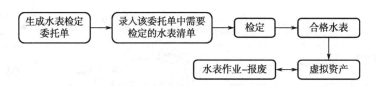

图 8-10　水表基础信息生成流程图

在水表检定阶段，检定人员对水表基础信息进行验证把关。

a. 检定时，由检定人员通过扫描表盘条形码读取水表表码，系统自动对当前读取的水表表码与检定委托单中的水表表码进行重复性验证，若判断水表不在检定委托单的水表清单中，则水表检定信息显示异常记录，此时检定人员须对水表基础信息进行人工复核，如图 8-11 所示。

b. 为避免将不合格水表和非检定委托清单水表出库以及水表重复编箱，在编箱阶段进行再次逻辑验证。当发现上述问题时，提醒检定人员编箱失败。若未发现异常，则生成编箱二维码并打印，如图 8-12～图 8-14 所示。

如果供水企业未设立检定机构，建议要求水表厂商粘贴箱二维码且提供水表基础信息清单，由采购部门采取导入手段将水表基础信息清单导入至仓储管理系统，在仓储管理系统中设定匹配验证条件。将水表按箱扫码导入系统，可最大限度保证入库的水表基础信息正确，确保后续作业信息流转通畅。

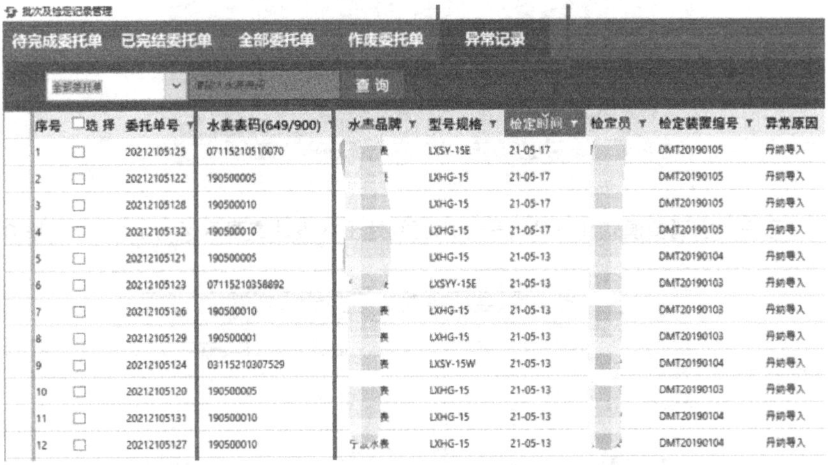

图 8-11　水表表码匹配功能展示

图 8-12　水表编箱窗口

编箱失败：表码与委托单号不对应，或者表码异常：01115200220491, 01115200220492, 01115200220493, 01115200220494, 01115200220495, 01115200220496, 01115200220497, 01115200220498, 01115200220499, 01115200220500

图 8-13　编箱失败提醒

图 8-14　编箱成功，打印二维码

③ 提升系统智能化措施　供水企业可结合水表计量研究经验，建设中大口径水表计量评估系统。利用中大口径水表远传数据、检定数据、老化数据、技术参数等，实现中大口径水表匹配状况及计量效率状况的评估分析，如图 8-15～图 8-18 所示。

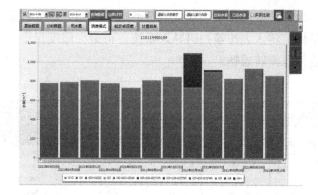

图 8-15 客户用水消费模式（绿色代表用水区间处于水表计量高区运行）（文后彩图 8-15）

型号	口径	Q1以下水晶占比(%)	Q1-Q2水晶占比(%)	Q2-Q3水晶占比(%)	Q3-Q4水晶占比(%)	Q4以上水晶占比(%)
WPD-100	DN100	0.0	0.1	87.2	0.0	0.0
WPD-80	DN80	7.7	6.4	85.9	0.0	0.0
WPD-80	DN80	1.0	0.0	77.4	0.0	0.0
420pc-DN4	DN40	1.2	3.3	95.5	0.0	0.0
WPD-80	DN80	1.8	0.7	97.5	0.0	0.0
WPD-80	DN80	0.0	0.0	87.9	0.0	0.0
WPD-80	DN80	3.6	2.9	93.4	0.0	0.0
WPD-80	DN80	0.0	2.7	97.3	0.0	0.0
WPD-80	DN80	0.0	0.0	100.0	0.0	0.0
WPD-80	DN80	0.0	6.4	93.6	0.0	0.0
WPD-80	DN80	0.0	8.2	91.8	0.0	0.0
WPD-80	DN80	0.1	0.1	99.7	0.0	0.0
WPD-80	DN80	3.1	10.4	86.4	0.0	0.0
WPD-80	DN80	0.0	0.0	100.0	0.0	0.0
WPD-80	DN80	2.4	1.4	96.2	0.0	0.0

共有536条

图 8-16 水表口径匹配分析

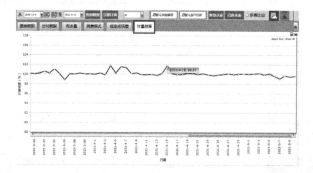

图 8-17 水表计量效率评估

序号	水表编号	表码	客户名称	品牌	型号	口径	计量效率(%)	计算来源	
1	1142	102	01280191103	深圳用	宁波水表	WPD-80	DN80	100.7	检定结果	202
2	1101	0501	01280170810	宝珠花	宁波水表	WPD-80	DN80	102.0	老化模板	202
3	12859	0101	160800310	深圳兴源	宁波水表	WPD-50	DN50	100.4	老化模板	202
4	1144	4701	01280191103	深圳市	宁波水表	WPD-80	DN80	101.7	老化模板	202
5	1144	3201	02240200315	中国二	福州申舒新	420pc-DN	DN40	100.2	老化模板	202
6	11216	3802	02240200315	深圳市	福州申舒新	420PC-40	DN40	100.2	老化模板	202
7	1134	7201	02280190100	深圳市	福州申舒新	WPD-80	DN80	102.0	老化模板	202
8	1144	602	02280200206	深圳市	福州申舒新	WPD-80	DN80	102.0	老化模板	202
9	12855	01	01280180300	深圳	宁波水表	WPD-80	DN80	101.4	老化模板	202
10	11319	01	01280180300	深圳市	宁波水表	WPD-80	DN80	102.0	老化模板	202
11	11514	01	01280171211	深圳	宁波水表	WPD-80	DN80	102.0	老化模板	202
12	11434	401	01280190601	深圳市	宁波水表	WPD-80	DN80	102.0	老化模板	202
13	110113	201	161158138	深圳	宁波水表	WPD-80	DN80	101.8	老化模板	202
14	114180	904	01280170810	深圳市福源	宁波水表	WPD-80	DN80	102.0	老化模板	202
15	110113	01	0057638	深圳市南山	神气	宁波水表	WPD-80	DN80	102.0	老化模板	202

共有536条

图 8-18 水表计量效率报表

3. 提升流量检定/校准能力及人才队伍建设

为了确保计量器具的计量结果准确可靠，供水企业应加强流量检定/校准能力的建设，掌握计量管理和计量技术的主动权。若供水企业本身暂时没有设立检定业务部门，则可通过当地计量检定机构完成流量仪表的安装前首次检定，以加强对流量仪表基本性能的管理。供水企业应重视计量人才培养，培育采用串联标准表、外夹式超声波流量计等方式对使用中的水表和流量计进行现场核查校准的能力，以便供水企业能够有效跟踪流量计和水表的在线计量状况，及时为后续管理改进提供技术支撑。为进一步提高供水企业的计量管理水平，可建立水表和流量计性能评测实验室和专职的技术团队，定期对水表和流量计进行抽样检测和性能评测。暂不具备能力的，可与当地实验室开展合作，将抽样的水表和流量计送至有能力的实验室进行检测和评测，以掌握本地水表的计量老化情况。

仪表的精细化管理的水平，信息化系统流程是否合理，离不开专业技术人员的参与。信息化不等于智能化，智能化的基础是智慧设计，本质是将人的认识通过技术手段转移到仪器设备和信息系统中。离了智慧的手，信息化就是一堆数字，并不能直接产生价值。因此人才是第一要素，供水企业只有充分重视计量技术和管理人才队伍的建设才有可能充分实现精细化的管理水平。

4. 完善管理机制

完善管理机制一是要加强制度建设，通过建章立制来规范管理。制度是为了规范行为，没有落实，决策就是一纸空文。虽然可以通过信息化手段来最大限度地约束、规范作业人员，但仍需要建立完备、可操作性强的管理制度，用以强化作业人员动作规范，统一作业行为，并为管理者提供公平合理的评价依据。

完善管理机制二是要加强人才队伍的顶层设计，以人为核心推动数字化计量体系建设。数字化计量体系是一个系统工程，若想最大限度地发挥效果，不但涉及软、硬件的部署与维护，还涉及技术团队的建设和管理制度的完善。人才是数字化计量体系建设成败的关键，数字化、智能化不是无人化，而是需要更高水平的技术和管理人员的参与。数字化建立在标准化和流程化的基础之上，这项工作必然需要由技术功底深厚、工作经验丰富的人员来完成。当前国内供水企业普遍存在计量人才不足的局面，若想真正实现智慧水务，智慧计量、智慧水厂、智慧管网三驾马车缺一不可。希望供水企业，在智慧水务建设的背景下，未雨绸缪，真正重视计量人才的培养，充分发挥智慧计量的优势。

附录

大口径水表、水表组设计及安装规范

一、水表安装方式

（一）地面式。

（二）地下式。地下式安装水表应砌筑水表井，且应满足如下条件：

1. 水表井应有足够的作业空间，便于人员操作，底部通常应高于地下水位，如果无法保证，应有集水坑和排水泵。

2. 水表和管件应安装在水表井底部以上足够的高度以防止受到污染和水淹。如有必要，水表井应设置集水坑或排水沟以排泄积水。

3. 水表井过深时，应安装带扶手的爬梯，空间较大时应安装阶梯。

4. 水表井应采用具有足够机械强度的防腐材料建造。

5. 水表井的井盖应能防止地表水进入，应易于单人操作，并应能承受特定场合下可能遇到的负载。

二、水表安装位置

1. 地面式，应安装在客户宗地红线外，并尽可能靠近红线。

2. 地下式，应安装在客户宗地红线内，并尽可能靠近红线。

3. 水表周围任何一侧墙或障碍物与水表或相关管件至少一侧留有足够的作业间隙，此间隙尺寸不得小于管道直径加 300mm，DN40 及以上口径水表及相关管件上方间隙不得小于 700mm。

4. 避免暴晒、污染、水淹和冰冻，便于拆装和抄读。

三、水表安装一般要求

1. 必须符合水表厂商规定的要求安装，对于要求水平安装的水表，表盘（字面）应朝上，不得歪装、斜装，水表流向箭头方向与水流实际方向相同，无特别规定时上游直管段长度不少于 10D，下游直管段长度不少于 5D（D 为水表的公称通径），如不具备条件应考虑表前安装整直器，或选择对前后直管段长度要求更低的水表。

2. 水表内应始终充满水，如果存在空气进入水表的风险，应在上游管道高点安装排气阀。

　　3. 应避免水表承受由管道和管件造成的扭力和过度应力，且应防止水流冲击或振动导致水表或连接管件损坏。

　　4. 防止外界环境腐蚀水表，以及避免空化、浪涌、水锤等不利水力条件的影响。

　　5. 电子式水表应避免安装在有强电磁和电气干扰的地点，超声波水表还应避免安装在有明显振动的地点。

四、水表安装管件要求

　　1. 水表上游应安装截止阀、直管段和（或）整直器（必要时）。

　　2. 水表下游应安装截止阀、直管段和（或）整直器（必要时）、止回阀（公称通径大于或等于 80mm 的水表必须安装，其他口径需要时加装）、泄水阀，$Q_3 \geqslant 16m^3/h$ 的水表还应安装长度调节装置（伸缩器）。

　　3. 水表下游直管段末梢建议安装公称通径 40mm 球阀。

五、远传水表的其他安装要求

　　（一）无源有线光电直读远传水表

　　1. 水表数据线必须有不锈钢防护层，且已正确连接至接线盒内。

　　2. 接线盒必须保证安装牢固，固定接线盒盖子的螺丝必须拧紧。

　　3. 集中器电源线或电池已安全连接，且极性正确。

　　4. 集中器各信号线已安全连接，且连接无误，已安装 SIM/UIM 卡。

　　5. 打开电源后，确认集中器运行正常（工作指示灯），并且入网成功可进行数据传输。

　　（二）NB-IoT 无磁传感远传水表

　　1. 电子装置（数据采集和数据传输）必须与基表结合牢固且不影响基表抄读。

　　2. 电子装置初始底度与基表行度一致，并且入网成功可进行数据传输。

　　（三）水表在线监控终端

　　1. 加装在机械水表上的数据采集传感器，与在线监控终端连接的数据线使用不锈钢管保护规范捆扎，做好防水保护措施，且不得改变原有水表铅封和影响原水表的人工抄读。

　　2. 水表井中的在线监控终端应使用合金材料膨胀螺栓固定在水表井内壁。安装位置不妨碍水表正常更换，信号发射装置应靠近水表井盖，方便后期设备拆卸。室外的在线监控终端应安装在固定牢固的防护箱中。

　　3. 水表在线监控终端的初始底度与基表行度一致，入网成功可进行数据传输。

参考文献

[1] 国家质量监督检验检疫总局 . JJF 1001—2011. 通用计量术语及定义 [S] . 北京：中国质检出版社， 2012.

[2] 李东升，郭天太 . 量值传递与量值溯源 [M] . 杭州：浙江大学出版社， 2009.

[3] 洪生伟 . 计量管理 [M] . 7 版 . 北京：中国质检出版社，中国标准出版社， 2018.

[4] 卜雄洙，朱丽，吴键 . 计量学基础 [M] . 北京：清华大学出版社， 2018.

[5] 郭天太，等 . 计量学基础 [M] . 3 版 . 北京：机械工业出版社， 2022.

[6] 中国质检出版社 . 国家计量检定系统表框图汇编 [M] . 北京：中国质检出版社， 2017.

[7] 赵建亮，等 . 饮用冷水水表 [M] . 北京：中国标准出版社， 2002.

[8] 国家质量监督检验检疫总局 . JJG 164—2000. 液体流量标准装置检定规程 [S] . 北京：中国计量出版社， 2000.

[9] 国家质量监督检验检疫总局 . JJG 643—2003 标准表法流量标准装置检定规程 [S] . 北京：中国计量出版社， 2003.

[10] 国家质量监督检验检疫总局 . JJG 1113—2015 水表检定装置检定规程 [S] . 北京：中国质检出版社， 2003.

[11] 国家市场监管总局 . JJG 162—2019 饮用冷水水表检定规程 [S] . 北京：中国计量出版社， 2009.

[12] 国家市场监管总局 . JJG 1033—2007 电磁流量计检定规程 [S] . 北京：中国计量出版社， 2007.

[13] 国家市场监管总局 . JJG 1030—2007 超声流量计检定规程 [S] . 北京：中国计量出版社， 2007.

[14] 国家市场监督管理总局 . JJF 1777—2019 饮用冷水水表型式评价大纲 [S] . 北京：中国质检出版社， 2019.

[15] 国家质量监督检验检疫总局 . JJF 1059.1—2012 测量不确定度评定与表示 [S] . 北京：中国计量出版社， 2012.

[16] 王池 . 流量测量不确定度分析 [M] . 北京：中国计量出版社， 2002.

[17] 苏彦勋，杨有涛 . 流量检测技术 [M] . 北京：中国质检出版社， 2012.

[18] 〔德〕 H. 欧特尔，等 . 普朗特流体力学基础 [M] . 北京：科学出版社， 2019.

[19] 杨有涛，陈梅，苗豫生，等 . 液体流量计 [M] . 北京：中国质检出版社， 2017.

[20] 张兆顺，崔桂香 . 流体力学 [M] . 北京：清华大学出版社， 2006.

[21] 王池，等 . 流量测量技术全书 [M] . 北京：化学工业出版社， 2012.

[22] 〔西班牙〕 弗朗西斯科·阿雷吉，等 . 水表与计量 [M] . 北京：中国建筑工业出版社， 2018.

[23] 侯煜堃，王莹莹，等 . 无收益水量管理手册 [M] . 上海：同济大学出版社， 2011.

[24] 〔美〕 Julian Thornton . 供水漏损控制手册 [M] . 北京：清华大学出版社， 2009.

[25] 姚灵 . 电子水表传感和信号处理技术 [M] . 北京：中国质检出版社， 2011.

[26] 国家市场监管总局 . GB/T 778.1—2018. 饮用冷水水表和热水水表 第 1 部分：计量要求和技术要求 [S] . 北京：中国标准出版社， 2018.

[27] 国家市场监管总局 . GB/T 778.5—2018. 饮用冷水水表和热水水表 第 5 部分：安装要求 [S] . 北京：中国标准出版社， 2018.